"十三五"普通高等教育本科部委级规划教材

服装心理学概论（第3版）

INTRODUCTION TO CLOTHING PSYCHOLOGY (3rd EDITION)

赵 平 ｜ 主 编

蒋玉秋 吴 琪 ｜ 副主编

中国纺织出版社有限公司 ｜ 国家一级出版社
全国百佳图书出版单位

内 容 提 要

本书以社会心理学的基本理论为基础，结合心理学、社会学、文化人类学等学科的相关理论以及国内外服装社会心理学领域的相关研究成果，较深入系统介绍和分析了人们在社会生活中，服装的选择、穿着心理及行为特点。主要论述了自我概念和服装、身体自我和服装的关系，服装在人际交往、印象形成中的作用，服装的象征意义，群体对服装行为的影响，服装流行的心理机制、传播过程和影响因素，服装和社会角色以及文化的关系。

本书突出学术性和应用性相结合的特色，可供大专院校服装相关专业的学生学习使用，也可供从事服装学科研究和教学的工作者及爱好者参考使用。

图书在版编目（CIP）数据

服装心理学概论 / 赵平主编 . --3 版 . --北京：中国纺织出版社有限公司，2020. 1（2024.11重印）
"十三五"普通高等教育本科部委级规划教材
ISBN 978-7-5180-6823-4

Ⅰ.①服… Ⅱ.①赵… Ⅲ.①服装—应用心理学—高等学校—教材 Ⅳ.①TS941.12

中国版本图书馆 CIP 数据核字（2019）第 217496 号

策划编辑：李春奕　　责任编辑：籍　博　　责任校对：寇晨晨
责任设计：何　建　　责任印制：王艳丽

中国纺织出版社有限公司出版发行
地址：北京市朝阳区百子湾东里 A407 号楼　邮政编码：100124
销售电话：010—67004422　传真：010—87155801
http://www.c-textilep.com
中国纺织出版社天猫旗舰店
官方微博 http://weibo.com/2119887771
三河市宏盛印务有限公司印刷　各地新华书店经销
1995 年 9 月第 1 版　2004 年 11 月第 2 版
2020 年 1 月第 3 版　2024 年 11 月第 4 次印刷
开本：787×1092　1/16　印张：13.5
字数：288 千字　定价：49.80 元

第 3 版前言

服装具有实用、审美和社会三大功能。人类在漫长的征服自然的活动中,逐渐学会了穿着衣服,以抵御外界环境的寒冷和可能的伤害;同时也逐渐懂得用衣服、饰物等装饰身体,表达美的愿望和愉悦的心情。随着人类社会的发展,人们发现衣服或装饰可以显示地位与差别,这时服装的标识和象征作用便产生了。

由于近代工业革命的影响,纺织染整以及服装缝制加工技术出现了惊人的进步,同时,化学纤维的发明,从根本上改变了人们的穿着方式和习惯。然而,有很长一段历史时期,服装主要侧重于样式、色彩的设计(主要表现服装的美),材料性能的改进及新材料的开发(主要改进服装的服用性能),缝制工艺技术的完善(主要提高生产效率和适合人体穿着)等方面。而从社会科学的角度,对影响人们的穿着心理及行为因素的研究较少。这种状况到 20 世纪 50 年代开始出现了变化,美国的家政学者、经济学者、社会学者和心理学者首先注意到了这一研究领域的必要性和重要意义,提出从社会心理学的角度开展对人们的穿着心理和行为的研究。20 世纪 80 年代,服装心理学在日本兴起,并积累了丰富研究成果。随着服装心理学研究的深入,人们对服装在社会生活中所起的作用有了新的认识,并试图更深入地研究穿着行为的本质。

我国改革开放以来,随着社会、经济、文化的发展和人民生活水平的提高,人们的穿着状况发生了巨大的变化。服装的选择、穿着心理及行为也引起了服装工作者、心理学者、服装经营企业和教育工作者的注意。特别是最近十几年以来,服装心理学研究逐渐兴起,在自我概念和服装、身体自我和服装、服装(外貌)刻板印象、服装(外貌)吸引力等方面积累了较多的研究成果。

《服装心理学概论》第 2 版自 2004 年由中国纺织出版社再版以来,多次重印,已成为有关院校"服装心理学"课程的必选教材。但该书自第 2 版修订已逾十五年,一些内容已显陈旧,在服装心理学研究成果的应用方面也有明显不足。近年来国内外学者在服装心理学领域又不断有新的研究成果发表,使服装心理学的内容进一步丰富和完善。作者通过近几年的教学和科研实践,深感《服装心理学概论》一书需做再次修订和补充,以适应服装学科和教育发展的需要。

本次修订的主导思想是仍保持原书学术性特色,注重理论在实践中的应用。修订版仍以社会心理学为基础的服装心理学内容为主,对原书各章节做了较大幅度调整,并补充了近年来服装心理学相关的研究成果。为便于读者比较和阅读,对修订和调整的主要内容做以下说明:

1.各章正文前增加了"本章提要"和"开篇案例",以便于读者概括了解和理解各章内容。

2.将第 2 版的第二章"服装的起源和动机"并入了第一章"绪论",并做了适当删减。

3.由于最近十年以来国内心理学者在"身体自我"领域发表了较多的研究成果,而"身体自我"和服装有着密切关系,且关于两者的关系也积累了一定数量的研究。因此,将第 2 版的第三章"个性、自我和服装"拆分为两章:第二章"自我概念和服装"、第三章"身体自我和服装",补充了"图式理论""自我概念"和"身体自我"的测量方法等新内容和大量新的研究成果。

4.第四章主要对"相貌和服装刻板印象""外貌（服装）吸引力"等内容做了较多补充和调整。

5.第五章增加了符号的基础概念，结合案例对象征进行了深入解读，对符号互动理论也补充了更多的内容。另有部分内容则调整到了第八章。

6.第六章对章节整体进行了完善、修订和补充。增加了群体影响、模仿等内容，组织群体和服装一节中增加了与制服相关的一些新内容。

7.第七章增加了互联网对流行传播的影响相关内容，如"时尚意见领袖"在互联网中对传播策略的影响，以及新媒体时代"微"时尚的传播途径影响等内容。此外，还加入了近年来新的生活方式与科技变革对流行的影响，如可持续理念在品牌建设过程中所形成的流行文化等。

8.第八章将社会化和社会角色分成了两节，对各自的内容都进行了补充；年龄角色部分按照不同年龄阶段做了整体的梳理和补充；性别角色部分也按照不同的理论角度进行了整体的梳理和补充，脉络更加清楚，而且对上一版的文献、引用错误或模糊的部分都进行了校对和修正。最后，原稿中职业角色与服装一节，篇幅太短，这一次也重点做了充实和完善。

9.第九章主体内容未做太大调整，内容也未做太多补充。

10.考虑到已出版的服装营销或服装消费者行为之类的教材或专著较多，大多包含有第2版第十章"服装消费环境和市场细分"、第十一章"服装购买的决策"的内容，第十二章"服装心理学的研究方法"基本出自于心理学和社会心理学的研究方法，这方面的教材著作也更为深入系统，因此这次修订将这三章删除。对这些内容有兴趣的读者可参考相关出版物。

本次修订由赵平担任主编，蒋玉秋、吴琪担任副主编。其中，第一章第一节和第三节、第二章、第三章、第四章由赵平修订和编写；第一章第二节由吕逸华编写；第七章、第九章由蒋玉秋修订和编写；第五章、第六章、第八章由吴琪修订和编写；全书由赵平负责统稿。本书在修订过程中，得到了中国纺织出版社李春奕副编审的大力支持和协助，对书稿修订提出了许多有意义的建议；张迪、杜璠和张琪等同学协助进行了参考文献的收集、整理等工作，在此一并表示衷心感谢！最后，要特别感谢吕逸华老师，吕老师是本书第1版和第2版的主要作者，为本书的出版付出了很多心血。她也是国内最早从事服装心理学研究的学者之一，早在20世纪80年代就翻译出版了赫洛克的《服装心理学》一书，为我国服装学科增加了一个新的研究领域。

本次修订虽然补充了大量国内相关研究成果，但由于时间精力有限，国外最新研究成果参考资料较少，对相关理论和研究成果的介绍也难免有不足和欠缺，期待专家学者以及广大读者批评与指正。

编者

2019 年 8 月

第 2 版前言

服装具有实用、审美和社会三大功能。人类在漫长的征服自然的活动中，逐渐学会了穿着衣服，以抵御外界环境的寒冷和可能的伤害；同时也逐渐懂得用衣服、饰物等装饰身体，表达美的愿望和愉悦的心情。随着人类社会的发展，人们发现衣服或装饰物可以显示地位与差别，这时服装的标识和象征作用便产生了。

由于近代工业革命的影响，纺织染整以及服装缝制加工技术出现了惊人的进步，同时，化学纤维的发明，从根本上改变了人们的穿着方式和习惯。然而，在很长一段历史时期，服装主要侧重于样式、色彩的设计（主要表现服装的美），材料性能的改进及新材料的开发（主要改进服装的服用性能），缝制工艺技术的完善（主要提高生产效率和适合人体穿着）等方面。而从社会科学的角度，对影响人们的穿着心理及行为因素的研究较少。这种状况到 20 世纪 50 年代开始出现了变化，美国的家政学者、经济学者、社会学者和心理学者首先注意到了这一研究的重要意义，提出从社会科学，特别是从社会心理学的角度开展对人们的穿着心理和行为的研究。20 世纪 80 年代初，服装心理学的研究在日本兴起。随着服装心理学研究的深入，人们对服装在社会生活中所起的作用有了新的认识，并试图更深入地研究穿着行为的本质。

我国改革开放以来，随着社会、经济、文化的发展和人民生活水平的提高，人们的穿着状况发生了巨大的变化。服装的选择、穿着心理及行为也引起了服装工作者、服装经营企业和教育工作者的注意。但由于我国的服装研究、教育（特别是高等教育）尚处于"朝阳教育"的阶段，对服装心理及行为还缺乏系统深入的研究。为此，我们参考了国外服装心理学的一些研究成果和资料，并对几年来的教学实践进行了总结，编写了本书。《服装心理学概论》自1995 年 9 月由中国纺织出版社出版以来，多次重印，已成为有关院校"服装心理学"课程的必选教材。该书还获得第二届全国服装书刊展评会最佳书刊奖。

但是也应看到，由于该书出版时间较早，一些内容已显陈旧，在服装心理学研究成果的应用方面也有明显不足。近年来，国内外学者在服装心理学领域又不断有新的研究成果发表，使服装心理学的内容进一步丰富和完善。作者通过近几年的教学和科研实践，对《服装心理学概论》一书进行较大幅度的修订和补充，注重理论在实践中的应用。修订版仍以社会心理学为基础的服装心理学内容为主，同时，根据实际需要增加了"服装消费环境和市场细分"和"服装购买的决策"两部分内容，并将原书第一章中关于服装心理学研究方法的内容单列为一章。其中，赵平负责编写第一章、第三章、第四章、第五章、第六章、第十章、第十一章、第十二章；吕逸华负责编写第二章、第八章；蒋玉秋负责编写第七章、第九章，配置图片及电子版图书制作。不足与欠缺之处，我们期待专家学者以及广大读者批评与建议。

编者
2004 年 4 月

第 1 版前言

服装具有实用、审美和标识三大功能。人类在漫长的征服自然的活动中,逐渐学会了穿着衣服,以抵御外界环境的寒冷和可能的伤害;同时也逐渐懂得用衣服、饰物等装饰身体,表达美的愿望和愉悦的心情。随着人类社会的发展,人们发现衣服或装饰物可以显示地位与差别,这时服装的标识和象征作用便产生了。

由于近代工业革命的影响,纺织染整以及服装缝制加工技术出现了惊人的进步,同时,化学纤维的发明,从根本上改善了人们的穿着方式和习惯。然而,在很长一段历史时期,服装主要侧重于样式、色彩的设计(主要表现服装的美),材料性能的改进及新材料的开发(主要改进服装的服用性能),缝制工艺技术的完善(主要提高生产效率和适合人体穿着)等方面。而从社会科学的角度,对影响人们的穿着心理及行为因素的研究较少。这种状况到 20 世纪 50 年代开始出现了变化,美国的家政学者、经济学者、社会学者和心理学者首先注意到了这一研究的重要意义,提出从社会科学,特别是从社会心理学的角度开展对人们的穿着心理和行为的研究。80 年代初,服装心理学的研究在日本兴起。随着服装心理学研究的深入,人们对服装在社会生活中所起的作用有了新的认识,并试图更深入地研究穿着行为的本质。

我国改革开放以来,随着社会、经济、文化的发展和人民生活水平的提高,人们的穿着状况发生了巨大的变化。服装的选择、穿着心理及行为也引起了服装工作者、服装经营企业和教育工作者的注意。但由于我国的服装研究、教育(特别是高等教育)的历史很短,对服装心理及行为还缺乏系统深入的研究。为此,我们参考了国外服装心理学的一些研究成果和资料,并对几年来的教学实践进行了总结,编写了这本《服装心理学概论》。面对这样一门与人们日常行为密切相关的学科,本书的不足与欠缺是显而易见的。我们期待专家学者以及广大读者的批评与建议。

编者
1995 年 4 月

目录

第一章　绪论

本章提要

　　本章主要介绍服装心理学的基本概念、影响服装心理的因素、服装心理学多学科性质和相关理论以及研究方法等。第一节从相关概念和服装功能出发，探讨了影响服装社会心理的主要因素；第二节对有关服装的起源和动机的几种学说进行了介绍；重点分析了服装心理学的多学科性质及相关理论，服装心理学是以心理学、特别是社会心理学的基本理论与方法为基础，并与社会学、文化人类学、美学、消费者心理学等学科关系密切的综合性学科。

>>> 开篇案例

　　林达很幸运，1977 年中国恢复高考的第一年考上了大学。毕业后进入一家国企工作，一切就和事先安排好的一样顺利。在她工作两年后，一个偶然的机会使得她可以移居香港，她不愿放弃这个机会，于是辞去工作，只身一人来到香港。经过短暂的适应和对香港的初步了解后，她开始想找一份工作。

　　林达学业成绩一向很好，但由于从小受当时环境的影响和个人性格的原因，她不太喜欢穿着打扮、化妆之类的，平时着装保守，不施粉黛。面试了几份工作，对回答问题自己都觉得满意，可没有一家公司录用她。只是有一次面试结束，她转身离开时，听到两个面试她的人交谈，好像在说："这位小姐专业素质和能力感觉还不错，只是穿着和外在形象太传统保守，看上去缺乏亲和力。"听到这样的议论，她想这与工作有关系吗？终于又有了一次面试机会，这一次她在有限的衣服里选了一套她认为"体面"的服装，但她仍然不懂得怎么化妆。在等候面试时，她特意留意了一下其他面试者的着装，感觉都比自己"入时体面"，心理上第一次感觉有点"自卑"。面试时她特意注意了一下面试官的着装和外表，面试她的是两个人，都是女性，一个年龄大约 40 岁左右，穿着深色合体的职业套装，系着一条质感很好的丝巾，看上去很精明干练的样子，另一位看上去年龄与自己差不太多，穿着颜色稍浅的职业套装，领口处露出的衬衫是小花型的，戴一副窄边的眼镜，看上去文静柔和。面试进行了大约半个小时，她对自己的表现感到满意，两位面试官也给她留下了很专业的印象。几天后她接到那家公司的入职通知，就这样开始了在香港的第一份工作。

　　林达很珍惜这份工作，非常努力，她的主管和同事似乎也挑不出她工作中有什么明显毛病。可她总觉得哪里有什么不对，她的同事大多数也是女性，除了工作上的交流外，她也尝试着建立私人关系，可同事们似乎并不太愿意与她深聊，为此她有些苦恼。有一天下班后同事们都走了，就她和主管还要处理一些事情，主管是一个易于相处的 30 多岁的女性。在加班工作完成后，主管问她到公司工作以来有什么感觉？她便把自己的苦恼向主管诉说了一遍。主管听完后，指着窗外不远处的美容店，对她说："你有时间应该去那里打理一下自己的外表，另外也该在穿着上讲究一些，上班时也要注意点妆容。我猜想，同事们疏远你，是不是与你平时着装保守、不修妆容有关。"

下班回家的路上，她路过一个书报亭，随手翻看了一下时尚美妆方面的杂志，有一本《白领丽人》的杂志引起她的注意，她买了一本，她觉得杂志中关于白领职场着装的文章对她有些帮助。第二天正好是周末，她按主管说的，去美容店在美容师的建议下做了美发，去百货店为自己挑选了两套职业装，在试装时，她从镜子里看到自己的样子简直有些不敢相信，之后她又购买了一些化妆品。周一早晨，她比平时都起的早些，按照杂志上说的方法化了妆，穿着新买的套装，怀着忐忑不安的心情，走进办公室。有一个同事首先发现了她的变化，说道："林达，你今天真漂亮。"其他同事也投来了赞赏的目光。这让她的心稍许放了下来。中午吃饭时，有同事开始与她聊起着装化妆什么的，并给了她一些建议。这一经历让她进一步认识到着装和外表形象的重要性，也对自己更有信心了。

许多人都遇到过类似林达这样的经历，因着装、化妆或相貌、身材等而烦恼，或在无意识中受到他人的冷遇。服装作为人类所特有的一种习性，在不同的历史阶段、不同的社会形态和不同的社会情境下，表现出各种属性与特征。服装的主体是人，它是构成人类生存和发展的基本要素之一。服装本身反映了人的基本需要，即御寒防暑，保护身体的需要，这种需要的满足是对服装物理性能的充分发挥。同时，服装又是人的各种高级需要的反映，即人的社会的、心理的、情感的、美的需要的反映。

第一节　服装心理学的研究对象

服装心理学是研究人的服装心理现象及其规律的学科，即通过对人类的衣着服饰的产生、演变过程中心理活动及行为方式的研究，揭示社会生活中人的衣着心理的特点和规律。服装心理学在广义上使用服装这一概念，它既包括人体的各种穿着物和服饰品，也包括文身、切痕、化妆、发型等，而且是指被穿着以后的状态。挂在衣架上，放在衣柜中的仅仅是衣服，只有被人穿着以后，才表达出穿着者的意识和内心世界，发挥衣服本身的功能，同时还产生第三者观察后的效果。

一、服装的功能

服装具有实用、社会和审美三大功能。虽然在服装起源的理论探讨中，对于哪一种功能或动机是主导人类穿着服装的原始起因，存在着不同看法和争论。但在人类社会发展到一定阶段后，这三大功能便基本涵盖了人类穿着生活的所有方面。并随着时代的变化，由这三大基本功能衍生出各种穿着方式和意义。

（一）服装的实用功能

服装的作用首先是满足人们日常生活和工作的基本需要，进而带给人舒适和安全性。

在人与自然环境之间，由于服装的介入，人类提高了适应自然环境，如气候变化的能力，人通过穿着服装而达到生理需求与自然环境之间的平衡。同样在人与某些特定的工作环境间，如炼钢、化工、电力等行业，特种服装的使用保证了工作人员的安全与工作效率。

（二）服装的社会功能

人不仅需要通过服装适应自然环境，同时也需要适合社会文化环境的要求。在人与社会环境之间，服装具有标识、礼仪、象征等作用。个人或群体通过服装的样式、颜色、特定的标记等标识其职业、地位、身份、权力或表达其偏好、态度、价值观等。在社会交往中，服装用以表明穿着者对礼节、礼仪等的重视程度，并受所处社会、民族、地域等的风俗习惯、道德禁忌的影响和制约。

（三）服装的审美功能

在心理和精神层面上，服装起着美化人的外表、整饰容貌、满足个性化和自我表现等方面的作用。人们通过服装样式、颜色、面料以及服装服饰搭配的选择，追求有品位的生活、表达愉悦的心情并带来美的享受。

二、相关概念

服装心理学的目标是用科学的方法和理论研究和解释人们日常生活中的服装行为及心理，并形成系统的知识体系。因此，需要一套定义明确的概念作为其基础，以避免与日常人们所使用的说法混淆。这些基本概念包括：服装、服饰、时装、外观等，也包括更为专业的术语：外观知觉、外观管理等。

服装——在不同场合或领域服装一词有着不同的含义，也是使用最为广泛的用语。在服装心理学中服装是指人类穿着物的总称，包括衣服和配饰等，也指穿着以后的状态。但当涉及产业和市场消费时，服装也被看作是一种工业化生产的消费品，也称为成衣。

服饰——狭义上指除上衣下裳之外的鞋帽、首饰、包等，广义上指人类穿戴、装扮自身的一种行为，有时与服装的含义等同使用。

时装——当下流行的服装，区别于传统服装和日常穿着的常规服装等，具有一定的创新设计或满足时尚消费偏好的特征，一般指女装。

外观——也称外貌、外表等。比服装具有更为广泛的含义，指一个人对外呈现出的整体视觉形象。人们可以借助服装、服饰、化妆、发型、美容、文身及其与相貌和体型的协调或搭配等创造出独特的外观。从社会心理的角度看，人们对他人形成印象时，不仅仅局限于服装，更与他的整体外观有关。因此，从外观的角度研究服装心理学更为重要。

苏珊·凯瑟（Susan B. Kaiser）在《服装社会心理学》一书中指出："外观并非只是视觉上的印象。如果从社会关系的角度来看，它是一种历程。"从这一观点出发，她认为需要探讨两种不同的历程，包括自己或他人如何表现外观，以及如何从自己或他人所展示的外观中衍生出意义——即外观管理和外观知觉。这两个概念分别属于社会心理学中的"印象管理"和"社会知觉"的一部分。

外观管理——属于印象管理（又称印象整饰）的一部分。印象管理是指人们试图管理和控制他人对自己所形成的印象的过程。这一过程既包括服装服饰、化妆妆容等的注意和选择行为，也包括言谈举止、体态表情等的控制。其中，个人对自身外在形象的有计划的修饰、装扮，以图给他人留下特定印象的过程可以看作是外观管理。虽然对自己的服装和外观的重视程度因人而异，但是外观管理却是一种十分普遍的现象。每个人每天都会进行某种形式的外观管理工作。

外观知觉——与外观管理相对，属于社会知觉（又称社会认知）的一部分。社会知觉是个人对他人的人格特质、心理状态、行为动机和意向做出推测与判断的过程。社会知觉的结果是对他人形成某种特定的印象，从而决定对他人的态度和行动。在社会知觉或印象形成过程中，人们首先观察到的是他人的外表、服装服饰等，并借此对他人的职业、年龄、人格等做出推断，这可以看作是外观知觉的过程。外观知觉在日常生活中是一种例行性的工作，且多数情况下发生在无意识层次上。从某种意义上说，对他人（特别是初次见面的陌生人）的社会知觉主要依赖于外观知觉。

凯瑟指出："外观管理和外观知觉可以看成是一种让我们构筑各种社会经验的方法，经由这些历程可以使我们对周围世界赋予意义，从而促使我们建立起社会化的生活。"从这一意义上说，服装心理学研究的重点就是人们在不同情境下的外观知觉与外观管理过程。

三、服装心理学的研究内容

当我们仔细对人们的穿着行为进行考察的时候，也许会提出如下问题。

首先，在不同的社会文化环境下生活的人，他们的穿着方式有什么差异呢？例如，中国人、日本人、美国人之间在选择服装时，有哪些共同点和不同点呢？这些不同点和他们各自所生活的社会文化环境有什么关系呢？即使同一社会文化环境中，处于不同社会阶层或具有不同社会角色的人们之间，在穿着方式上有什么差异呢？人们的社会地位或社会角色给予人们的服装行为怎样的影响呢？

其次，个人所处的社会群体，或个人与他人的相互交往过程对人们的穿着方式有什么影响呢？例如，初次见面的双方，通过对方的穿着打扮而形成某种印象，这种印象也许会影响双方以后的交往过程。

最后，个人的需要、个性、态度、自我概念等对穿着行为给予怎样的影响呢？

诸如此类的问题，答案并不是显而易见的。因此，采用科学的方法进行深入考察分析，得出一般性的结论便是服装心理学所面临的课题。服装心理学主要内容包括服装的着装心理及行为和服装的消费心理及行为两个方面。广义上服装心理学还包括着装时的触感、温冷感、舒适感等与心理物理学有关的侧面和由服装的样式、色彩等引起的情绪、情感体验等与审美心理有关的侧面。服装心理学从不同层次上对人们的着装行为进行分析和研究，如图 1-1 所示。

（一）文化因素和服装的关系

文化通常区分为三个侧面，即物质文化、社会文化和精神文化。物质文化具体反映了人们一定的生活方式。就服装而言，采用什么材料，通过何种方式加工而成是与服装有关的物质文化侧面。社会文化是与人类社会的规范及行为准则有关的文化侧面，人的行为通常受所处社会的习俗、习惯、禁忌、道德水准及法律等的制约。服装可以说是特定文化价值观和规范的物化表现，既不同文化环境下，由于人们的价值观念、宗教信仰、风俗习惯

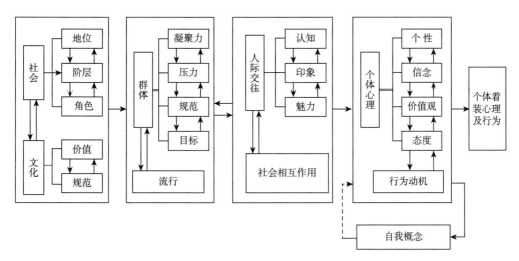

图 1-1　影响着装行为的社会心理因素

的不同，造成了人们在穿着观念和穿着行为上的差别。精神文化是人类艺术、审美、理念、思想等的结晶，反映了人类对自身存在价值的追求。历史上，每一时代的艺术风格都对服装产生过深刻影响。近现代追求自由、平等、个性解放的思想也同样通过服装具体的表现出来。

　　当分析文化和服装的关系时，还应考虑亚文化和文化变迁对服装的影响。亚文化是指在同一文化背景下，由不同群体形成的具有某种独特性的文化，如地域文化、都市文化等。文化变迁是指固有文化在与外来文化融合过程中产生的变化。文化变迁对人们的穿着方式常产生相当大的影响。从林达例子来看，她起初的着装保守、不施粉黛，或许与她从小生活的社会文化环境有关，她成长的环境正是中国突出政治、对外封闭，将衣着打扮、追求时尚看作是"小资产阶级"生活方式而加以批判的年代，节俭、保守并与其他人保持一致的着装才被社会所认可。在她去到香港后，她接触到的是另一种完全不同的文化环境，香港的商业文化氛围与她之前的经历明显不同并有冲突，她不仅需要在心理上适应，也需要在行为上有所改变。

（二）社会因素和服装的关系

1. 角色与地位

　　角色是指与社会地位相应的社会所期待的行为模式。角色是通过社会化过程获得的。人们在社会生活中扮演着多种角色，其中性别角色、年龄角色、职业角色等对人的服装行为给予很大影响。例如，男女两性在发型、穿着上有很大不同，老年人和青年人的穿着也存在一定差异。这种不同或差异反映了社会对不同角色行为的期待。另一方面，服装对社会角色也起着标识、确认、强化或者隐蔽的作用，如军服可以强化士兵执行命令的信念，交通警察的制服表明其对违章者有处罚的权利等。林达作为女性，同时也是公司职员，服装服饰和化妆美容等成为她扮演女性角色和职业角色必不可少的道具，社会（通过公司同事）期待其着装行为符合她的角色和地位。林达其后也意识到了这一点。

　　每个人在社会中都处于一定的位置，即社会地位。地位反映了社会对个人的一般尊重。

在某些国家，服装常常被上层社会用来作为地位的象征，他们在服装设计、材料、做工上要求与众不同，他们时髦的穿着常成为社会下层模仿的对象。

2. 相关群体

人们都从属或希望从属某些群体，这些群体在一定程度上都对一个人的行为或态度有影响作用。群体的凝聚力、压力、规范、目标等都在某种程度上制约和影响着人们的穿着行为，特别是穿着上的"从众"和"个性化"倾向，与群体的压力和规范有密切关系。"从众"和"个性化"也是服装流行的基本动因，流行是一种无组织的群体行为，其中服装是一种典型的流行现象，也是服装心理学的重要内容之一。林达着装行为的变化，显然受到了群体（公司同事）影响，当她了解到同事疏远她的原因时，她感受到了群体压力，做出了改变自己着装模式的决定。

3. 人际交往

人处于一定的社会关系中，每天在与他人的交往中度过。人际交往中的各种因素对人的服装行为都有一定的影响。其中，对人认知、印象形成和象征的相互作用是两个重要方面。一个人的个性、社会地位、经济状况、修养程度、能力等都可或多或少的通过个人的穿着表现出来。例如，期待进入某公司工作的大学毕业生，在就职面试时的服装可能给主试者留下认真、严谨或随便、散漫的印象，从而对主试者的决定产生影响。既然服装在某种程度上可以反映一个人的个性、生活方式、价值观等，也就会影响对人吸引力的大小和个人魅力的高低，也会对人的援助行为产生影响。研究表明，在请求他人帮助的情境中（陌生人的场合），获得帮助的频率与请求者的穿着有关。林达求职面试的着装和外表给面试官留下了传统保守、缺乏亲和力的印象，影响了对她的录用，在听到面试官对她着装的议论后，才初步意识到着装和外表的修饰也会影响求职的成功。在最后一次面试时她不仅在着装上做了准备，同时面试官的着装和外表也给她留下了特定印象。

人们以共同的、有意义的言语和非言语的符号为媒介而沟通。符号具有社会的象征意义。服装也是一种非言语信息传递的符号，在人际互动中起一定作用。警察的制服、医生的白大褂、法官的黑衣等象征着不同的社会意义——权利、亲切、威严。

（三）心理因素和服装的关系

1. 需要与动机

需要是人们生理的或心理的一种缺失状态，它是个体行为积极性的源泉。当需要被激发到足够的强度时，即成为动机。动机使个体行为指向能够满足需要的目标物。心理学家从各种不同的角度提出了各种有关人类需要和行为动机的理论。当我们考察人的穿着行为时，这些理论也同样具有指导意义。了解人们对服装的各种需要以及满足这些需要过程中的行为动机，对解释人的服装行为有着重要意义。林达有归属和与他人交流的需要，当她得知同事疏远她的原因时，她便产生了改变着装行为和外表的动机。

2. 信念和态度

信念是以后天经验为基础产生的人对自己和外界的主观认识。例如，认为红颜色的衣服适合自己的年龄或体形，便是一种信念。这种信念可能来自别人的赞赏，也可能来自传播媒介的影响。

态度指一个人对某事物或观点所持有的较稳定的认识评价、感情和行为倾向，人们几乎对所有的事物都有他的态度。态度造成人们对事物是喜爱还是厌恶，是远离还是接近的心情。人们对服装的样式、色彩及构成的材料都有自己或肯定或否定的态度，因而在服装的选择和穿着上也表现出一定的差异。林达最初认为服装讲究不讲究并没有那么重要，别人也不会因此而判断一个人的能力高低，在香港的求职和工作经历中改变了她对服装和外表的这种态度。

3. 个性和自我概念

个性是个体在适应环境的过程中所形成的独特行为和特质形式。一个人的穿着打扮在某种程度上反映了他的个性。例如，喜欢强烈色彩服装的人也许具有外向的性格。同时个性对一个人的穿着方式会产生一定影响，外向的人和内向的人，喜欢自我表现的人和随大流的人，在服装上的选择倾向上存在着差异。林达决定改变过去的着装行为，但她在选择具体服装款式、发型和妆容时还是会考虑要符合自己的个性。

每个人都怀有一幅关于自己复杂形象的图案，即自我概念。服装与自我概念的形成、发展有一定的关系，服装既是身体的自我概念（人对自身的生理的或身体状况的看法）的一部分，也是自我精神状态的反映。同时，人们也试图通过服装表达理想的自我形象。服装对林达最初的自我概念并没有太大影响，在她听到面试官对她着装的议论后，开始意识到着装和外表对自我形象的影响，第一次有了改变自我的动机，而得知同事疏远她的原因后则使她有了重新审视和改变自我的行动，她或许从时尚杂志或公司同事中找到了理想自我的模板，希望自己的着装和外表形象与其一致。

4. 知觉

知觉是从外界物体的感觉信息得到的完整经验。人们通过感觉器官获得有关外界物体的信息，而将这些信息组合成一个整体，并赋予其一定意义的是知觉过程。例如，对一件衣服通过视觉获得关于色彩、样式的信息，通过触觉获得其薄厚、轻重、冷暖等信息，这些零散的信息资料通过选择、组织与解释的知觉过程，易在人的大脑中形成一幅关于该服装的完整形象。知觉不仅取决于有形刺激的特征，同时也受到此刺激与周围环境的关系及个人状况的影响。因此，即使对同一件服装，由于知觉水平的不同，其形象也有所不同。服装色彩、样式与人的知觉关系的研究，对服装设计及划分服装美的类型有一定指导意义。林达在选择服装、发型和化妆时，也会受到知觉的影响，这和她过去的经验有关，她可能会认为某种样式、颜色的服装适合自己或适合在职场穿着。

以上对影响人们穿着行为的文化的、社会的、心理的诸因素作了简要分析。从第二章开始，我们将采用心理学、社会心理学、社会学的理论对各种因素与穿着行为间的关系作进一步的分析。

第二节　服装的起源与动机

探讨服装的起源与动机不仅有助于了解人类的文明史，也有助于深入理解现在和未来人们的衣着心理和行为。因为人类不仅很早就开始关注自身的美化，而且这也是现代人很感兴趣的问题。只是随着文明的进程，其表现方式和程度有所差异而已。这不仅涉及人类的天性，也与自然和社会环境的诸多因素有关。

20世纪初，随着社会科学及行为科学的兴起，"人类为何穿着服装"这样的问题便引起人类学家、社会学家和心理学家的关注，成为他们探讨的课题之一。人类学家通过研究至今尚存于世界某些地区的原始部落的习惯、习俗和着装行为，来推测人类早期穿着服装的原始动机，理由是现存的原始社会与现代社会的复杂性相距甚远，很少与其他群体接触，模仿他们的行为、心理或社会现象。而不必像现代社会对一个群体的研究包含着复杂的互动关系，可以以比较简单的方式进行观察。有的心理学家则通过儿童的着装行为加以说明，其原理与人类学家的假设相似，即儿童较少受现代社会的影响和限制。《西洋服装史》的作者 F. 布歇（F. Boucher）在书中提出，关于服装的起源"产生了正好完全相反的见解，希腊人和中国人认为，人类最早穿着服装首先是出于物理的理由，尤其是因气候风土的不同而对身体的一种保护措施。与此相反，圣经和过去的民族学者、现代的心理学家认为，首先是出于精神的需要，即过去的民族学者认为是出于羞耻心，现代的心理学家认为是对不可侵犯的东西或者魔力影响的关心，想引人注目的一种欲望。"可见，关于服装的起源学说因研究者的立场不同，看问题的角度不同，其结论也多种多样，但是归纳起来只有两类，即以自然科学为基础的身体保护学说和社会心理学方面的羞耻说和装饰说，前者出于人的生理需要，后者反映了在社会生活中对他意识的发现，即性别意识、阶层意识、社会意识和对敌意识等。

一、保护学说

服装的保护功能包括生理的保护和心理的保护。前者是指御寒避暑和防止外物的伤害；后者是指去邪护符的作用。气候适应说是基于人类的生理需要，随气候的冷暖变化，用服装保护人体，防止疾病，以及防止兽类、虫子、草木对人体的伤害，尤其当人类进化到直立行走和体毛逐渐退化后，需要用物品覆盖人体最易受损的性器官部位。然而这一学说却有许多学者持反对观点，其主要理由是，他们发现最早的人类生活在热带地区，如在印度尼西亚爪哇岛的所罗河的淤泥中发现了最早的类人猿骨头，不需要御寒，即使生活在极其恶劣的寒冷地区，原始人也具有现代人难以想象的惊人的适应能力。现代的原始人也提供了很多的证据，如接近裸态的新几内亚的巴布亚人，居住在海拔2000米以上的山区，平均气温只有10℃左右，但是男人除了阴茎套外，全身裸露，而女子只在腰间围一点点树叶编成的腰饰。亚马孙河流域低洼的热带森林区，日夜温差达20℃，但那里原始部落的人仍处于裸态，且很健壮。南美南部的巴塔哥尼亚人只用一方块兽皮悬挂在肩上，并且根据风向从肩的这一边移向另一边。又如火地岛上的原始人只穿一宽松兽皮披肩和涂油脂，任凭雪溶化在他们的皮肤上，当达尔文把一块布送给土著人时，他们不是用来覆盖身体，而是撕成一条条分给部落的人作装饰。在澳大利亚还过着原始生活的部落里，不管是男人或女人，常常是一丝不挂到处活动，后来把一小块毛皮披在身上，下雨时，小心地把兽皮拿下来，宁愿光着身体在雨中哆嗦。

而美国的邓·拉普（Dun Lap）教授则认为，原始人身上挂着的兽皮所做的条带、动物尾巴等,随着人体的走动而摆动,能驱赶昆虫和各种野生动物。但是不少人认为,这不过是用现代人的思维方法去推测原始人,当时的未开化的原始人应该不具有这种推理能力。此外,原始人认为,天灾人祸、生老病死均受神灵魔鬼的驱使,所以需要用兽皮、虎爪、贝壳等保护自己,特别需要保护的是妇女和儿童,这是所谓心理保护的去邪说。

二、羞耻学说

通常用《圣经》上亚当和夏娃的故事来解释服装的起源,即人类的始祖原本全身裸露,因偷吃了伊甸园的禁果,睁开了眼睛,知道了羞耻,便拿无花果树叶遮体。服装起源于人类羞耻心的说法,可能较易为普通人所接受,而这一理论的争论反映在两个方面,首先是关于覆盖的部位,虽然人类中大多数民族都利用衣服包裹身体,但是不同文化环境下的人,包裹的部位不同,甚至在一个特定的社会文化中,根据性别、年龄、次文化群、地区和状况等因素而变化。在亚马孙(Amazon)丛林中的苏亚(Suya)部落的妇女戴唇盘,她们一点也不因裸体感到羞耻,但是如果被外人看到唇盘不在应有的位置上就会感到难堪。西方很少有人会认为裸体艺术是猥亵的,而对日本的两性同浴却会感到吃惊。南太平洋一个小岛的妇女一直坚持严格的礼仪传统,从不暴露大腿,但却可裸露胸部。最有趣的是塔雷吉(Tuareg)部落的男人在所有的时间内都戴着面纱,认为暴露嘴是最可耻的。总之,由于文化不同,人们对裸露与羞耻的理解有很大差异。此外,有足够的资料证明,处于人类蒙昧时期的原始人对人体的生殖部位的炫耀和崇拜,并不认为性行为是可耻的。所以,服装起源于人类羞耻心的观点是值得怀疑的。其次,人的羞耻心不是天生的,而是后天产生的,并且随时间、地点和习惯的不同而异。3岁以下的儿童绝不会因裸态感到难为情。羞耻心在自然裸态时并不存在,它不是服装产生的原因,而是结果。此外,羞耻的概念随时代而有所不同。不少学者认为服装的功能不是用来覆盖身体,而是为了吸引别人的注意,特别是对覆盖部分的注意,有时身体在遮掩状态下比裸态时更具有诱惑力。综观时装发展史,短裙、短裤、紧身衣、腰垫、低领等,其目的都是为了强调身体的某一部位,以引起别人的注意。众所周知,最原始的衣服形式是三角裤裆刚刚覆盖性器官,头发和脸部的装饰都是为了引起对这些部位的注意。原始社会的男女第一次穿衣服往往是在青春期,正准备结婚,或在婚礼上由新郎给新娘穿上衣服。许多原始部落的女性习惯于装饰,但是不穿衣服,据说只有妓女才穿衣服。按他们的观点,穿衣服是为了引诱。所以认为这一学说有"以今人之心,度古人之腹"之嫌。

三、装饰学说

支持这一观点的许多学者认为爱美是人类的共同天性。在人类的进化过程中,嗅觉减退,视觉增强,对形象、色彩、光线的感受更加敏锐。人类在裸态时就已懂得装饰自身。装饰的方法可分为肉体的和附加的、暂时的和永久的。暂时的装饰包括任何一种易于去除或替换的装饰(如化妆、染发等)。永久的装饰如文身等。装饰的形式如表1-1所示。

这些装饰形式中的涂色、划痕、疤痕、文身等早在原始人中存在,在现代高度文明的社会中也偶尔出现,文身是永久的肉体装饰形式,如图1-2所示。文身在早期的浅色皮肤人种中很流行,文身的过程包括在皮肤上刺痕,然后涂上洗不掉的颜料,在身上、手背上,

表 1-1　装饰的形式

项　　目	装饰形式	服饰形式
暂时的	涂色、化妆、染发、修面等	衣服的变换，首饰等
永久的	划痕，文身，肢体残缺（穿耳、穿鼻、切除等），变形（缠足，拉长颈部，头盖骨改型，整形整容等）	

甚至在舌头上，全身文身直到 20 年前还普遍存在于北巴布亚新几内亚人中间，常成为少年变为成年男人的仪式之一。近几年来，在不少国家的某些人中以文身来标志自由、叛逆、冒险和个性等观念。与文身相对应的黑皮肤的人采用切痕的办法，用刮胡须刀或其他小刀在皮肤上刻痕，然后把刺激物搓在刻痕中，让其发炎、溃烂，在皮肤上形成起伏的疤痕，如图 1-3 所示。这种装饰方式曾盛行于澳大利亚的土著人中间。在好战的民族中往往把在战场上所受的伤疤保留下来，作为一种光荣的记号。伤痕不仅没有毁损人的仪容，而且还增添了美的仪表。甚至有的地区把身前身后的伤疤赋予不同的含义，身前的伤疤表示奋不顾身，勇敢对敌，而背后的伤疤则可能是临阵退缩的明证。

图 1-2　中国独龙族妇女文面

图 1-3　苏丹努巴地区土著人身上的蠹痕

涂色是装饰的另外一种形式，如图 1-4 所示。涂色在不同的文化中都能见到。史前的原始人，出丧时往往把身体涂成白色。现代涂色的目的有两个，一是加强皮肤的原色，如胭脂和口红，加强脸和唇的红色。另一种是用对比的方法增加皮肤的效果，如皮肤黑的民族，用白色遮盖身体的各部分，白种人用黑色美人痣来增强皮肤的白色。

毁体是人为地把身体的某部分去除，这在原始人中不胜枚举，嘴唇、颊和耳上穿洞，敲掉牙齿或弄开手指关节等。肉体装饰的另一种形式是毁形，或称为变形，如图 1-5 所示。主要是将唇、耳、鼻、头、足和腰部等改变原来的自然形状，如唇和耳用垂物使之下垂、变长和摆动，还有穿鼻或将其弄成扁平形。头骨往往在婴儿时期就压成各种形状。足则可弄短弄窄，主要是中国封建社会的妇女缠足，把幼女的脚趾和脚跟紧紧缠压，结果使其成为拱形。欧洲人感兴趣的是人的腰部，据说公元前 2 千多年的克里特（Crete）人，无论男女都用金属带把腰部束得紧紧的。俗称"蜂腰"的流行在西方文明中也曾循环往复。

图 1-4 肉体的装饰——涂色

图 1-5 肉体的装饰——毁形

许多学者认为，以上所提的各种理论，几乎没有一个完全令人满意。每一种解释都意味着原始人的思想已达到了很高的发展水平，实际上都高于比较心理学的实验研究所得出的最新看法。原始人在初级发展阶段，智力发育没有高于类人猿，他们还没有能力推断和预见行动的后果。当他们披上兽皮时会感到暖和，但未必能想到是否道德或不道德，遮羞或性吸引。假如我们不受现代人逻辑推理的影响，就会发现，服装不是起源于某些经过仔细考虑的计划的结果，在很大程度上是一种偶然的、无意识的产物。只有当人类逐渐有了关于服装怎样影响穿着者和观察者的一定的知识和经验积累以后，才能自然地产生各种动机和需要，在某种程度上有些也只是人类的一种天性和本能。所以以上各种理论还不能确切地说明人类衣着和装饰的起源。

第三节　服装心理学的多学科研究

服装心理学作为一门实证的应用科学，目的在于探讨人的着装行为及其心理的规律和特点。服装心理学是以心理学、社会心理学和社会学相关理论为基础，并与文化人类学、消费者行为学、美学等学科相关的具有多学性质的应用学科。以下在分析服装心理学多学性质的基础上，着重介绍与服装心理学关系密切的社会心理学和社会学理论。

一、服装心理学的多学科性质

人类利用服装装饰和保护自己已有悠久的历史，但对衣着服饰生活中的心理现象进行科学系统的研究，直到 20 世纪 30 年代才引起心理学者的兴趣，并开展了进一步的研究。主要著作有 E. B. 赫洛克（E. B. Hurlock）的《服装心理学》（1930 年），J. C. 弗劳格尔（J. C. Flugel）的《衣服心理学》（1930 年），这一时期的研究主要集中于个人穿着心理的分析。20 世纪 50 年代末 60 年代初，美国的家政学者、社会学者、心理学者共同倡议，确立了以社会心理学为基础开展服装行为研究的方向。这一时期，M. E. 罗奇（M. E. Roach）和 J. B. 埃卡（J. B. Eicher）的《衣服、装饰和社会体制》（1965 年），M. S. 拉恩（M. S. Ryan）的《服装，人类行为的研究》（1966 年）和 M. J. 洪（M. J. Horh）的《第二皮肤，服装的多学科研究》（1968 年）等著作奠定了服装（社会）心理学的基础。这一时期，美国一些大学的服装专业开始开设服装心理学课程。此后，服装心理学在美国得到迅速发展。服装心理学在美国的兴起与发展，与美国二次大战后经济的繁荣，人们对服饰衣料的需求多元化有密切关系，同时社会心理学和其他社会科学研究方法的成熟，为服装心理学的研究提供了手段。至此服装社会心理学形成了以心理学，特别是社会心理学的基本理论与方法为基础，并与社会学、文化人类学、美学、消费者心理学等学科关系密切的综合性学科，如表 1-2 所示。

表 1-2　心理学、社会学和社会心理学比较

类别	研究重点	研究立场	研究范围	研究方法	与服装相关的领域
普通心理学	个体心理（生理心理）	个人角度	个人心理的各种过程及生理机制	实验、观察	面料的触觉、穿着舒适感等
社会学	社会生活的本质	整个社会生活的总体	各类社会现象及其相互关系、社会的发展与变化	社会调查、理论分析	社会整体的穿着状况；社会流行等
社会心理学	个体及群体的社会心理	人与人之间的相互影响（社会相互作用）	和人们相互作用有关的个人、小团体、大型群体（包括各种社会及个人的现象）	实验、调查、观察和理论分析相结合	服装与自我概念、服装的社会认知作用、服装的象征性等

心理学主要研究个体心理及其行为的规律。心理学中的许多基本理论和概念，如关于感觉、知觉、动机、学习、情感、个性等的理论都可以用来解释个体的着装行为。个体总是处于某种特定的环境中，环境有自然环境和社会环境之分，环境是影响人的心理的重要因素。环境刺激作用于个体，个体则会以某种方式给予反应。服装介于人与环境之间，可以看作人的一部分，即所谓"第二皮肤"，也可以看作是最贴近人的环境，它在满足人的生理需要的同时，也影响着人的心理及行为。每个人都根据自己的经验和知识来理解服装的意义。服装为人们提供了最直接形象地了解个人心理状况的线索，通过对个人穿着方式的分析，可以推测一个人内在的心理状态。

社会学研究社会的组织结构、变化规律及群体行为等。例如，服装的流行或穿着方式的变化，在某种程度上反映出社会发展的基本趋势，即所谓"时装是时代之镜"。另一方面，人们为使自己的行为与社会规范或所属群体的期待相一致，而穿着符合社会规范的服装样式。在这里，个人通过社会地位和角色与社会联结在一起。从这一意义上说，服装是个人角色和地位的象征，并由此被社会认可或接受。

处于心理学和社会学研究领域之间的是社会心理学。社会心理学研究群体中的个人行为以及群体对个人心理行为的影响。社会心理学的许多理论和概念，如自我概念、态度、

印象形成、对人认知、角色理论、符号相互作用论、社会学习理论等成为解释人们穿着行为的基础。服装心理学基本上属于社会心理学的应用研究领域。

此外，当比较不同社会人们的穿着方式的差异时，需从文化人类学的角度来考察；当要了解社会、政治、经济等对服装变迁与演变的影响时，需从历史的角度加以说明；当考虑人们的装饰审美的动机时，需用美学和审美心理的理论来解释。但现代社会服装又是一个与人们生活息息相关的产业，也是个人日常消费的主要部分。因此，通过服装行为的研究，掌握消费者的需要、购买力、市场供给等状况是非常重要的。进一步说，服装的选择、购买行为与服装的生产、流通及消费等密切相关，这些问题需从市场营销学、消费者心理学角度进行研究（表1-3）。

表1-3 不同学科在服装研究中的应用

学科焦点	研究问题在服装中的应用实例
实验心理学：服装在视觉、触觉和整体知觉过程中的作用	服装的特定外观，如图案、颜色或款式造型，如何被识别和理解；服装哪部分可能被重点关注；面料的质感和穿着舒适感等
临床心理学：服装在心理调节中的作用	穿着时装的苗条模特是否会让观察者觉得自己超重
微观经济学：服装在个人资源中的分配	影响服装支出的因素
社会心理学：服装对个人作为社会群体成员时的行为的影响	同辈人的压力如何影响个人的衣着打扮；人们如何通过衣着服饰表达自我概念；人们如何通过他人的着装形成特定印象
宏观经济学：服装在消费者与市场关系中的作用	在高失业时期，时尚杂志及其所刊登的广告对市场所产生的影响
符号学：服装在语言和视觉传播中的作用	人们如何解释时装模特和广告所传递的信息
人口统计学：服装在人口可测量特性中的作用	年龄、收入和婚姻状况对某种风格服装的选择所产生的影响
文化人类学：服装在社会信仰和实践中的作用	流行文化对男性和女性行为的定义（如职业女性角色、性别禁忌）

注 参考：迈克尔·R.所罗门、南希·J.拉博尔特，著，《消费心理学》，王广新、王艳芝、张娥，等译，中国人民大学出版社，2014年。

综上所述，服装的研究是多学科综合的领域，仅用某一理论，某一领域的知识或孤立的概念，要充分说明服装在人们生活中的重要性是困难的，因此，有必要从多学科的角度，对服装进行综合研究。

二、相关理论

服装心理学的多学科性质表明，进行服装心理及行为研究时要从心理学、社会心理学、社会学、文化人类学等学科的基本理论和观点出发，采用跨学科的方法开展研究。与服装心理学关系密切的主要理论有来自心理学的社会学习理论，来自社会心理学的社会认知理论，来自社会学的符号互动理论，此外还有文化的观点和社会情境理论等。这些理论可以使我们从不同的视角探讨和解释人类的着装行为。

（一）社会学习理论

社会学习理论是 20 世纪 60 年代由班杜拉和沃尔特斯等人提出与发展起来的，以刺激——反应的观点为基础并通过实验的方法来扩大探讨社会环境（如他人、群体、文化规范或风俗习惯等）如何影响人产生某些习得行为的一种理论。这个理论认为人的一切社会行为都是在社会环境影响下，通过对示范行为的观察学习而得以形成、提高或加以改变的。观察学习一般要经历四个阶段：①对信息的注意；②保持，把示范行为表征化，即转换成意象和言语符号加以贮存，它不必都需要直接强化，或仅需替代性强化和自我强化（即依据本人所建立的标准、信念或预期进行内部语言的评价）；③制作或组织反应，产生即时动作再现或延迟动作再现；④动机通过结果的信息反馈，获得行为与结果的因果关系的认知与经验，形成具有自我评价的动机系统。

在学习过程中，一般有三种不同的机制。第一种是联想，或者叫"古典条件反射"作用。即在反复刺激作用下，人可能将两种无关刺激联系起来。如将一个学生的穿着打扮与其学习好坏联系起来。第二种是强化。人们之所以学会或避免从事某种特定行为，是因为该行为之后有某种令人愉快的、可满足需要的事情产生或会有某种令人不快的后果。如一个人的穿着打扮，得到周围人的一致好评，则她会获得某种满足感，并持续这种穿着方式。强化对人的作用并不一定都是直接的，即人们并不需要每一种行为都去亲自尝试，才能学会或避免这些行为，这就是所谓"替代性强化"。如一个穿"奇装异服"的学生，受到老师的严厉批评，则其他学生可能会学会以后避免类似的装扮。第三种是模仿。人们之所以学会某种社会态度和行为，常常是他简单地观察了示范者的态度和行为所造成的结果。如青少年会模仿某些"明星"的穿着打扮，因为他认为这种方式在群体中受欢迎或显得与众不同。

（二）社会认知理论

社会认知理论来源于格式塔心理学的知觉理论。格式塔心理学派产生于德国，以研究知觉而闻名于世。社会心理学者受这一学派的影响，发展出了社会认知理论。社会认知理论的主要观点是：人们在面对世界时，并不简单地是一些被动性因子，相反，他们把自己的知觉、思想和信念组织成简单的、有意义的形式。不管情境多么混乱或随便，人们都会把某种秩序应用于它。对于世界的这种组织，这种知觉和解释，影响着我们在所有情境尤其是社会情境中的行为方式。

社会认知理论可以看作是解释人们社会心理及行为的一种基本观点。其中，具有广泛影响的有认知一致性理论，也称为认知相符理论，它的基本观点是：人具有保持心理平衡的需要，而认知矛盾往往会打破心理上的平衡，使个体出现不愉快的心理状态，这种心理状态又会促使个体做出一定的行为，以重新恢复心理上的平衡。如一个学生敬佩某一位老师，同时他自己喜欢穿着打扮，如果他发现老师赞成学生打扮，表明他和老师在穿着打扮问题上有一致态度，则他会感到愉快，而无须改变原有对穿着打扮的态度；但他如果得知老师反对学生追求穿着打扮，这时就和他喜欢打扮的态度产生矛盾，而出现心理上的不愉快，他要么改变对穿着打扮的态度，即不再喜欢打扮，要么改变对老师的态度，降低对老师的尊敬程度，以取得心理上的平衡。

社会认知理论中的另一个典型的理论是归因理论。这一理论认为，生活在复杂社会环境中的人，常常想控制这种环境，但要达到这个目的，他首先必须认识环境。因此，在日常的社会交往中，人们为了有效地控制和适应环境，往往对发生于周围环境中的各种社会行为有意识或无意识地做出一种解释，就是认知者在认知过程中，常对认知对象的某种属性或倾向做出推论和判断。在对人的认知中，则表现为从他人某种特定的人格特征或某种行为特点上推论其他特点，并寻求各种特点之间的因果联系，这就是所谓的归因。如看到一个爱打扮的学生，就推论认为他把精力都放在打扮上了，而不喜欢学习，或者看到一个过分打扮的医生，会认为她的医术不高等。

社会认知理论在服装心理学中有广泛应用，尤其在解释人们的服装打扮在对人认知的印象形成方面有实际意义。

（三）社会互动理论

社会互动也称社会相互作用或社会交往理论，它是个体对他人采取社会行动和对方做出反应性社会行动的过程——即我们不断地意识到我们的行动对别人的效果，反过来，别人的期望影响着我们自己的大多数行为。社会互动属于社会学的研究领域，在社会学中并没有一个统一的社会互动理论。社会互动理论包含了多个相互联系又有所区别的理论，主要有符号互动论，也称符号相互作用理论，参照群体理论、常人方法论、拟剧理论、社会角色理论、社会交换理论等。其中，影响最大的是符号互动论。社会角色理论、参照群体理论等都是在符号相互作用理论基础上发展出来的。

符号互动论是强调事物的意义、符号在社会过程及在社会心理、社会行为中作用的一种理论。所谓符号就是人们在相互沟通的过程中用来代替某一东西的社会客体。符号本身也是一类社会客体。当然并不是所有的社会客体都是符号，而只有当他们用来表示其他东西时才成为符号。美国社会学家米德提出"符号相互作用论"的观点，用来解释人际互动的机制。米德指出，人类的相互作用是为文化意义所规定的。他认为，人类的相互作用就是以有意义的象征符号为基础的行动过程。符号相互作用论的观点包括三个方面：第一，我们是根据我们赋予客观事物的意义来决定我们对他的行动；第二，我们赋予事物的意义是社会相互作用的结果；第三，在任何环境下，我们都经历一种内部解释过程，"和自己对话"为的是给这个环境确定一个意义并决定怎样行动。

根据符号相互作用论，当人们行动时，必须使自己的所作所为与同一社会环境中的其他人正在做或正在想的一致。为了这样做，我们必须了解其他人行动的象征意义，即学会"扮演他人的角色"。如一位不讲究穿着打扮的女青年，进入一家大公司工作，发现同事都不大愿意与她接近，她看到其他女性同事每天都穿着正规得体，化妆适度，再通过了解得知白领女性"不施粉黛"在公司中不受欢迎，因此，感到需要调整自己的行为，来适应新的环境。

（四）文化和社会情境理论

社会学习、社会认知、社会互动的过程既受到宏观的文化影响，如风俗习惯、生活方式和价值观等，又受到特定社会情境的影响，如时间、地点、场合、人物等。文化可以看作是一个社会的习俗、知识、有形物质以及行为模式的总称，它的内涵包括这一社会人们的思想、价值观、习俗和人工制品。如前所述，服装服饰显然是文化的组成部分，我们也将其称为服装文化或服饰文化。文化既与现实的社会生活有关，也与一个社会的历史有关，它通过传承与创新获得发展。文化是一个伞状结构的系统，一个社会既有其共同的文化信念、价值观和生活方式，又有不同层次的亚文化群体。"处于各种文化层次的个体都会通过某些方式来装扮自己的外观，然而他们用来解读或诠释服装的符号系统，却可能完全不同。"文化赋予服装以意义，因此，从文化观点研究服装，既要考虑服装的意义是如何随着历史和社会的变迁而变化的，也要关注当下不同文化赋予服装的意义，开展跨文化的比较研究。从历史和社会变迁的角度，同一款服装在不同的历史时期有着不同的意义，如牛仔服，最初只是工人的工装，到 20 世纪 60 年代成为年轻人"反叛"的象征。文化的观点也常常用于解释服装行为中的"矛盾与冲突"，如"传统与时尚""保守与开放""男性化与女性化""男性化、女性化与中性化""年老与年轻""高雅与低俗""都市与乡村"等。

然而服装的意义会因其所处的情境而产生变化。社会情境观点为我们理解服装及外观行为提供了更加综合的视角。社会情境是与个体直接联系着的社会环境，即与个体心理相关的全部社会事实的一种组织状态。社会心理活动直接受社会情境的作用，一般意义上的社会环境只有经过情境才对社会心理起作用。社会心理学最关心的是个体与具体环境的关系，个体对具体环境的定义。由于每个人对环境的定义不同，所采取的行动也就不同，甚至完全相反。如在求职面试的场合，一个将这次面试看作职业发展重要转折的求职者和一个只是试试看，无所谓的求职者不仅心态不同，外观的修饰打扮也可能差别很大。因此，在现实生活中，我们很少脱离社会情境来看待服装；由于情境不同，解释也有所不同。在游泳池看到一个穿比基尼的女性和在大街上看到同样穿着的女性人们的反应会迥然不同。正如凯瑟所说：服装是整体外观的一部分，外观则是社会情境的一部分，而社会情境又是文化及历史情境中的一部分。因此，为了了解各种意义的差异，我们必须考虑情境中以及情境间的联结。

三、服装心理学的意义

人类穿着服装已有悠久的历史，但真正对穿着行为进行系统的研究不过是近几十年的事情。现代社会经济高度发达，人已不再只是为了温饱而工作和生活，人们有了自由选择的购买力和对服装的偏好。服装成衣化生产和人们对服装的大量消费需求，要求对人们日益丰富的、多样化的穿着行为进行研究。那么服装心理学研究的意义是什么呢？

（一）服装心理学的研究扩大了服装的知识领域

迄今为止，关于服装已经积累了大量的知识。这些知识以工艺学、物理学、化学、医学、人类学、历史学、美学等各种基础学科为背景，形成了综合性的服装学科，不过传统上从心理学或社会学的角度，进一步从营销学或经济学的角度对服装进行的研究还不太多。其中，服装心理学从心理学（特别是社会心理学）的角度，以获得有关服装的新知识为目标。服装心理学通过对影响服装行为的心理的、社会的因素的探讨，为人们提供更多的关于服装的有用知识。

（二）服装心理学的研究对探讨人的社会化行为有一定意义

服装可以看作是人适应环境的"道具"。那么，人是如何通过服装适应社会文化环境的呢？其适应的机制是什么呢？这可以说是通过服装的"社会化"侧面，即个体借助服装协调和他人的关系或使社会期待的行为方式等得到发展。服装心理学通过探讨服装在个体适应环境或变革环境，进而在社会生活中所起的作用，对了解人们的"社会化"状态和进程有一定意义。

（三）服装心理学的研究对探讨人的个性化行为有一定意义

现代社会自由的着装使个体的穿着行为与自我的关系更为密切了。人们以服装为"道具"在社会生活的大舞台上进行着"自我表演"。服装心理学通过探讨这种"自我表演"的规律，了解人的"个性化"状态和过程。

（四）服装心理学的研究对探讨心理的、社会的、健全的人的条件有一定的意义

现代社会，一个精神上愉悦和能够适应社会且不断自我完善的人的条件是什么呢？服装心理学在通过社会生活探讨服装和人的关系的同时，不可避免地会涉及这类问题。通过对人的穿着行为的探讨，有助于认识"人"存在的条件。

思考题

1. 服装的功能有哪些？
2. 举例说明外观管理和外观知觉的含义及相互关系。
3. 以你自己或周围人为例，说明服装心理学的基本内容。
4. 你如何看待服装起源的各种学说？说说你的观点。
5. 为什么说服装心理学具有多学科的性质？
6. 试说明心理学、社会学和社会心理学相关理论是如何用于解释服装心理现象的？

第二章　自我概念和服装

本章提要

　　自我概念是一个人对自己的认知和评价。自我概念影响着人们的穿着方式和行为，同时服装的选择也会影响一个人的自我概念。本章对自我概念和服装（外观）的关系进行了较系统的介绍。第一节介绍了自我概念的含义、多维度结构及测量方法；第二节结合自我概念的形成过程，探讨了服装在这一过程中的作用，特别是对青春期青少年心理自我的影响；第三节以自我图式理论为基础，分析了自我概念和服装选择的关系；第四节对服装在自我评价的形成过程中的作用，服装与自尊和心理安定感的关系进行了论述。

>>> 开篇案例

　　克罗埃坚持微微蹙着眉头，但是镜中的她，目光却还是一样的清澈明亮，即使她刚刚做出了重大的决定。她总是飞速地改变着自己的外形，以至于每次在镜中看到自己时，都会有轻微的冲击感。而这一次，从外表看来，她还是和以前一模一样。然而在内心深处，她却做出了一个关键的决定：她要成为一名演员，或者谦虚地说，就是演艺学校的学生。在二月的假期中，法语老师组织的一场演出让她找到了自己未来的道路。对她来说，就像是突然一下子，有什么东西在她身上成形了。她那些嘲弄人的幽默感、毫无头绪的思路，以及有点疯狂的梦想，都在这个决定面前变得齐整有序了。她已经隐约地感觉到，最近一段时间以来，她几乎是在不由自主地变化着：她不再穿同样风格的衣服，改换了要好的女友，还做出了一些父母不赞成的壮举，这在以前她都是不敢尝试的。比如说，这个打在舌头上的舌钉。从去年夏天开始，克罗埃就在肚脐周围刺了一小块文身，是个哭泣的天使。克罗埃非常喜欢它，于是不顾妈妈的威胁和怒火，在文身对面的位置，也就是后腰的凹陷处，又刺了另一块。在内心深处，克罗埃把它们称为守护天使，所有的重大决定都要征询它们的意见，并且想象出它们之间的一些对白，这是善良精灵与邪恶精灵的对话，每个精灵都恰如其分地扮演了自己的角色。

　　就这样在镜前站了一阵之后，克罗埃突然意识到什么，冲向门口，翻找着自己的钥匙开门上学。一个幽灵般的身形出现在走廊的另一头，递给克罗埃她自己的一串钥匙：

　　——你这是穿了多少层啊？这样子是新潮？T恤衫，套头衫，裙子，牛仔裤还有外套，这不显得有点太多吗？要我说，大家准得说像个洋葱！至少，你倒是不会冷了，但是实话说，这真不太合适，看起来也不像女人。

　　——够了，妈妈。

在旁边的街道上，一大清早，一群十几岁的孩子重逢后喧闹地相互问候，随后迈着刻意的步伐形成了一列列长队。其中的一些人炫耀着他们超大号的衣服，裤腿在脚踝处挽起，裤裆垂落到了两膝之间，上身穿着肥大的敞口套衫，头上的帽子一直压低到眼睛；而另一些人，却正好相反，似乎可恶地偏爱超级紧身衣，紧身 T 恤上罩着肩膀紧绷的外套。

……

几个女孩子兴奋异常地围住了克罗埃。她们一个个都面色苍白，描着黑眼圈，头发刻意地梳得纷乱，发绺编成了细辫，上面挂着一串小饰物。像克罗埃一样，她们中的好几个人都明显地叠穿着深色的衣服，还有露指的网眼手套和条纹鞋子。

……

克罗埃伸出还有些肿胀的舌头，上面刚刚打了舌钉。

——啊哈！真酷……

铃声响了。不同的小圈子一边不以为然地相互打量着，融合成了一大群走向学校门口。克罗埃和她的伙伴们叠穿的衣服和蓬乱的头发，让她们在人群中非常显眼，还有她们戴满手腕的一大堆手镯，一路上也都在叮当作响。一群女孩儿沉默地看着她们经过，一边抽完了烟，香烟上留下了她们嘴唇上玫瑰红色的印记。她们与其他人不同，头发梳理得整整齐齐，面色鲜艳而又光滑，身上穿着性感的衣服，大都是名牌的，而且非常紧身，凸显着肚子和腰身。其中的一些女孩儿穿着迷你裙，另一些则穿着低腰紧身牛仔裤，裤腰与比基尼内裤的松紧带齐平。还有一些奢华的装饰品，手袋，带有品牌大写字母的名牌眼镜——为她们的打扮增光添彩。她们仿佛就是一群芭比娃娃，带着夸张的性感从大商场里逃了出来……

一群男孩子，牛仔裤滑落到大腿中间，为了显露出里面的短裤。连帽衫的帽子下还扣着顶羊毛帽，他们偷偷地交换着烟头，一边对路过的女孩们傻笑着……

（引自：卡特琳娜·茹贝尔，萨拉·斯戴尔.请为我宽衣——日常衣着行为心理分析[M].边静，译.上海：东方出版中心，2007：53-58.）

开篇案例讲述了一个叫克罗埃的少女和她母亲及同伴之间关系的故事，克罗埃"叛逆"的身体装饰（文身、舌钉和服装等）透过镜子、母亲的批评和同伴的眼光反映了青春期少女自我概念形成过程中的波折和困惑。服装是自我和个性的外在表现，从某种程度上反映了一个人看待自己的方式，即服装与穿着者的自我概念有密切关系，就像克罗埃一样，试图通过衣着服饰表现自己"叛逆"的个性。正如苏珊所言："个体每天都利用服装来表达自己的看法，进而使其他人也对这些表达自我的符号产生反应，并提供其他人如此看待自己的线索。"

第一节 自我概念

一、自我和自我概念

科恩在《自我论》一书的一开始叙述了这样一个故事。一个一年级的大学生在系办公室门口探头探脑，迎着一位走出来的教授说道："教授，有一个问题使我苦恼，我向您求教。""什么问题？"教授问道（他是一位著名的逻辑学家）。"怎么说呢，有时候我觉得我并不存在。""谁觉得你不存在？"教授追问道。"我觉得……"这位学生的问题显然在逻辑上是荒谬的，但从哲学、心理学和一般日常思考的角度考虑或许有他的合理性。科恩接着写道：只要把"谁觉得？"这个追问改为"觉得什么？"问题就显得不是毫无道理了。也许，那年轻人失去了自己肉身的实在感。或者是他感到没有什么情感体验，觉得自己陷入了麻木不仁状态。或者他感到自己不能做主，总是受人摆布。或者不是情感上的问题，而是意识到自己生活不充实、无所作为和没有意义。

上述这些问题实际上涉及自我、自我概念以及对自我的知觉、评价等一系列问题。所谓自我是指自己身体和心理状态的主体。自我概念则是人们对自己比较稳定的看法。一个刚刚脱离母胎的婴儿，尚不能把自我（自己）与非我（周边环境）区分开来。随着婴儿的成长，与周围环境的接触和相互作用，逐渐产生了自我的主体感。

心理学家对自我有不同的划分方法。美国心理学家詹姆斯是最早意识到自我的重要性并进行研究的心理学家，詹姆斯认为"自我是个体所拥有的身体、特质、能力、抱负、家庭、工作、财产、朋友等的总和"。他把自我分为经验自我和纯粹自我。经验自我又分为物质自我（Material Self）、社会自我（Social Self）和精神自我（Spiritual Self）三种成分。物质自我包括一个人的身体以及与个人有关的主要物质财富，如家庭、个人财产等；社会自我是一个人对自己在别人心目中的形象的认识；精神自我是指一个人内在的精神状态，如个人的抱负水平、理想和信念等。纯粹自我指一个人知晓一切东西，包括自我的那些东西，所以又称为能动自我或主动自我。

心理学家罗杰斯认为自我概念是个人现象场中与个人自身有关的内容，是个人自我知觉的组织系统和看待自身的方式。他将自我概念分为现实自我（Real Self）和理想自我（Ideal Self），理想自我代表个体最希望拥有的自我，即他人为我们设定的或我们为自己设定的特征。而现实自我包括对自己存在的感知、对自己意识流的意识。

美国社会学家、社会心理学家米德是"符号互动论"的创建者。他指出：自我是一种社会实体，自我本质上是一种社会存在，个体的自我只有通过社会及其中不断进行的互动过程才能产生和存在。他把自我分为"客我"（Me）和"主我"（I），这两者共同构成整体的自我。他认为主我执行自我的功能，支配自我的活动；客我是自我的对象化，自己把自己作为心理对象，库利把它叫作"镜中我"，即通过客我这面心理镜子看自己，是否符合他人的要求和看法。

在心理学的自我理论中与自我概念相近或关系密切的有自我意识、自我图式等概念。自我意识主要是指个体对自己身心活动的觉察，即自己对自己的认识以及自身与周围世界关系的认识。而自我概念则是对"我是谁"这个问题的回答，是将自我认识概念化的结果。实际上，许多学者在研究自我心理时，并不严格区分自我、自我意识和自我概念，甚至将它们作为同一个概念使用。

二、自我概念的结构和测量

早期自我概念的研究将其看作是单一的整体，认为自我概念是个体在生活中各种情境下对自己感觉的总和，属于单维结构模式。单维模式主张个体的自我概念的特征可反映其在不同生活领域中对自己的知觉和评价，因此，可以对跨诸多生活领域的自我概念的项目进行施测，通过将各个项目上的得分整合为一个单一数值来评价自我概念。

随着自我概念研究的深入，单维模式难以全面解释复杂多样的自我概念，于是便出现了多维结构模式，也称阶层模式。多维模式认为自我概念是一个金字塔状的层次性构念，最高层次的是一般自我概念，以下是各种水平的领域自我。多维模式中最具代表性的是沙夫林特（Shavelson）等人提出的多维度自我概念模型。该模型将自我概念分为学业和非学业两种，其中非学业自我概念又分为社会的、情绪的和身体的自我概念，每一种还可以再向下分，如身体的自我概念可以分为生理能力和外表等的自我概念。图 2-1 所示为多维度自我概念结构模型。多维度自我概念理论认为越高层次的自我概念越稳定，即一般的自我概念是最为稳定的，低层次的自我概念则可能随着情境变化而波动；自我概念的维度一般也会随着一个人的年龄增长而增多❶。

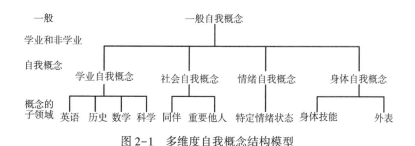

图 2-1 多维度自我概念结构模型

自我概念的实证研究一直是心理学领域的热点之一，为了对自我概念进行有效的测量，国内外学者开发出了各种自我概念量表。赵必华在《量表编制与测量等价性检验——基于中学生自我概念量表》一书中归纳整理了主要的多维度自我概念量表，如表 2-1 所示，包括马什（Mash）编制经陈国鹏修订的自我描述问卷（SDQⅡ）、林邦杰修订的田纳西自我概念量表（TSCS）、布拉肯（Bracken）编制的多维自我概念量表（MSCS）、魏运华编写的儿童自尊量表、陈美吟编制的高中生自我概念量表和哈特（Harter）编制的儿童自我知觉量表（SPPC）。

表 2-1 部分自我概念量表结构

维度	SDQ	TSCS	MSCS	儿童自尊量表	高中生自我概念量表	PCSC
身体自我	外表/体能	生理自我	身体自我	外表/体育运动	生理自我	运动能力
道德自我	诚实性	道德伦理自我	—	公德助人	道德自我	行为品行
学业自我	数学/语文/一般学校	—	学业自我	成就感	学业自我	学业能力
家庭自我	与父母的关系	家庭自我	家庭自我	—	家庭自我	—
社会自我	与同性关系/与异性关系	社会自我	社会自我	—	社会自我	社会认可
情绪自我 能力自我	情绪稳定性	心理自我	情绪自我/能力自我	能力	心理自我	—

❶ 刘凤娥，黄希庭. 自我概念的多维度多层次模型研究述评 [J]. 心理学动态，2001，9（2）：136-140.

续表

维度	SDQ	TSCS	MSCS	儿童自尊量表	高中生自我概念量表	PCSC
一般自我	总体自尊	自我批评	—	—	—	—

注　资料来源：魏必华，著，《量表编制与测量等价性检验——基于中学生自我概念量表》，安徽师范大学出版社，2013年。

　　从自我概念研究的对象看，除了中小学生外，大学生也是研究的主要群体，也有针对女性和男性进行的自我概念研究。曾智对大学生自我概念和消费行为的关系进行了研究，编制了《大学生自我概念量表》并进行了实测，结果表明大学生自我概念可以分为情感自我、表现自我、发展自我和心灵自我四个维度❶。王丽在大学生自我概念研究中探究了"服装自我维度"，结果表明大学生自我概念中服装自我由"着装意识"和"外观评价"两个子维度构成，如表2-2所示。以往的自我概念研究中注重的是身体自我，或者是自我的生理特征方面，包括生理能力和外表特征。但她认为：服装符号具有表达自我概念的功能，人们在运用服装符号的同时，也使服装自然成为自我概念的一部分。因为，人是在社会生活互动中反馈性地认识自己的，而社会生活情境中的身体一定是被服装所包裹的，服装是人体的第二皮肤，人对自己外表的自我定义也必定以着装后的外表为前提。所以，自我概念的服装自我维度在理论构想上是合理的。在实测上，她也验证了服装自我与自我概念已有其他维度在内容层面上是平行的。

表2-2　服装自我量表

维度	题项	非常同意	比较同意	说不清	不太同意	很不同意
着装意识	1. 青春与容貌是我的资本					
	2. 我的着装很时尚、不落伍					
	3. 我只要稍加修饰就能增加自己外表的魅力					
	4. 我喜欢用独特的打扮来吸引别人的注意					
	5. 我觉得选择流行服装既时髦又能得到别人的赞赏					
	6. 经济允许的情况下我会花更多的钱打扮自己					
外观评价	7. 我很会打扮自己					
	8. 我的外表有魅力是因为三分长相、七分打扮					
	9. 我的衣着打扮所代表的就是我					
	10. 我现在的衣服很适合我的特点					

注　资料来源：王丽，著，《符号化的自我——大学生服装消费行为中的自我概念的研究》，中国社会科学出版社，2006年。

　　杨晓燕在中国女性消费者行为研究中构建了女性自我概念模型和量表，得出了女性自

❶　曾智. 大学生自我概念与消费行为研究［D］. 南京：南京师范大学，2004：31.

我概念的5F模型，从5个维度上对女性消费者及其行为特征进行了剖析（表2-3）。曾德明等则对男性自我概念进行了研究，构建了男性自我概念的"MALES"模型，同样也由5个维度构成（表2-4）。

表2-3 中国女性自我概念模型和特征

自我概念代码	自我概念命名	自我概念特征描述	消费特征描述
F1：Family-self	家庭自我	家庭为主、典型的贤妻良母	体现家庭生活质量，体现贤妻良母形象的家庭公共物品或服务
F2：Feeling-self	情感自我	追求个人的情感满足	表达女性情感、抒发情感的家庭或个人消费品或服务
F3：Freedom-self	心灵自我	追求内在心灵的自由安详	展示个性独立、有主见、果断、显示其自信、有内涵的个人消费品或服务
F4：Fashion-self	表现自我	追求时尚，喜好交际	张扬外表形象、满足交际和追求时尚的个人消费品或服务
F5：Fervor-self	发展自我	追求事业成就，目标导向	表现事业成功的职业女性形象的家庭和个人消费品或服务

注 资料来源：杨晓燕，著，《中国女性消费行为理论解密》，中国对外经济贸易出版社，2003年，50页。

表2-4 中国男性自我概念模型及特征

自我概念代码	自我概念命名	自我概念特征描述	消费特征描述
M：Might-self	权力自我	追求权力和社会地位的支配和占有	追求名牌、品牌产品的消费，甚至是奢侈品的消费
A：Ancestry-self	家庭自我	追求家庭和睦、幸福，以家庭为主	注重家庭对大件物品的需求，消费意向是提高家庭生活质量
L：Loving-self	情感自我	追求个人情感上的满足，内心情感的宣泄	展示个性独立、内心平衡强大、有主见、果断的消费品和服务
E：Enterprise-self	事业自我	追求事业成就、目标导向	张扬外表形象，满足交际和追求时尚的个人消费品或服务
S：Social-self	交际自我	追求社会交往的和谐，喜好交际	表现男性从事社会生活、应酬社会关系的相关消费品或服务

注 资料来源：曾德明，张婷森，著，《男性消费者自我概念模型构建之研究》，湖南大学学报（社会科学版），2008年，58-61页。

第二节 自我概念的形成和服装

自我概念是个体社会化的结果。一个人的物质条件，包括身体状况、衣着服饰等也会有助于自我概念的形成。所谓"服装造就人"，说的就是服装与自我概念形成的关系。自我概念的形成过程中既有物质的因素，也有社会文化的影响。自我概念的形成是一个逐步的过程，这一过程可分为三个阶段，即人从生理的自我到社会的自我，最后发展到心理的自我。

一、生理的自我

也称前游戏阶段。从婴儿出生到儿童早期，这一阶段的特点是个体无法自行选择服装和其他消费品。个体也不知道社会对他的装扮所期望的是什么。这一阶段最明显的身份是个体的性别角色。父母，特别是母亲会根据婴儿的性别或外貌特征，为其装扮，并给予不同的期待。同时，文化传统中的性别角色定位、童装市场的状况、社会大众的一般期望等都会影响这一阶段儿童的性别角色塑造。

一个初生的婴儿，尚不能区分自己的和不是自己的东西，对自己的手、脚与周围的玩具视为同样性质的东西并加以摆弄。不久，婴儿开始能够区分自己的身体和周围的东西的不同，这时开始出现自我概念的萌芽。婴儿到七八个月的时候，往往会关心自己在镜子里的形象；到十个月的时候，就会主动看镜子里自己的形象，想和那个形象玩耍，但尚不知镜子里的形象就是自己。婴儿到一岁七个月左右，听到别人叫自己的名字时就知道是在叫自己。到两岁左右，能够确定地认识镜子里自己的形象或照片，并通过自己的名字来表达自己的要求。三岁时，儿童开始有了羞耻感、妒忌心和垄断心，能更多地用"我"这个词。这一阶段的自我概念是以躯体需要为基础的生理自我。

处于生理发展阶段的幼儿，把自己自身和自己穿着的衣服区别开来非常困难。这是因为孩子从一出生就被柔软的衣物所包裹，身体穿着衣服在幼儿看来是理所当然的事情。从自我概念产生开始，在意识中服装便是作为与自己的身体密切相关的东西而存在的，这种意识可以一直持续到人的成年阶段。这一阶段的幼儿还不能自己选择穿着的服装，通常是由双亲，特别是母亲为其选择衣物。这种选择往往反映了母亲期待通过孩子的着装向其他人表明孩子的某些特征，特别是孩子的性别。他人通过幼儿的着装而对其性别做出判断，并且对男孩和女孩分别寄予了不同的希望。这样，随着孩子的成长，便进入了社会的自我发展阶段。

二、社会的自我

也称为游戏阶段。这一阶段，儿童会尝试各种不同身份，并且记住其他人的反应。从三岁到十三四岁是一个人接受社会文化影响最深的时期。儿童在游戏中学习各种角色的扮演和角色间的关系，产生某种情绪体验。以后进入学校接受教育，承担一定的义务和责任，参加集体活动，帮助同伴，学习各种技能、技巧和社会规范等。

这一阶段值得注意的是儿童性别角色认同和服装行为间的关系。一般说来，在婴儿还未出生时，父母就对其抱有某种期望。婴儿一旦降落人世，父母便会按其是男是女给予不同的待遇，孩子的衣着、玩具进一步区分了男女角色，如女孩子的衣服一般是好看的花裙子，扎蝴蝶结，玩具是布娃娃等；男孩子的衣着则比较随便，模仿军服，玩具是冲锋枪等。有人对 3~5 岁的儿童进行了跟踪调查，发现儿童从 3 岁开始已能明确区分男女衣服的颜色、样式和发型等方面的不同特点。例如让 3 岁的儿童列举女性化的穿着特点，他们举出的有带褶边的衣服、层层旋绕的裙子、发卡、皮筋和带花边的装饰物等。这一阶段的男女儿童对"男性化"的服装颜色和"女性化"的服装颜色已能较好地区分。

幼儿的自我概念有哪些特点呢？王素娟采用绘画投射测验、量表测量和个案研究三种方法对大班幼儿（5~6岁）进行了研究。结果发现：在绘画测验中，幼儿在画自己时，已经能够认识到自我的形象和面部特征，并且能够比较真实的还原自我。对于表现自我的"附加物"，如衣服上的花纹图案修饰、纽扣和口袋的布置等，他们也不会忘记补充，证明幼儿不仅从自己的身体来认识自己，而且朝着自身以外的个人所有物，即"延伸自我"的认识方向发展。她还发现这一年龄段的幼儿已产生对自我性别角色的认同，在幼儿的绘画中，男孩一般是在头部上方以数根黑色的、直立的线条来代表头发；而女孩则会以两、三个带着头花的小辫来代表头发。在衣着上，男孩多是上衣和裤子，而女孩则以五颜六色的裙子来装扮自己。在量表调查中，发现男女儿童在认知、身体和同伴三个维度上不存在显著差异，而在母亲接纳维度上女童明显高于男童；在年龄上，虽然仅差不到1岁，但5岁半以下儿童在认知、身体和同伴三个维度上明显低于5岁半以上儿童，在母亲接纳维度上不存在年龄差异。说明这一阶段的儿童自我呈现快速上升趋势[1]。

父母，特别是母亲对孩子的性别角色期待常常会体现在童装的购买行为上。赵平等对北京320名儿童母亲童装购买行为的调查结果显示出服装颜色和儿童性别的关系，在颜色偏好方面，蓝色和红色分别是男童和女童最具象征意义的偏好色，男童母亲表示购买蓝色系童装的比例达68.4%，而女童母亲的这一比例为37%，女童母亲表示购买红色系童装的人数超过了64.2%，高出男童母亲30多个百分点。

父母和社会的期待对儿童服装行为的影响是不可忽略的，但另一方面，儿童并不是被动地接受期待，他们也通过积极的模仿习得某种行为。年幼的儿童常常注意父母中与自己性别相同的一方，模仿他（或她）的外表、姿态或情绪，学习自己的角色，通过父母的眼睛看自我。如小女孩在"过家家"的游戏中扮演母亲的角色，她对玩具娃娃所要求的行为准则，就像母亲对她的期待一样，这时玩具娃娃就成了她自己的替代物。孩子穿着母亲的衣服不仅仅是模仿母亲对自己本身采取的态度，而且学会了姿态、价值观等。

随着儿童的成长，社会活动范围的扩大，儿童开始通过对自我和社会的理解，评估其他人对不同外观或行为举止具有不同意义及重要性。其中，特定人物的意见或态度，显得特别重要，这些特定的人物就是所谓重要的他人。他们的社会地位、威望、名声和力量等都是儿童渴望获得的，他们的举止、衣着等也成了儿童模仿的对象。这一时期，儿童进入学校，学习知识的同时，也受到老师和同学看法的影响而对自我有了新的认识。父母，尤其是母亲对儿童外观的装扮和学校的要求及同学伙伴的态度可能产生矛盾和冲突，对儿童期的自我概念形成可能产生着很大影响。卡特琳娜·茹贝尔（2007）在《请为我宽衣—日常衣着行为心理分析》中讲述了一个8岁女孩的故事（有删改）：

案 例

"有一天，我被妈妈叫去试穿姨妈送来的一条裙子。穿上后，两条大腿露在外面，只遮

---

❶ 王素娟. 大班幼儿自我概念特点之研究 [D]. 郑州：河南大学，2008：21-41.

住了一半。尽管这条小裙子比当时正常裙子的长度要短很多，她却说非常合适，就像套进手套一样分毫不差。妈妈很高兴，给这条裙子配了件紧身衣和一双小红鞋，把我打扮成小红帽的样子。然后我跑去让爸爸看这身打扮。他也觉得我可爱极了。

第二天，心中充满了他们头天的赞美和鼓励，我得意地穿上新裙子，信心十足地来到学校，抑制不住兴奋的心情。但是上午的上课过程中，这种兴奋的情绪就在不知不觉中染上了忧虑和怀疑的色彩。我注意到全班同学的目光都盯在这条超短裙上。他们交头接耳，又爆发出冷笑，喧哗声、笑声夹杂在女教师洪亮的讲课声中，不绝于耳。我被这条裙子的长度弄得狼狈不堪，只能徒劳地把裙摆向下拽，希望它能显得端庄一些。早上那种暗自得意的情绪很快褪色，而让位于焦虑不安。同学惊异的目光和窃笑，以及逐渐显露敌意的氛围，让我无法继续上课。我盼望着放学钟声快点敲响，这样我就能回家脱下这条滑稽可笑的裙子。"

从这个故事可以看出，家庭和社会（这里是学校）对儿童社会化过程的影响有时存在着激烈的矛盾和冲突，父母喜欢的外观，在学校却遭遇了嘲笑和难堪。这个 8 岁女孩经过这次挫折，可能会重新思考父母的期待和同学伙伴的态度，从而寻找到符合学校环境的外观。在这一阶段，儿童一般会经历两种社会化过程。

先行的社会化——儿童在游戏中扮演的某些角色，如父亲或母亲，在他将来的生活中也会出现的话，称为先行的社会化。研究发现，学前女童在尝试文化所赋予作为一个女人的意义时，她们喜欢女性化服装样式的程度，胜过中性的服装样式。而女性化的装扮，会得到成人更多的称赞。一方面，学前儿童通过"过家家"之类的游戏，强化了某些未来可能承担的角色意识。另一方面，在年龄稍大的儿童中，开始思考自我与他人的区别，并通过外观来展示自己的兴趣。

幻想的社会化——服装与外观同样也能提供给儿童各种机会，让他们实现幻想中的行为，扮演在将来的生活中不太可能出现的角色。幻想中的服装样式包括超人、女超人、公主、巫婆或其他童话故事中的人物所穿的衣服。

三、心理的自我

也称竞赛阶段。这一阶段中，个体会发展出某些特定的抽象思考能力，以便协调及整合其他人的看法，从而形成可被社会接受的行为方式。服装在此成为认同某个团体的重要符号。

一个人从青春期到成年是自我概念趋于成熟的阶段，也是心理的自我发展阶段。从青春期开始，个体生理、情绪、思维能力都发生了急剧的变化，如性的成熟、想象力的丰富、逻辑思维能力的发展等。这一时期，个体开始主要以自己的眼光看待周围的事物和自己，并且形成了个人的价值体系，确定了自己追求的目标。对于青少年而言，服装所表达得较多的是对自我肯定而非否定的一面，但是对其中某些人而言，服装却是自卑感的来源。为自己装扮的青少年，较能接纳自己，而为取悦别人而装扮自己的青少年，自我接纳的程度较低。

青春期的少男少女随着自我概念的成熟，开始有意识地注意自己的外表——相貌、体态、衣着服饰等，少女开始经常照镜子，通过化妆或衣着来掩饰自身的不足或突出自身的特点，同时也更注意别人的衣着服饰，并经常以他人的评价来决定自己的衣着打扮。这一时期的少男少女自我认同、归属和获得承认的意识增强，在衣着上注意与伙伴保持一致，或模仿参照群体的穿着方式。例如，一个渴望成为战士的少年，穿着"军服"，模仿战士的姿态和形象；一位想成为演员的少女，通过模仿她所崇拜的电影明星的衣着、风度和气质等获得满足。

心理学研究表明，对青春期的少男少女的衣着服饰影响最大的是母亲和自己的朋友，不过母亲的意见或影响随着他们的成长而减弱，新的"重要的他人"的影响越来越大。而且所属群体期待的着装方式变得更为重要。可以说，服装和外观对处于青春期的少年男女顺利度过"自我同一性"危机，确立自我形象方面起着重要的作用。正如一首诗所写："对着镜子，开始悄悄地打扮自己，毫不掩饰地，流露幼时伴新娘的柔情……十八岁，终于承认自我的存在，开始追求一切的新兴。"

"偶像崇拜"是这一时期青少年心理发展的重要特点之一。姚计海等对初一到高三中学生偶像崇拜与自我概念的关系进行了研究。结果显示：在所调查的428名中学生中，表示有崇拜的偶像的有342人，占79.9%，没有偶像的86人，占20.1%；崇拜的偶像可以归为八类，其中崇拜歌星影星的最多，占到33.6%，其次是著名人士（指文学家、政治家、英雄等对社会进步有重大贡献的人物），占22.2%。男女生在偶像崇拜的人数上没有显著差异，但女生崇拜"歌星影星"的人数明显高于男生，而男生崇拜"著名人士"的人数显著高于女生。对有偶像崇拜和无偶像崇拜中学生的比较发现，两类人在同性关系、异性关系、非学业等自我概念上存在显著差异；对崇拜的偶像类型的分析发现，崇拜不同偶像类型的中学生在自我概念上存在显著差异，崇拜"著名人士"的自我概念得分要高于崇拜明星影星的得分❶。

大学生已进入青春期后期和青年期，他们的身体和心智都已趋于成熟，已基本形成了比较稳定的自我概念，对时尚、服饰打扮和自身形象有着独特理解和偏好。在服装消费中更注重选择符合自我概念的品牌和样式。曾智对大学生自我概念与消费行为关系的研究说明了这一点。他的研究表明：大学生自我概念由情感自我、表现自我、发展自我和心灵自我四个维度构成。通过分析大学生自我概念不同结构成分的时尚与个性消费行为发现：情感自我突出的大学生在消费行为上明显表现出典型的情感消费，如"喜欢去有情调的咖啡屋或者茶馆"等，而且比较喜爱赶新潮，喜欢购买新款服饰；表现自我突出的大学生除了没有典型的情感消费行为以外，其他类型的时尚消费和个性消费行为都与之关系密切；发展自我突出的学生基本上没有特别典型的时尚消费和个性消费行为；心灵自我突出的学生与时尚消费和个性消费之间存在典型的负相关。从他提供的大学生自我概念与消费行为的访谈中，也可以看出大学生自我概念的特点❷。以下是他的访谈记录。

---

❶ 姚计海，申继亮. 中学生偶像崇拜与自我概念的关系研究 [J]. 心理科学，2004，27（1）：55-58.
❷ 曾智. 大学生自我概念与消费行为研究 [D]. 南京：南京师范大学，2004：38-39.

案　例

访谈对象1：大二男生。我是一个物质的人，我是一个年轻人，用时尚的话说，我是一个 New-new People（注：新新人类），我爱赶新潮，而且我崇尚时尚和名牌，不仅因为名牌是一种象征，更因为名牌的价值体现了我对高品质生活的追求。另外，我对自己的形象特别注重，我认为，良好的形象是对别人尊重。

我觉得最能体现我爱时尚的品牌是 Jack & Jones，它浓浓的北欧风情是首先吸引我的，但更吸引我的是设计师在设计服装时的大胆和前卫，而且此品牌的理念就是一种时尚的美，它能体现我率真、张扬的个性。

访谈对象2：大三女生。我是一个热爱追求成功的女生，同样喜欢品味着其中的艰辛。我希望将来能有一番作为，能做一些有意义的事情。我一直在尽一切努力为自己的学业、事业拼搏，因此，我的学业成绩一直很优秀，我性格内向，我穿衣服的风格让人觉得呆板、不活跃，但我乐在其中。我的这些衣服可都是有品牌的哦！

圣·迪奥是我最喜欢的衣服品牌。因为它的服装款式一般比较职业化，比较符合我成为职业女性的梦想。它的衣服一般没有太艳丽的色彩，常常是黑、白、灰色，穿出去不显得亮眼，比较符合我内向的性格。但由于该品牌价格一般较贵，而且从不搞降价等促销活动，至今我只有一套。总的来说，穿上这种衣服，自己显得端庄、有气质和品位。

访谈对象3：大二女生。我觉得我非常理性，例如，当我的朋友冲我大发雷霆时，我会选择离开。甚至，男朋友送给我一件非常珍贵的礼物，我都可能忘记打开。我喜欢平静的生活，激情和浪漫不是我所喜欢的。也许我还真的与我这个时代的女孩有些不同哦。我热爱宁静的生活，不喜欢大都市的喧哗和热闹。我爱一只背包走天下的感觉，因为爱极了三毛，那个随着自己的心而活的女人，在离开了世事纷繁中活出了自己的精彩。我不太爱打扮，但我觉得我很美，一种朴实的美。

从我看来，需要就是获得价值，无论何种东西，与我而言，如果我需要它，它肯定具有价值。是扇子，只要能扇，我不会在乎是芭蕉扇还是蒲扇；是衣服，只要穿起来自己觉得舒适，我不会理会它是不是有品牌；是鞋子，只要它适合我的脚，我不会挑剔是球鞋还是皮鞋或者布鞋。所以，我不喜欢逛街，即便去了，目的性也非常明确，一张购物单列出所要买的东西。因为，我觉得盲目购物不只浪费金钱，还会浪费生命，生命嘛，应该浪费在美好的事物上！但是，不管是哪一种东西，一旦它成为我生活的一部分，就一定要有舒服的感觉。

以上三位受访的大学生分别代表了"表现自我型""发展自我型"和"心灵自我型"大学生的自我界定和消费行为特点。

卡特琳娜·茹贝尔在对开篇案例中克罗埃故事进行分析时指出："如果说，在一个年龄段中服装非常重要，甚至扮演着比头衔更重要的角色，这无疑就是青少年时期。那些或多或少接触青少年的人，都很熟悉他们对于服装、品牌、式样以及更广泛的身体外貌的过分投入。对于克罗埃和她的朋友们来说，外表具有识别的重要性：服装使她们在自己眼中和别人眼中被赋予了意义。深色服装的叠穿，苍白的面颊，小饰物以及舌钉构成了一个团体内被重复和分享的服装密码。在故事中，交织着好几个群体，他们的服装就构成了识别标志。他们之间使用的词汇通常是成年人所不知道的：那些像莉拉一样的，被称作‘夏尔’，她们穿着名牌和带有首字母标记被公认为昂贵的衣服。另一些人，就像克罗埃和她的朋友，被定义为‘哥特式’……人们还在滑落到大腿上的宽松裤子上交织了‘滑板’以及‘冲浪’的风格，标志的是‘小流氓’，这种装扮受到了郊区贫民窟和摩托族的启发，但也有黑人移民和‘篮球运动员’的影响……每一种服装都表明了团体的特征，是个人特性的基础。”

她接着指出：“故事开始的一幕是在镜子前自我征服的场景，是获取力量和自我确认的一幕。妈妈对她的衣着说些什么并不重要，克罗埃感觉完全再造了自己，并且觉得带有这些印记很重要。相对于内心的巨大变化，她的服饰就像冰山浮出水面的一角，是其内心混乱的外在表现。透过衣服，青少年感到能够部分地控制被青春期搞乱的自我身份。一方面，身体不知不觉地改变，进入了性别化时期；另一方面，产生了身份识别标记的改变：旧有的偶像被抛弃了，这是为了换上新的。”“青少年时期是一段改写重塑的时期：少年抛开了童年时期的特征，来选择新的，更多是选取符合他感觉的、身边的一些模型，包括真实或是虚构的人物。这是一个崇拜偶像的时期，迷恋体育明星、摇滚明星、演员或者仅仅是同伴，或自己的影子，这些都有助于他的自我塑造。服装于是常常成为与榜样间的联系，如果说无法成为偶像本人，那就模仿他的穿着。”

马塞尔·达内西（Marcel Danesi）在《酷：青春期的符号和意义》一书中从符号学的视角对青春期青少年的语言、服饰、音乐偏好以及其他符号体系的特征和形成的原因做了系统深入的分析。他指出：“在孩子成长发育的时间表上所出现的某种行为特征（如表情、说话风格、服饰符码、音乐偏好等），就是他们进入转折期的确切标志。青春期在身体特征上呈现出的剧烈变化，与伴随这些变化而来的情感上的变化，都是痛苦而难忘的。青少年开始格外地关注他们的外表，以为所有的人都始终在注视他们。”他认为“青少年期区别于其他人生阶段的符号和行为特征就是酷态。酷态还包括特定的服饰符码、发型和生活方式。”

酷态在不同历史时期、不同地区和不同青少年亚文化群体间表现出不同特征。达内西用“意指渗透”这一概念来解释青少年酷态的形成：“意指渗透这个术语，涉及行为的吸收，因为这种行为呈现出与社会意义或意指的刺激的联系。在我看来，意指渗透使青少年通过同龄人之间的接触获得大量的形体运动、姿势、面部表情、话语特征等。这一过程是建立在同龄人团体内部共有的意指或意义创造的基础之上的。”他认为青少年的衣服也是意指的丰富源头。“在青春期，衣服成为社会性别、性征、身份和小团体价值的有效能指。”20世纪70年代，在青少年符码方面出现了两种主要的趋势。首先，主流青少年越来越热衷于穿昂贵的衣服。名牌牛仔裤、天价的跑鞋、昂贵的T恤，诸如此类，都成为许多富裕的中产阶级青少年的必备品。其次，青少年着衣风格似乎出现了一种元符码：即在整个青少年亚文化群体当中出现了某种普遍化的穿衣模式，这种模式是对各类小圈子时尚饰物和配件的延伸和重组。“时尚也是一种意识形态宣言。将自己视为反社会、反偶像崇拜的青少年会通过他们的穿衣选择来传达这方面的诉求。20世纪六七十年代的嬉皮士用服饰来强调

'爱'和'自由'；朋克们则用服饰来表达他们的'坚韧'和'不服从'。"

对青少年的服饰符码，他总结道："就像青少年期的其他任何事情一样，青少年的服饰符码也是瞬息万变的。青少年的符码是极度不稳定的、可塑的和短命的。服饰符码的这种变动不安的性质，无疑普遍地反映了青少年心理构造的迅速变化。青少年服饰符码的某些细节可能会凝固下来并且在生活中得以延续，而其他更多的细节则迅速发生变化甚至消失了。"

如上所述，自我概念主要是在儿童期和青春期形成的，此后，个体对自己的认识评价，情感体验逐渐趋于稳定，同时随着关于自己的新的信息的获得和环境的变化，自我概念仍会发生变化。

第三节　自我概念和服装的选择

一、自我图式

所谓图式（Schema）是人脑中已有的知识经验的网络。图式也表征特定概念、事物或事件的认知结构，它影响相关信息的加工过程[1]。现代图式理论（Schema Theory）是认知心理学兴起之后，在 20 世纪 70 年代中期产生的。由于图式概念有助于解释复杂的社会认知现象，很快被社会心理学家所采用。在社会心理学的研究中，图式理论主要用于解释人格（人的图式）、自我概念（自我图式）、刻板印象（群体图式）以及产生社会认知偏差的原因等。其中自我图式在自我概念研究中起着越来越重要的作用。

自我图式（Self-Schema）是对自我的认知概括，它来源于过去的经验，组织并指导个人社会经验中与自我相关的信息加工。即一种人们对其自身拥有的一切信息与属性的认知结构。一个人之所以形成某一自我图式，是因为这一领域对他具有重要意义。自我图式是由个体行为中最为重要的那些方面组成，包括以具体事件和情境为基础的认知表征，以及较为概括的来自本人或他人的评价的表征。人一旦在自己心目中形成一定的"自我图式"，就会用此图式来理解或解释自己在日常生活中的行为表现，比如为了显示自己的独立个性，个人会在发表意见时标新立异，着装上会追求与众不同的独特风格等。而没有这种"独立"的自我图式的人则不在乎自己在这方面的表现。那些强烈地倾向于沿着某一维度组织他们行为的人被认为具有该维度的图式[2]。

自我图式的主要作用有：①对个体所接触的外部信息进行分类，区别哪些信息是与其占主导地位的图式是一致的，哪些信息是与之不一致的。如一个认为自己是时尚的人，则更容易接受与服装时尚相关的信息；②组织输入信息或者将这些信息形成有意义的组块，将新信息融合到先前的个体经验之中。如一个从来没有尝试过某种穿着打扮的人，当进行

❶ 乐国安. 图式理论对社会心理学研究的影响 [J]. 江西师范大学学报（哲学社会科学版），2004，37（1）：19-25.

❷ 李晓东，孟威佳. 自我图式理论——关于自我的信息加工观 [J]. 东北师大学报（哲学社会科学版），2001，（4）：106-110.

这种尝试并获得他人的积极反馈时，则可能把这种着装方式融入到外观的自我之中；③当需要的时候根据环境或情境的提示精确地提取个体内部信息。当一个人准备参加某一项社会活动时，可能会回忆起以前参加类似活动时的着装和外观，并作为参照；④根据任务的需要采用不同的信息提取和加工策略。

自我图式在处理信息时具有以下特点：①对涉及自我的刺激具有高度敏感性；②对适合自我特征的刺激处理速度极快且自信度高；③对涉及自我的刺激能产生较好的回忆和再认；④对自我有关的行为预测、归因与推断具有较高的自信度；⑤对自我不一致的信息产生抵触。自我图式可能同时包括视觉的形象以及言语的描述，让人们用以决定"什么像是真正的我"，而"什么不像真正的我"。

一些学者专门对服装服饰领域进行了相关探索。

潘恩斯（1983）进行了一系列研究，探讨个体如何利用服装建立自我形象，以便彰显我与非我的区分。他发现，尽管女大学生可以迅速地决定哪些服装款式最像我以及最不像我，但是要归类在这两个极端之间的服装款式，则需要更多的时间。比起其他服装款式，这些学生最容易回忆起最符合我的款式。当人们去商店或在网上寻找他们要寻找的服装时，这种辨认哪些服装款式符合自我的过程，似乎能与自我图式相契合❶。

凯瑟指出：符合我的服装和我喜欢的服装两者间的差别在于喜好的评价倾向于高于对自我的评价。换句话说，人们可能会喜欢某种服装款式，却又指出"那并不是我的类型"。但很少有人会说："那是我的款式，但是我并不喜欢它。"自我图式和社会情境有关，研究发现，越是符合自己的服装款式，女性便会找出越多的情境来穿这些服装。此外，对于融入自我图式中的服装款式（既符合自我的），比起不符合自我的，女性较早开始思考适合它们的社会情境。

二、自我概念与服装的选择

案 例

M 小姐非常喜欢衣着打扮，她的衣柜里挂满了各种时装。但她仍经常抱怨说："没有合适的衣服穿。"M 小姐认为自己对服装有良好的感觉，她周围的人也认为她的穿着品位较高。所以，M 小姐参加社交活动时在选择服装上便格外慎重。如果穿着自己不满意的服装出入社交场合，她会认为降低了自我概念而感到不安，她还担心朋友们会以"奇怪"的目光看待她。对 M 小姐来说，"服装感觉良好"这样的自我概念是非常重要的，她的抱怨也许就来自她现有的服装不能很好地表现她的这种自我感觉。相反，如果她穿着自己非常满意的服装参加社交活动，从朋友们赞赏的目光和言谈中，她的自我概念得到强化。这种强化了的自我概念进一步影响她的穿着方式。

许多人都有过像 M 小姐那样"没有合适的衣服穿"的感觉。美国的心理学者在研究时

---

❶ 苏珊·凯瑟. 服装社会心理学 [M]. 李宏伟，译. 北京：中国纺织出版社，2000：174.

要求被访者回答"什么是最主要的理由，影响你看待自己的服装？"将近一半（44%）的人回答指出，服装与自我两者间具有某种程度的适切性，而且女性比男性似乎更重视这一点。研究指出，在与自我及身体相关的前提下，人们会具备各种不同的服装知觉。服装和自我之间的适切性，可能是一种多维度的建构，其中包括：①有关服装与自我的既定思考模式；②利用服装作为表达自我的符号时，对他人的判断与意识的内化过程；③身体满意度；④导致正面或负面感觉的自我评价。

从自我图式的观点看，认为自己属于简朴的人，其穿着也会比较朴素；认为自己时髦的人，其穿着也会追赶时髦。人们对于自己自身的感知总会借助于某种方式表现出来，如利用服装、化妆、表情、动作等将自己对自己的知觉、感情、评价向其他人传递。正如张爱玲所说："我们各自生活在自己的衣服里。"

我们日常使用许多用品或产品与自己本身的价值有密切关系，它们可看成是一种媒介，表明使用者的身份地位。从某种意义上说，服装具有高度自我表现的性质，与穿着者的自我概念密切相关。如图 2-2 所示，自我概念以服装为媒介向他人传递，从他人赞赏的反应中获得自我的强化。同时，穿着与自我概念相一致的服装产生某种内在的体验，对着装者的自我概念起到进一步的强化作用。高雅有品位的着装以其魅力感染着他人，同时也使着装者体验到自我满足的愉快。可以说，一方面自我概念影响着一个人的穿着方式；另一方面，穿着方式本身也反过来强化着一个人的自我概念。

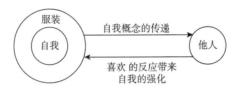

图 2-2　自我概念和服装及他人的关系

有人以体育运动员为对象，采用引人注目的、普通的、不引人注目的三类服装，对自我概念和服装偏好的关系进行研究。结果发现，自我概念强的人喜欢选择引人注目的服装，即自我概念强的人对自己持有积极的感情，肯定的评价，并试图通过服装表现出来。

关于自我概念与服装的关系，王丽做了较深入的研究。她采用半结构化访谈法对 23 名大学生和职业人士进行了与服装自我相关的访谈，访谈预约时要求被访者带上自己最喜欢的一套服装实物或照片。当问及"你为什么喜欢这套服装"时，被访者回答涉及了满足个人兴趣、增加自身价值和交往便利、有特殊意义及没有特别理由等几个方面。以下摘录的是部分被访者对此问题的回答。

案　例

服装设计师男：我从事服装设计职业，自身的装束往往更引人注意。但我喜欢的着装风格是不张扬，却一定要有品位。外行看起来很舒服，内行能看出用心所在。现在这身搭配，深蓝色的裤子，配湖蓝色的 T 恤衫，颜色不在于鲜艳还是灰暗，但一定要厚重，有内涵。你不要以为设计师就都是扎着一条小辫子，穿着惹眼的衣服，扮成那种很酷的样子。其实，往往是那些涉入这行不深的年轻人才会用那样的打扮表明自己是设计师，像我们这些人再靠服装来表白就显得做作了。但跟常人一点区别也没有的人也不是一个好的设计师。

在校女大学生：我现在穿的这身运动装就是我不时最常穿的，无论冬夏我都喜欢运动服，因为我就是喜欢运动，各种球都玩儿，课余时间都在操场上。别人都说我不像女孩子，可是穿那种规规矩矩的衣服我就觉得不自在。也许吧，有一天等我成了职业女性，也得穿上职业装，但现在还是这样好。

公司职员男：我刚毕业那会儿，还是喜欢在学校时的装束，轻松随意的牛仔装、运动服。上班后，公司虽然没有特别的要求，但同事们有时会指着我身上的运动服问："你要去健身啊？"更可恶的是，有一次去联系业务，那个门卫竟把我当成发广告的，硬是不让我进门。后来才体会到，穿衣服不只是你的个人爱好，还得符合身份，这可真麻烦。现在，我上班时才穿成这样，在家还是穿我喜欢的衣服。

在问到服装是否适合自己时，被访者中有人偏重内在的个性，有人偏重外在的身体条件，还有人重视社会身份的需要。

女记者：我长得比较胖，以前总穿深色的衣服，以为这样能显得瘦一些，但才24岁就显得很老气，有时候去买菜竟然有人管我叫阿姨。后来，受了中央台主持人张越的影响，她也很胖，但她穿鲜艳的颜色反倒好看。我在同事的劝说下买了这件红色的大毛衣，人顿时精神了不少。我这才知道自己穿这类衣服也行。而且，慢慢地也不像以前那样总为减肥发愁了。

公司职员女：我的嘴长得不好看，嘴唇太厚。但我就是要涂鲜艳的口红，我是学艺术的，我觉得敢于张扬自己的缺点，缺点也就变成优点了。再说，我们经常出去采访，还时常出镜，长相上的缺点往往越掩饰，别人越注意，还不如坦然承认，这也是一种自信美嘛！

王丽从三个方面对访谈结果进行了归纳和探讨：

（1）个体对服装表达自我概念功能的理解。被访者对服装符号的表达功能呈现出理解程度的差异。专业人员（服装设计师）能站在更高的高度解读服装，更重视服装的审美价值，更善于用服装传达自己的内心世界，在校大学生和已经毕业工作的大学生对服装理解存在差异。最大的区别是，已经工作的毕业生对服装在交往情境中的功能更为重视。他们虽然属于不同的职业群体，但在职业生涯中，都或多或少地感受到服装在人际交往和社会活动中的重要性。

（2）服装对个体自我概念的影响作用。自我概念影响人们的服装选择，但服装对自我概念也有反馈性的影响，这主要是由着装效果的社会评价带来的。被访者在谈到喜爱某件服装的理由时，大多联系到穿着后引来的他人评价。个体对服装自我的满意度与情境中的社会反馈密不可分。也就是说，被访者引为自豪的着装体验往往与成功的交往和较高的他人评价连在一起。

（3）个体用服装表达自我概念的水平差异。被访者中有人是服装的衷心拥戴者，有人却不以为然。也就是说，并不是每个人都积极地寻求用服装来表达自我。这或许受到社会角色离析类型和自我同一性水平的影响。角色离析是指个体对自己当前的社会角色不是完全认同，只承认角色是自我的一部分而绝非全部。自我同一性被看作是人的自我概念的整合程度。当个体意识到自我概念缺乏完整感时，就积极寻求一切可利用的符号将其完整，服装就是其中重要的一种。一项对成年女性的研究发现：个体利用服装作为表达自我的工具性要求越高，则自我的满意度越低；反之，随着自我满意度的提高，通过服装寻求社会赞同的程度也相应降低。这就是某些事业成就高的人，反而不关注服装表达功能的原因之一。

三、理想自我概念和服装行为的关系

自我概念反映了人们对自己比较稳定的认识评价，情感体验和对自我行动的控制与调节。自我概念可区分为现实的自我概念和理想的自我概念。例如，一个人可能认为自己相貌不丑，身材适中，衣着打扮适度，对自己目前的身体状况、健康状况和其他方面感受到满意，从而激发出一种自豪感和满足感。这便是他对自身现状的认识评价和情感体验。这种对自己肯定的认识评价和积极的情感体验，可能导致一个人的进取心，而另一个人可能性认为自己相貌平平，身材矮小，能力有限，对自己的状况感受到不满，而产生自卑自贱的心理。人们对自身现状的认识通常是在与其他人进行比较的基础上产生的，这种比较与社会对个人身体的、智能的和道德的期待有关。如果社会普遍崇尚女性以身材"苗条"为美，则"苗条"就成为对自身身体认识的基准。这种社会对个体状况的一般认可或评价的标准，常常成为人们所追求或希望达到的理想的"自我"。因此，有些身材矮小的男性理想中的自我是高大健壮；事业无成的男性希望自己进入"成功者"的行列；身材胖的女性则梦寐以求自己"苗条"。

一个人对自己自身的现状所具有的认知、感情称为现实的自我概念，人们还对自己有某种期待，包括自己的相貌、身材、能力、修养等，即希望自己在各方面或某些方面成为一个怎样的人，这便是理想的自我概念。一般每个人心中都有理想的自我形象。通常，现实的自我概念和理想的自我概念之间总是存在某种差异。研究证实，处于青春前期的高中生这种差异最大，他们往往有较高的理想，对现实的自我持否定的态度，随着年龄的增加，这种差异逐渐变小，但不会趋于一致。

可以假设，如果一个人对现实的自我感到不满意，他便有可能采取某种社会认可的方式重新塑造自我形象，并向他人展示这种形象，实际上最为简洁的方式便是借助服装和化妆，这样至少可以在外观上改变自我。下面介绍一个有关的研究，后面我们还将在身体的自我概念中进一步讨论这一问题。

那么理想的自我概念、现实的自我概念、喜欢的服装形象、不喜欢的服装形象之间有什么样的关系呢？日本学者藤原以317名女大学生为对象，对这一问题进行了研究。对研究结果进行整理，并采用因子分析法分析得到两个主要因子，第一因子是"一般性期望"因子，第二因子是"个性"因子。在两个因子所构成的意义空间上各概念的位置如图2-3所示。第一因子轴的正侧是一般性期望大的方向，负侧是小的方向；第二因子轴的正侧是个性强的方向，负侧是弱的方向。理想的自我概念所处的位置在有魅力的、有风度的、开朗的等一般性期望大的方向以及引人注目的、积极的、个性的、时髦的等所表现的个性强的方向上。喜欢的服装，现实的自我，不喜欢的服装在同一意义空间上几乎分布在一条直线上。现实的自我概念大约靠近一般性期望和个性两轴的原点。不喜欢的服装处于和理想的自我概念正好相反的位置。而喜欢的服装形象靠近现实的自我概念并位于理想的自我概念的方向上。即越是接近理想的自我概念的服装形象，人们便越是喜欢。而远离理想的自我概念的服装形象易引起人们的反感。进　步分析发现，以一般性期望作为理想的自我的人，最喜欢具有一般性期望形象的服装，而以个性作为理想的自我的人，最喜欢具有个性形象的服装。可以说，人们有意无意之中，将理想的自我概念投射向服装，并通过喜欢的服装形象表现出来。

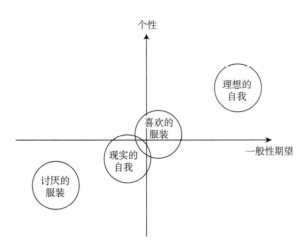

图 2-3　理想的自我、现实的自我、喜欢的服装、不喜欢的服装的位置关系

人们为了达到理想的自我概念或保持现实的自我概念，经常会涉及产品、服务和传媒的购买与消费。德尔·L. 霍金斯等在《消费者行为学》一书中将自我概念的作用按其逻辑顺序排列，归纳为如下方面：

（1）每个人都拥有自我概念。自我概念是通过父母、同伴、老师和其他重要人物的相互作用形成的。

（2）一个人的自我概念对个人而言是有价值的。

（3）因为自我概念被赋予价值和受到重视，人们试图保持和提高自我概念。

（4）某些产品作为社会象征或符号传递着关于拥有者或使用者的社会意义。

（5）产品使用作为一种象征或符号包含和传递着对自己和他人有意义的事情，这反过来对一个人的私人和社会自我概念产生影响。

（6）由于上述原因，个体经常购买或者消费某些产品、服务或使用某些媒体以保持或提高他所追求的自我概念。

图 2-4 为自我概念与服装形象的关系。它似乎表明，人们决定其实际的和追求的自我概念并使其服装的选择与之相一致，这是一个有意识的和深思熟虑的过程。当然，多数情况下，人们对服装的选择过程是基于习惯、过去的经验、广告或朋友的影响，并未经过仔细考虑。一位女性也许会选择束身衣或其他能表现身材的服装，因为在我们的自我概念里包含了对苗条身材的追求。

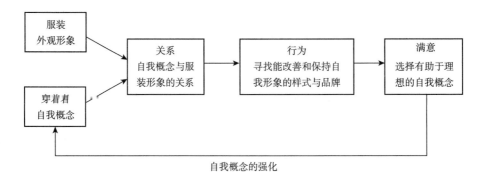

图 2-4　服装形象与自我概念的关系

第四节　自我评价和服装

自我概念是个体在社会化过程中逐步形成和发展的。如上所述，我们对自身的认识常常是通过和他人的比较或从他人的评价中获得的，就像我们可以通过一面镜子审视自己的容貌和体态一样。我们对自己的认识评价和情感体验也可以从他人的直接评价或间接反应中形成，也就是我们以父母、老师、朋友或其他关系密切的人的评价为"镜子"审视自己，结果形成了对自己的认识和情感。这里所说的是社会和他人对自我概念形成所起的作用。

一、自我评价的形成和服装

前面我们已经涉及了对自身的评价问题。假如一个人已经有了比较稳定的自我概念，他便会对自己的日常行为做出判断和评价。自我评价的结果可能引起个体自尊或自卑、愉快或不快等的情绪体验。肯定的自我评价伴随愉快的情感体验，对自我概念起到强化的作用，否定的自我评价伴随不愉快的情绪体验可能会减弱已有的自我概念。

自我评价是个体与周围环境持续作用的结果。按照社会学习理论的观点，一种行为如果给予奖励或赞赏，则这种行为便有可能会持续下去或重复出现，相反如果受到惩罚，则会中止或回避这种行为。例如，一个小女孩在镜子前面观察自己的衣着打扮，并对不合适的地方加以调整，如果父母及其他家庭成员总是愉快地注视着女孩的这种做法，采取一种善意赞许的态度，则她会感到一种愉快的体验，她的这种行为得到强化而可能持续下来。而一个男孩如果采取与这个女孩类似的行为，就像《红楼梦》中的贾宝玉喜欢唇膏脂粉，在我们的文化结构中一般不会得到赞许，反会招致惩罚或嘲笑，则这种行为将难以持续。也就是说，肯定性的强化引起积极的自我评价和愉快的感情体验，否定性的强化带来消极的自我评价和不愉快的情感体验，从而促使个体保持或中断某种行为。

由于社会情境的模糊性和不确定性，人们知觉到自己的方式的不同，自我评价也常常是变化的，所以我们时而感到满足和愉快，时而又觉得不满和不快。自我评价常常来自于他人的反应、社会比较和认知的协调三个方面。

（一）他人的反应

个人评价自己，往往以别人对自己的评价为参照点。别人对自己的态度，是自我评价的"一面镜子"。一个人处在一定的社会关系中，通过与他人相处，从他们对自己的评价中看到了自己的形象，为自我评价提供了基础。库利指出："人与人之间相互可作为镜子，都能照出他面前的人的形象"。我们把自己的容貌、姿态、服装等作为自己所拥有的东西，在镜子中仔细观察，总以一定的标准来衡量其美丑。如果符合标准感到喜悦，否则就表现出不悦。同样，个体在想象他人心目中关于自己的姿态、行为方式、性格等时，也会时而高兴，时而悲伤。例如，一个刚入校的大学生，在想象中认为其他同学对自己衣着穿戴印象的好或坏，从而产生某种情绪体验，对自己满意或不满意。

以他人的态度对自己进行评价，反映了自我概念的形象性。库利认为这种形象性包括三个因素：①关于被他人看到自己姿态的自我觉察；②关于他人对自己所做的评价与判断的自我想象；③关于对自己怀有的某种感情—自尊或自卑。通过这样的过程，自己对自身外观的自我评价和情感得到了发展。

他人的反应不仅会激发某种情绪体验，而且会进一步导致个体的某种行动。克特·W. 巴克在《社会心理学》一书中列举了一个例子：在大学的一个班级里，男生出于恶作剧心理，在班里挑选了一个不受欢迎的、没有吸引力的女同学，决定像对待校园里最漂亮的女学生那样对待她。过了一段时间，这个女学生的情况发生了明显变化，她开始穿上更吸引人的服装，比较注重打扮了，心情也越来越开朗。巴克指出："看来很可能这位女学生感受到一连串相类似的反应后开始重新评价自己。因为相信自己吸引人，所以她就有了相应的行动。"

我们通常从语言的反馈、非语言的反馈、评价者等方面接受或解释他人的反应，并对自我评价产生影响。正如凯瑟指出的："我们需要依靠其他人来提供线索，才能知道自己看起来是什么样子，或者我们的穿着打扮是否具有吸引力，以及是否合宜等。"

他人对我们外貌和行为最直接的反应就是语言的反馈—赞扬或者批评。尽管成人之间（除了"无话不谈"的朋友）很少直接评价对方的相貌和衣着服饰，或即使评价也大多采用赞扬的方式。但对幼儿和儿童，父母和其他人则会直接说："我女儿（或这孩子）长的真漂亮，真可爱。"有研究表明，对儿童的积极反馈，有利于其身心的健康发展，可获得更强的适应性和社会交往能力。另一方面，儿童和青少年也会遭遇同伴的嘲笑或负面的评论。有研究发现，大部分儿童常常因为他们的外貌受到嘲笑和欺凌，并发现嘲笑最令人苦恼的高峰年龄是七八岁，从而造成他们对外貌的不满意。有大量的证据表明，在青春期，个体身体不满意以及抑郁等与他人嘲笑有关。国外对大学生和中小学生的研究发现，外貌和身体特征是被嘲笑的第一因素，而且外貌嘲笑主要集中在体重和面部特征，头发的颜色衣着打扮等也是受嘲笑的方面。

国内也有学者注意到青少年负面身体自我与同伴嘲笑的关系，并进行了相关研究。周天梅以中学生为对象，在开放式问题中发现女生和男生受嘲笑的因素有所不同，女生受嘲笑从高到低的前五位因素为：体重、智力、身高、身体方面的问题、脸；男生依次为：身高、脸、体重、身体方面的问题、智力。采用嘲笑量表等进行实证研究，结果表明：青少年负面身体自我与同伴嘲笑有显著的正相关，被同伴嘲笑次数越多的青少年负面身体自我得分越高，对自己的身体就越不满意。负面身体自我中"胖"维度与身体嘲笑及身体嘲笑受影响的相关最高，其次是负面相貌❶。骆伯巍等关于青少年自我体像关注的研究表明，青少年比较关注自己形体和容貌在他人心目中的评价和看法，而且有形体烦恼者和无形体烦恼者、男生和女生间存在显著差异。从表2-5中的结果可见，有形体烦恼者在四个问题上回答"经常"的人数明显高于无形体烦恼者，特别是有形体烦恼的人"听到别人对自己形体议论就烦恼"的人达到3/4以上；表2-6和表2-7所示，女生更关注他人对自己形体和容貌的看法，听到别人议论自己的形体就烦恼，也更想知道人家对自己容貌的看法，且会更多地关注周围人形体和容貌❷。

表2-5　青少年对自我体像的关注度

项　　目	同伴间经常相互议论形体		常询问别人对自己形体的看法		听到别人对自己形体议论就烦恼		对周围人的形体较关注	
	人数	比例	人数	比例	人数	比例	人数	比例
有形体烦恼者	90	40.4	55	24.7	169	75.8	140	62.8
无形体烦恼者	170	6.2	85	3.1	602	22.0	565	20.7

表2-6　青少年对自己体像关注度的性别差异

项　　目	同伴间经常相互议论形体		常询问别人对自己形体的看法		听到别人对自己形体议论就烦恼		对周围人的形体较关注	
	人数	比例	人数	比例	人数	比例	人数	比例
男	55	4.1	40	3.0	277	20.9	246	18.5
女	191	13.1	93	6.3	468	31.9	419	28.7

表2-7　青少年对自己容貌关注度的性别差异

项　　目	向周围人询问他们对自己容貌的评价		想知道人家对自己容貌的看法		认为一个人的容貌是十分重要的		同学之间谈论相互间的容貌问题	
	人数	比例	人数	比例	人数	比例	人数	比例
男	62	4.6	431	32.4	481	35.8	118	8.8
女	55	3.8	636	43.7	618	42.2	164	11.2

　　非语言的反馈包括他人看我们的表情、注视的目光、说话的声调、肢体动作和空间距离等。非语言的反馈有时是明确的，但大多数时候是模糊不清的，如何理解在于个人的解释。许多青春期的青少年希望走在街上有高"回头率"和"引人注目"，所以将自己打扮

---

❶ 周天梅.青少年负面身体自我与同伴嘲笑的关系研究［D］.成都：西南大学，2006：21-29.
❷ 骆伯巍，周丽华，彭文波，等.青少年自我体像关注研究［J］.当代青年研究，2004，（4）：52-56.

的与众不同。特别是青春期的少女更在意他人无意中的目光。

对我们做出评价的人是谁，他与我们的关系以及他在我们心目中的地位等也会影响我们对反馈意见的接受。儿童会更在意父母和老师的评价，而青春期的青少年可能更在意同伴或重要他人的看法，就像开篇案例中的克罗埃对母亲叨叨自己的衣着打扮表现出明显的逆反，更看重同伴的评价。如果是服装设计师、形象设计师或"时尚达人"等对我们的衣着品位进行评价，我们可能更加容易接受。

那么他人的赞赏或反馈有多正确呢？一些研究发现，自我评价相当接近团体中其他成员对个体所做的评价。服装学者里安（Ryan）的研究说明了"镜中我"的存在。里安为了操作镜中自我的概念，女大学生被要求在五个分量表上评估自己和别人：打扮合宜的程度、脸部的外在吸引力、体形外观、借由装扮展现出来的个人风格，以及自信。为了将镜中自我整合到这项研究当中，这些女性也被要求估算自己对于评估她们的团体具有什么样的看法。这项研究所得到的最主要结果是自我评估相当于团体的评估，因此，支持了镜中自我的概念。其次，两个重要发现分别是"团体评估较高或较低者，比起团体评估中等的女生，其自我评估与团体评价两者间的相似性最高"。以下是王丽对大学生的访谈结果，可以看出他人对穿着打扮反馈对自我概念的影响。

案 例

在校女大学生：我最喜欢听南斯拉夫民歌《深深的海洋》，每当那优美沉郁的旋律一响起，眼前便浮现出一望无际的蔚蓝的大海。正好有一次服装色彩顾问来学校搞讲座，她说我是蓝色性格，像蓝色本身一样清新、素雅、质朴、爽洁，有一种深深的韵味。不管我现在符合多少，反正我希望自己这样。这张照片是我参加迎新晚会时照的，我代表老生讲话，水磨蓝的牛仔裤，灰蓝色的毛衣，它突出了我性格中沉稳和智慧，有一种冷静中的魅力。

在校男大学生：我比较内向，别人都说我架子大，不好接近。其实我心里挺想和同学交朋友的。女生们说我太古板，总是穿板板正正的西装，颜色又深，像个"套中人"。我开始改变自己，先从穿着做起，也学着别人穿起了这种休闲装，这件夹克是在同学的鼓动下买的，穿上还真感到轻松了不少。原来我也不是只能穿一种衣服，只是以前没注意而已。

（二）社会的比较

一个人不仅从他人的反应中形成自我评价，同时也通过与他人的比较来评价自己。社会比较是一种普遍存在的大众心理现象。第一个系统地提出社会比较理论的是美国社会心理学家费斯廷格。其理论的基本观点是：人人都自觉或不自觉地想要了解自己的地位如何，自己的能力如何，自己的水平如何。而一个人只有在社会中，通过与他人进行比较，才能真正认识到自己和他人的差距；只有"在社会的脉络中进行比较"，才能认识到自己的价值和能力，对自己做出正确的评价。一般而言，构成社会比较倾向应具备以下三个基本条件：第一，个体具有想要清楚地评价自己的意义和能力的动机。第二，在没有物理的、客观的手段或标准时，个体会通过与他人进行比较来判明自己的意义和能力。第三，因为与自己类似的人比较对评价自己的意义和能力更有用，所以容易被选作比较对象。

　　个体用来比较的对象多数情况下是与自己性别、年龄、身份地位相类似的人或相关群体的成员。一个人判断自己的衣着是否时髦，大多是通过同自己同龄的人或处于同一社会阶层或群体的其他人的比较得出的。例如，设想一位生长于边远小镇的少女，她在同学中被公认为是会打扮自己的人，她也认为自己对服装有较好的选择能力。当她考取大学，来到大城市的一所大学读书，这时她的衣着未必会引起其他同学的兴趣。因为生长于大城市的有些同学可能在穿着上更时髦并更有都市的风格。这样，她就面临着对自己的衣着打扮重新评价的问题。在和其他同学的比较中，她也许认为自己的衣着打扮依然有自己的特点，用不着去模仿别人；也许认为进大学主要是学习不必在衣着上花费过多的精力；也许认为应该把自己打扮得像个大城市的青年，而有意识地挑选合适的服装。总之，这位女学生会通过多种方式重新评价和建立自我形象。

　　美国心理学家曾做过一个很有意思的试验。他们请希望在一家商行任职的一些人独立地对自己的几项个人品质做出评价，然后接待室里又出现了一个假装谋求同一职位的人。第一次是一个衣着讲究、自信、温文尔雅、手提皮包的人（"干净先生"），第二次是个落魄的人，身穿脏衬衫，赤脚穿便鞋（"肮脏先生"）。这以后找借口让求职者重新填写同样的自我评价表。结果，遇到"干净先生"后，他们的自我评价降低了，而遇到"肮脏先生"后，他们的自我评价提高了。人们不由自主地以另一名求职者的形象来衡量自己的向往高度，将自己与他人作比较，从而对自己做出评价。这一实验实际上隐含着另一层含义，即实际上人们会进行所谓上行的社会比较和下行的社会比较。上行的社会比较就是我们将自己与在某种特定能力上（如上面的"干净先生"）比自己强的人相比较，这种比较的结果正如实验结果显示的可能会让我们感到沮丧和自卑；下行的社会比较是与那些在某一能力或者特质上（如上面的"肮脏先生"）不如我们的人相比较，这样可能会让自己感觉良好或者提升自我状态。正所谓是"比上不足，比下有余"。

　　我们既会进行一般意义上的社会比较，如我们所处的社会地位、收入状况、能力、衣着品位等在社会中的整体状况，也会受社会情境的影响，如一个平时觉得自己衣着打扮有品位的人，参加一个聚会活动，可能会和其他参加聚会的人相比较，来评价自己的衣着打扮是有品位还是有点俗，是太过正式还是有点随意。

　　大众传媒通过影视剧、广告等不断向人们展示明星或成功者的形象和生活方式，激发人们进行这种"社会比较"过程，以期引起人们对产品的购买欲望。如果某位有魅力的人物碰巧使用某种产品，他就会被设计成理想化人物，从而达到厂商满足顾客心理的要求。有研究发现，在校女生特别倾向于将个人外貌与广告模特比较，面对漂亮而魅力十足的模特，她们表现出对自己的强烈不满。陈茜对英国青年女性的研究发现，广告模特引起的社会比较效果，与社会比较的目标和动机有关，当比较目标是自我评价时，被调查的女性看到广告模特后会感觉到自己外表有不足的地方，但这种感觉只是短暂性的。一些青年女性在看到广告上的模特时并不感到自卑。她们认为广告模特与她们不是一类人，她们承认，如果将自己与在大街上看到的漂亮女孩相比较，所产生的自卑感和受挫感要远远大于与广告模特的比较。这也证实了自我评价中的社会比较通常是与自己类似的人比较的观点。当比较的目标是自我改善时，被调查的女性在与广告中的完美模特比较时，她们外表吸引力的自我观念降低了；而当比较目标是自我提高时，与广告中的"普通型"模特比较，她们的外表吸引力的自我观念有所提高❶。

（三） 认知的协调

自我评价不是被动地接受他人的反应或盲目地与他人比较，这是由自我概念的相对稳定性决定的。当一个人获得关于自己新的信息和自我概念发生冲突时，会产生心理的不协调。人们为了维护自我概念的基本部分而尽可能降低不协调感。一个对自己的穿着打扮品位有自信的人，她的预期反应是获得赞赏或认可，而实际情况如果不是这样，便会产生心理上的失调。这里"我认为我穿着得体"与"别人不这样认为"的反应之间出现了差距。这时她可能会采取一些具体步骤来减少失调，获得心安理得的自我评价。首先，人们可以降低他人评价的重要性，依然我行我素；其次，进一步收集有关的新信息，以证明自我信念的正确性；最后，换一种行为方式，如改变原有的穿着打扮，与他人的评价相一致。

穿着服装可以说是日常生活中的一种习惯性的行为，常常是在无意识之中做出的选择。同时，它和我们的相貌、化妆等一样又是表现在外的东西，是可以被他人直接观察和看到的物质的自我，因此，我们易于从他人尊敬的或藐视的目光中，从与周围人的比较中，并从自己对服装的理解中获得对自己的评价。

二、自尊心、安定感和服装

积极的自我评价产生肯定的自我形象，从而获得自尊感和心理的安定。消极的自我评价产生否定的自我形象，引起自卑感和心理的不安定。自尊涉及一个人的自我价值感，"其中一个重要部分是个体觉得自己很重要。而其中一种让自己变得重要的方法，即是使自己成为他人注目的焦点。外观管理的工作，可以让个体产生自己很重要的感觉，因此对自尊产生支持的效果。"有研究者指出："当个体的自尊心偏低时，服装可能可以帮助个体增长自我价值，因而发挥调适的功能。相比之下，当个体的自尊心偏高时，服装则可能具有表达的功能。"一项针对成年女性的研究支持了这一观点，随着个体利用服装作为工具，以便获取社会赞同的需求程度增加，对自我的满意度则逐渐降低❷。

一些研究表明，服装与一个人的自尊感情和心理的安定感有密切关系。可以说对大多数人来说，服装是自己外表的一部分，它包含于对自我身体形象的评价之中。因此，服装对于个体产生积极的自我感情有重要作用。有人研究指出，当让儿童和青年回答喜欢自己本身的哪些方面时，他们常常涉及自己的服装。这可能也就是为什么对有些人来说服装成为引起不快和自卑的原因。心理学的研究表明，自尊心高的人，服装行为中重视表现个性，并且服装是对自己肯定的投影；心理安定感高的人比起心理安定感低的人服装美的价值观强，心理不安感高的人服装的社会按受和认同的价值观强，心理不安感高，而自尊心低的人，服装对自己是否定的投影。

关于服装关心度和自尊感情的关系，藤原以女大学生为对象进行了研究。结果表明，服装关心度的五个因子中有三个因子（个性表现、社会认可、慎重）和自尊感情有显著相

❶ 陈茜. 社会比较目标和广告消费：英国青年女性的广告消费调查 [J]. 广西财政高等专科学校学报，2004，17（2）：86-88.
❷ 苏珊·凯瑟（S. B. Kaiser）. 服装社会心理学 [M]. 李宏伟，译. 北京：中国纺织出版社，2000：174.

关，其中，个性表现和自尊感情成正相关。自尊感情高的人具有选择和穿着与众不同的个性化服装的倾向。社会认可、慎重分别与自尊感情成负相关。自尊感情低的人重视群体规范和他人的看法，喜欢选择与伙伴相类似的服装。

杨逸雯对大学生身体自尊对着装满意度的影响进行了研究，结果发现男大学生的身体自尊、身体满意度显著高于女大学生，着装满意度在性别上不存在显著性差异；身体自尊与身体满意度、着装满意度均存在显著的正相关，身体满意度与着装满意度也存在显著的正相关；身体自尊对着装满意度有正向的预测作用，即身体自尊越高，其着装满意度也就相应的越高❶。身体自尊属于身体自我的一部分，凯瑟在《服装社会心理学》一书中指出身体自我与着装有着密切的联系。健康的身体自尊包括一定的特征，如健康、幸福、魅力与智力、成功、高自尊、心理和身体自我控制以及满意的个体身体。个体具有高的身体自尊，对自身会更加自信，在看待事物上比较积极乐观，对自己的身体比较满意，在服装穿着上也较易满足。例如一位比较自信的女性，有乐观的生活态度，对于身体自我评价较高，认为自己穿什么服装都挺美，在服装选择上没有困难与阻碍，对于自身的着装也就比较容易满意。

杨逸雯的研究还发现，身体满意度在大学生身体自尊与着装满意度之间起部分中介作用，即身体自尊部分通过身体满意度影响着装满意度。男女大学生中，身体自尊对着装满意度的结构模型有所区别：首先，男生身体自尊中的身体状况、身体吸引力以及身体自我价值感通过身体满意度中的运动特征来影响着装满意度；而女生身体自尊中的身体吸引力、身体状况与身体素质通过身体满意度中的相貌特征、身材特征来影响着装满意度。其次，男生只有身体自尊中的运动能力影响着装满意度。而女大学生中，通过身体自尊的身体吸引力与身体自我价值感来影响着装满意度。由此可知，身体自尊一方面通过自身下属的身体吸引力与身体自我价值感直接影响大学生着装满意度；另一方面通过自身下属的五个维度来影响身体满意度的相貌、身材、运动以及性特征从而间接的影响大学生着装满意度。而身体满意度作为中介变量，其维度下的相貌特征、身材特征对大学生着装满意度的影响最大，这与开放式访谈中得到的结论一致。访谈中有 40% 的同学认为外貌与身材是影响着装满意度的重要因素。这也是为什么目前大学生热衷于整容、减肥以及健身的原因之一。而男女大学生身体自尊和身体满意度维度对着装满意度影响的差异，也反映了社会文化中男性和女性理想身体形象期待的不同对大学生的影响。

服装还具有使自我价值感得以恢复的作用。美国心理学家和服装工作者从 1959 年开始采用"时装疗法"对精神障碍患者进行治疗并获得了成功，之后在美国 11 个州和法国巴黎都引入了这种疗法，作为治疗精神障碍患者的一种方法。所谓"时装疗法"，就是通过让患者观看时装表演，请时装专家进行服装教育指导，开展化妆、发型、服装设计等的实地教育，让患者动手制作衣服和进行时装表演等活动，以恢复患者的自尊心和安定感。

服装是强化自我的重要力量，对一个人自尊心和心理安定感的提高有积极作用。同时，服装还可以用来进行自我保护。某些情况下，当个人的自尊心和心理安定感受到威胁，需要得不到满足时，便会采用自我防御机制以解除或降低心理不安感。自我防御机制一般具有两个特点：①它们是潜意识的，也就是说，人们常常在不知不觉之中运用它们；②它们

❶ 杨逸雯. 大学生身体自尊对着装满意度的影响研究 [D]. 北京：北京服装学院，2015：61-63.

篡改或曲解现实。下面介绍几种自我防御机制和服装行为的关系。

压抑——指可能引起挫折的欲望以及与欲望有关的情感、思想被抑制了，不承认它的存在或将其排除于意识之外。压抑作用可能起到减轻暂时的焦虑的作用，但不是完全消失，而是变成潜意识。当一个人现实具有的东西和期望得到的东西相差过大而引起不安时，常常利用压抑机制。例如，一个人非常渴望把自己打扮得时髦漂亮些，但由于经济的或其他原因又做不到时，可能会暂时把自己的想法排除于意识之外，降低衣着服饰的重要性。

合理化——又称文饰作用。为自己不合情理的或一时冲动的行为寻求合乎逻辑的、可以接受的理由。例如，一个爱赶时髦的人，尽管不缺衣服，但可能以这些衣服已经过时为理由而购置新的时装。

自居作用——个体把他所钦佩或崇拜的人的特点，某一团体或某种主张作为自己的特点用以掩饰自己的缺点或不足。自居作用有两种：一种自居作用近似模仿。如低年级学生注意观察出名的高年级学生的举止、言谈和服装等，并按他们的方式行动，或一位年轻姑娘在发式、服装上明显和自己崇拜的电影明星一致。另一种自居作用是利用别人的优点、荣誉等来满足自己的愿望。

投射——将本人的缺点或责任，投射到其他人或归咎于别的原因，以隐瞒真正的原因，掩饰自己的弱点。也就是通常人们认为的自己有某方面的弱点或缺点，别人身上也同样会有。如一位身材不太好的女性可能会认为其他和自己身材差不多的女性都穿健美裤，所以自己也可以穿。投射是通过在外界寻找理由以掩饰自己的缺点，达到保护自尊心，使自己得到安慰的目的。

升华——指被压抑于无意识中的性本能冲动，转向社会所许可或所要求的各种活动中去求得变相的、象征性的满足。如时髦的打扮，就是借助社会许可的方式，表现自己的魅力。

补偿——指人生理上或心理上的缺陷或不足，经过自己一定的努力而得到了弥补或补偿。人可以通过补偿作用来弥补或减轻自己身上的缺陷或不足而造成的心理上的不安感。如利用服装、服饰、化妆、整容等弥补自己身上的缺陷或不足。由于能力或社会地位低而心理上感到自卑的人，利用高价名牌时装以提高自己的身价，掩饰自己的不足。

综上所述，服装既是物质自我的组成部分，也是用来表现社会自我和精神自我的道具和自我保护的"防御网"。服装既有穿着者表现自我的功能，也有对自我进行确认及强化的作用。人们通过服装的自我表现和自我确认及强化，来实现自我提高和自我防御的目的，并由此促进个性和自我的稳定和发展。

思考题

1. 什么是自我概念？如何理解"主我""客我""镜中我"等的含义？
2. 自我概念的形成分哪几个阶段？每一阶段都有什么特点？
3. 试说明服装在自我概念形成中的作用。
4. 用自我图式理论说明自我概念对人们的服装行为有哪些影响？
5. 什么是自我评价？自我评价是如何形成的？
6. 服装和外观对自我评价的形成有什么影响？
7. 服装对自尊心和心理安定感的提高有什么作用？

第三章　身体自我和服装

本章提要

　　衣服穿在身体上，所以成为服装。因此，身体与服装有着密不可分的关系。本章主要介绍身体自我与服装的关系。第一节在身体自我和身体意向的含义及特点的基础上，较详细地介绍了身体自我的多维度结构和测量方法；第二节对身体满意度和服装选择的关系进行了探讨和分析；第三节较系统地介绍了国内关于负面身体自我和体像障碍等方面的研究成果，对更深入地认识身体自我，改善身体自我的评价有一定帮助；第四节首先从历史情境的视角介绍了理想身体随时代变迁而发生的变化，接着探讨了消费文化对现代社会的理想身体，特别是女性追求"苗条"体形的影响，比较了跨文化理想身体体形的差别及形成原因。最后介绍了人们对理想身体自我的追求以及和服装行为的关系。

>>> 开篇案例

　　颜东和晓娟同在一家房地产公司做销售工作，但两人无论从外表上还是性格上都明显不同。颜东按通行的女性标准只能算是相貌平平，小眼睛、八字眉、国字脸，她身高172厘米，体型不算胖，但看上去很结实，她平时喜欢穿所谓"硬朗"风格的服装，就是那种突出肩部，黑灰色调，像"战袍"式的样式，她觉得很酷，而同事都觉得她像个女侠客，跟她有距离感。颜东自己承认，每天都把自己包裹在"盔甲"里，装着很自信的样子，其实自己内心还是挺自卑的。颜东说：从小自己就不是那种长相可爱，讨人喜欢的女孩，从记事起，妈妈就常说这闺女眼睛太小，脸太大什么的，从幼儿园到中学几乎什么表演类的活动要不没她的份，要不就是个凑数的，排在最后面别人看不到的地方。可能是妈妈真的觉得她丑，个子又高吧，从小就把她打扮得像个男孩，几乎没有穿过颜色鲜艳或者带花的衣服。记得上初中的时候，不知怎么就像吃了增肥药一样，突然就胖起来了，处于青春期的她非常烦恼，对胖啊、肥啊、圆乎乎的之类的词特别敏感，也不愿意逛街，她觉得服装店里的那些好看的衣服并不属于她，甚至有那么一段时间，都觉得自己活着没啥价值。有一次一个男生不知为什么叫她死胖子，她的火一下子就上来了，动手和那个男生打了起来，毕竟是女生，还是没打过那个男生。从那以后，她就发誓减肥，开始锻炼，等上了大学身材虽然没有回到理想的"苗条"状态，但也还可以接受。使她意识到外表和穿着打扮重要性的是工作以后，有一次她和一个有着一头飘逸长发、相貌漂亮的同事去见一个客户，她感觉那个客户对那个同事明显要热情，等过了一段时间她第二次单独去见那个客户，那个客户问她那个上次一起来的长发女孩怎么没来。还有就是她周围也有几个比较要好的男生，但他们都把她当作"哥们"看，别人给她介绍过几个男朋友，都没成，反馈回来的基本上都和她的相貌衣着有关。随着年龄增大，母亲也越来越为她的个人问题操心了，一见面就叨叨，跟她说穿的要像个女孩的样儿，都工作好几年了，还穿的是上学时的球鞋，最主要的是好几次建议她去整整容，母亲认为她找不到男友就是因为相貌问题。说起那双球鞋，那是她大学时候打工挣钱买的一双心仪很久的名牌，所以尽管已经很旧了，但一直舍不得丢弃，她觉得这双鞋对她有着特殊意义。母亲的话她也不是都听不进去，特别是几次相亲失败后，她决定去了解一下整容的事，比如先割个双眼皮。她也开始注意去网上的时尚频道看看那些专家如何教人穿衣打扮的建议之类的，每当看到网上那些苗条美女穿着时尚的图片，她就会想，我什么时候也能变成那样呢？

与颜东不同的是晓娟长相俊美，身材适中，性格温柔，是讨人喜欢的那种女孩。她虽然喜欢穿粉红或带花型图案的服装，但总是感觉不够典雅时尚。她出生在边远省份的一个农村家庭，从小家境不好，父母离异，是父亲把她和姐姐带大的。小时候她基本上是捡姐姐穿过的衣服，几乎没有穿过新衣服，有时穿的衣服不仅旧而且还会有个破洞或补丁什么的。年纪小的时候，她还不觉得，等上了小学高年级和初中，她看到家境比较好的同学，打扮得漂漂亮亮的，会有些羡慕，也会有些自卑。在她上初中的时候，姐姐找了一份工作，有一天带她去县城，给她买了一条花裙子，她穿着那条裙子去学校时，受到很多女生羡慕的眼神，她高兴了很长一段时间。她上高中时就开始有男生向她示好，可那时候她一心想考上大学，并没有考虑恋爱的事。大学毕业后，她只身来到现在所在的大城市工作，她发现周围很多同事都很会打扮自己，虽然她也想把自己打扮得光鲜亮丽，可她的工资有很大一部分要寄给父亲看病，所以只能放弃。最近她开始谈恋爱了，男朋友身材高大，肌肉结实，喜欢健身，谈吐幽默，是她特别喜欢的类型。男朋友对她也很倾心。随着两人交往的深入，有一天男友忽然对她说，你哪儿都长的挺好的，我哥们都说你长得像某某明星，不过要是鼻子再翘点，胸再挺点，再加上双眼皮就更完美了。男朋友建议她去做整容，费用由他来出。晓娟虽然平时也注意到自己相貌上这些不完美的地方，也会有烦恼什么的，可对男友的建议并没有太多准备，她答应男友考虑一下。她在想真的需要像男友说的那样去改变自己的容貌吗？

乔安妮·恩特维斯特尔在《时髦的身体——时尚、衣着和现代社会理论》一书中的开始写道："时尚关乎身体：它依身体而制造，借身体以推广，并由身体来穿戴。身体是时尚倾诉的对象，身体在各种场合必须着衣。"❶ 这段话深刻地阐释了时尚、身体和衣服之间的关系。换句话说，没有能离开身体的时尚和衣服，也没有能离开时尚和衣服的身体。身体是自我存在的物质基础，同时也是自我的重要组成部分。对服装（外观）的心理学研究，必然要涉及对身体（外观）自我的研究。

---

❶ 乔安妮·恩特维斯特尔. 时髦的身体——时尚、衣着和现代社会理论 [M]. 郜元宝，等译. 广西：广西师范大学出版社，2005：1.

第一节　身体自我概念

一、身体自我和身体意向

人类对自身躯体的关心和重视可以追溯到遥远的过去。还在人类的"孩提"时代，人们便将猎获物的皮毛披在身上以期引人注目，或者将贝壳串成项链美化自身。人类对身体的装饰一直延续至今，只是在不同的历史时期和不同的社会文化环境中，对身体装饰的方式不同而已。就个人而言，对自己相貌、体态、外表的看法有可能会影响他的装饰志向和其他行为。就像安徒生童话中的"丑小鸭"，当她自认为自己是只与众不同的"丑小鸭"时，由于自卑、惶恐、无助而引起一系列行动的失败，终于有一天她发现自己不是"丑小鸭"，而是一只美丽的白天鹅，美好和充满希望的生活便展现在了她的面前。

"因为有了身体，所以才成为一个人"。身体意向是一种携带个人思想、感觉与知觉的载体，它既是自然界（环境）的一部分，也是文化的一部分（自我表现的媒介）。詹姆士把自我划分为物质的自我、社会的自我和精神的自我。物质的自我便是以自己的身体为主，包括服装、财产等与个人有关的物质形态。离开人的身体理解自我往往是困难的，原因在于支撑"自我"的基础通常与"自己躯体"的存在有关。

与自我概念一样，身体自我（Physical Self）也是一个复杂的概念，有着不同理解和定义。陈红在对多种身体自我的定义分析后，将其界定为：身体自我是指个体对与自己身体有关的自我意识，是自我意识的一部分。它包括对自己身体的认知评价（身体自我概念、身体意象），由此产生的对身体的满意度和个体对自己身体的管理三个方面。如对自己的相貌、身高、体重、运动能力等方面的看法，对理想的身体美的看法和评价，是否满意自己的身体以及采取相应的管理和调节措施（如健身、整容、饮食控制等）。

身体自我研究中使用最多的概念是身体意象（Body Image），也称身体形象或体像。从已有的文献看，心理学者在研究身体自我时，一般用"身体意象"，而整容美容医学和体育运动科学研究人员多用"体像"。身体意象可以看作是个体对自己身体的全部或一部分所做的心理描画，包括对身体的生理心理功能特征（身体知觉）和对这些特征的态度。身体意象包含意识和无意识两方面的信息，是自我概念的基本成分。陈红（2006）认为身体的自我概念与身体意象不同，前者主要指对身体的认知，后者更直接指向与情感相连的评价。如有的人觉得自己超重了，这主要是身体自我概念；如果一个人说超重让自己很痛苦，这是身体意象。也就是说，身体意象带有情感或情绪的体验。但无论是身体自我概念还是身体意象都是个体主观的一种认知或体验，与一个人身体的实际状态不一定完全吻合。身体意象有三个特点：

（1）组成身体意象的成分是多方面的，诸如健康程度、胖瘦、相貌、体格等，且由于个人所重视的程度不同而异。

（2）身体意象的描述常常是个体主观上的一种感受，因而也常有被扭曲的倾向，例如，社会崇尚女性"苗条"为美，则有些在生理上属于正常体型的女性主观上会认为自己"太胖"，而希望获得社会认可的"苗条"身材。

（3）身体意象是身体和外部环境之间的心理界线，有人称之为"防御网"，即身体形象具有在外部环境下保护自我的作用，例如，对健康缺乏自信的人，通常会避免采取攻击性的行动，对相貌有自信的人可能会在异性面前保持自尊免受伤害。

对身体意象的研究始于 20 世纪 20 年代的美国，而后到 1950 年，保罗·席尔德（Paul Schilder）在其专著中就身体意象和外观进行了讨论。但对于身体的研究一直未引起主流社会科学和人文学科的兴趣。1984 年布莱恩·特纳出版了《身体与社会》一书，在此后的十年中，涌现出了大量论述身体与社会关系、身体与女性主义理论以及消费文化中的身体之类的著述。20 世纪 80 年代以来，随着女性为追求"苗条"身材而节食减肥等的盛行，越来越多的人对自己的身体表现出不满，出现各种心理精神问题，如抑郁、焦虑、社交障碍等，严重的导致饮食紊乱或神经性厌食症等，另外有体像障碍的人数也在增加。由此引起心理学、社会学、文化人类学、消费者行为学、整形医学、体育运动学科等的关注和重视。我国学者从 20 世纪 90 年代开始关注身体自我的不满和体像障碍问题，特别是以青少年为对象开展了一系列的研究。

二、身体自我的结构和测量

从上节介绍的自我概念的结构和测量中，我们已经看到身体自我是多层次自我概念结构中的一个维度。身体自我的研究也存在两种主要的观点，一是单维度，二是多维度。大多数研究认为身体自我概念是一多维度结构。陈红归纳了已有的一些身体自我测量中涉及的维度，更多地支持了多维度结构的观点，如表 3-1 所示。

表 3-1　身体自我的多维度量表

研究者	量表名称	维度
Fitts（1965），Richards（1988）	Tennessee self Concept Scalf	健康、纯外貌、身体吸引力、身体合适性
Shavelson，Hubner，Stanton（1976）	Self-Description Questionnaires，SDQ	身体能力、相貌
Harter（1985）	Self-perception for Children	运动能力、身体外貌
Fleming & Courtney（1984）	Self-rating Scale	身体能力和身体外貌
Richards（1987）	Physical Self-concept scale，PSC	身体建构、项目、健康、身体、能力、力量、行动取向、整体身体满意度
Bracken（1992）	Multidimensional Self Concept	身体能力、身体外貌、身体合适和健康
Fox（1990）	Physical Self-perception Profile，PSPP	特殊身体自我概念（力量、胖、活动性、忍耐、运动能力、同等性、健康、外貌、灵活性）、一般身体自我概念、一般自尊
Brettschnei &Brautigam（1990），Mrazek（1987）	Physical Self Scale	运动能力、身体素质（fitness）、相貌、清洁、身材、体重控制、包含习惯调节

研究者	量表名称	维度
Marsh（1994）	Physical Self-Description Questionnaire, PSDQ	运动、条件、身体、力量、一般身体评价
黄希庭，陈红等（2002）	青少年学生身体自我量表	运动、身材、相貌、性、负面特征

注 资料来源：陈红，著，《青少年的自体自我——理论与实证》，新华出版社，2006年，18页。

随着我国经济的发展，生活水平的提高，人们对身体外表的关注持续升温，同时生活改善带来的肥胖、身体相貌引起的心理焦虑和抑郁、青少年身体锻炼和健康等问题也日益突出。这些都引起心理学、整容美容医学和体育运动科学研究人员的关注。因此，我国关于身体自我的研究从20世纪90年代后期逐渐成为心理学、整容美容医学和体育运动科学等领域的研究热点。身体自我的研究和测量方法，因研究者的学科领域、理论视角、研究目的、研究对象等的不同也有所不同。陈红从心理学的角度，对身体自我的研究方法做了总结，在研究取向上主要有特质、心理动力和社会认知三种取向，在身体自我的测量方法方面主要有从属的身体自我测量和专门的身体自我测量。从属的身体自我测量主要包含在自我概念测量中，作为自我概念的一个或多个维度进行研究；专门的身体自我测量一般采用针对身体自我研究开发的量表、工具和方法进行。身体自我研究的内容涉及多个方面，如身体自我概念、身体意象、身体能力、身体满意度、负面身体自我、身体自尊、身体监控、专项运动自我效能、身体障碍或烦恼等及其相互间的影响关系。从研究对象看，儿童、青少年（中学生和大学生）是主要研究对象，肥胖人群或有身体障碍者或整容美容者也是研究较多的人群，对女性身体自我的研究多于男性，这或许和女性更关注身体有关，也有少数对老年人的研究。

关于身体自我的测量方法，张力为，陈荔介绍了六种身体自我测量方法并进行了比较，六种方法包括问卷调查、形象选择、形象调节、画人测验、行为观察和内隐态度实验。表3-2是对他们介绍的六种方法和其他文献总结的方法进行的整理归纳。

表3-2 六种身体自我测量方法的比较

测量方法	主要测量目的	测量工具	优点	局限
问卷调查	身体自我的构成、身体满意度、身体自我评价、身体自尊等	开放式：身体10问测验；封闭式：多种不同用途和内容的身体自我量表，如身体自我概念量表，身体自我描述问卷等	施测过程简单，不受样本规模限制，可直接探测主观感受等特点，结果易于与其他量表比较；多维度量表可以帮助研究者探讨身体自我的不同方面与其他变量的相关关系或因果关系	自陈报告的形式使受试者填答过程和填答结果易受社会期待效应的影响

续表

测量方法	主要测量目的	测量工具	优点	局限
形象选择	身体意向的不满，体型感知，理想的身体体型等	从极瘦到肌肉极发达（或极胖）的体型轮廓图，从中选择最接近自己的和理想的	方法简单、直观，便于理解；身体形态的书面表现形式可能诱发受试者参与的兴趣，提高配合程度；测试结果可比性强	现实自我-理想自我体形之差不能直接反映主观感受
形象调节	身体整体或具体部位的知觉	变形照片技术；意象制作技术；开门技术；体型评价方法等	简单、直观、易于理解；受试者需要自己实际操作，参加测试的兴趣和动机较强	现实自我-理想自我体形差不能直接反映主观感受
画人测验	属于投射测验，多用于儿童身体自我测验	受试者按要求画出需要的内容，专家根据特定规则进行评判	简单、直观、易于操作；有相当的隐蔽性，可探测受试者的自发反应	评价难度较大，客观性稍差
行为观察	了解受试者的特定身体行为，推测对身体的关注程度	受试者照镜子的次数和时间；参加锻炼的项目、次数和时间；进食的习惯和偏好等	直接、客观；生态学效度好	主试较为被动，必须根据受试者生活习惯进行观察；观察需时长，过程不易控制；受试者一旦察觉，会引起掩饰
内隐态度实验	负面身体自我图式，身体自我的认知过程和情绪体验、内隐自尊等	在内隐社会认知理论基础上，采用内隐联想技术测试人的内隐自体观念	可以测量受试者不受意识控制的自发性反应，具有较好的隐蔽性，可以有效地控制社会赞许效应	计算机编程较为复杂；测试规模有时受到限制

注 资料来源：张力、陈荔，著，《六种身体自我测量方法的比较》，体育科学，2005年，74-79页。

问卷调查是身体自我测量中运用最多的一种方法，国内外研究人员根据研究对象、研究内容和目的的不同，开发出了各类身体自我问卷和量表有数十种，张力为，陈荔在他们的综述中就列出了25种主要的身体自我量表。每一量表通常由几个到数十个不等的题项组成，用于实测。实测数据经过统计处理（一般是因子分析）得到身体自我的几个维度。以黄希庭，陈红等编制的青少年身体自我量表为例，量表共由36个题项组成，对1000名中学生和大学生进行测试，要求对每个题项上满意程度从"很不满意"到"很满意"的七个等级进行评定。共收回有效问卷956份。对数据统计分析，剔除2个题项，得到34个题项，并最终确定为五个因素：第一个因素包含11个题项，包括脖子、下巴、嘴、耳朵、鼻子、眉毛、头发、手指、皮肤、眼睛、牙齿，命名为"相貌特征"；第二个因素包含九个题项，包括体质、肌肉、力量、爆发力、体育锻炼、耐力、平衡能力、柔韧性、灵活性，命名为"运动特征"；第三个因素包含六个题项，包括身材、体重、脂肪、腰部、腿、身高，命名

为"身材特征"；第四个因素包含四个题项，包括性器官、性功能、内分泌和胸部，命名为
"性特征"；第五个因素包含三个题项，包括残疾、疤痕和体味，命名为"负面特征"[❶]。

在一项宾州大学心理学家法朗与罗辛所进行的研究中，研究者询问受试者下列问题：
①你的身材看起来最接近哪一个？②你自己理想中的身材最接近其中哪一个？③其中哪一
种身材最能吸引异性？身材适中的男性会选择 4 号作为自己所认为的体型，以及理想中的
体型。他们同样也会认为女性最容易被具有这种体型的男性吸引，尽管女性报告的结果指
出她们喜欢更苗条的男性。身材适中的女性倾向于认为自己比图中 4 号女性略为苗条，而
且她们认为 3 号女性最能吸引男性（实际上男性喜欢再稍微胖一点的女性）。她们同时也希
望自己能够再苗条一点，变成比图片中的 3 号女性——她们认为最有吸引力的典型——还
要更瘦小一些（图 3-1）。

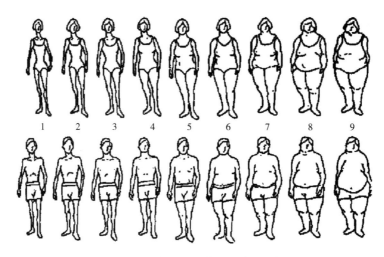

图 3-1　形象选择—体型轮廓图示例

图片来源：苏珊·凯瑟（S. B. Kaiser），著，《服装社会心理学》，李宏伟，译，中国纺织出版
社，2000 年，143 页。

身体质量指数（Body Mass Index 简称 BMI，也称体重指数）是世界卫生组织（WHO）
于 1990 年公布的，反映体重与身高的关系，评估体重与身高比例的参考指数，也是判断人
体胖瘦程度的一项重要指标。BMI 的计算公式为体重（kg）除以身高（m）的平方。
表 3-3 为 BMI 的世界卫生组织的标准、亚洲标准和中国参考标准。

表 3-3　BMI 标准一览表

BMI 分类	WHO 标准	亚洲标准	中国参考标准
偏瘦	<18. 5	<18. 5	<18. 5
正常	18. 5~24. 9	18. 5~22. 9	18. 5~23. 9
超重	≥25	≥23	≥24

❶ 黄希庭，陈红，符明秋，等. 青少年学生身体自我特点的初步研究 [J]. 心理科学，2002，25（3）：260-
264.

续表

BMI 分类	WHO 标准	亚洲标准	中国参考标准
偏胖	25~29. 9	23~24. 9	24~26. 9
肥胖	30~34. 9	25~29. 9	27~29. 9
重度肥胖	35~39. 9	≥30	≥30
极重度肥胖	≥40		

注　资料来源：鲜维葭，著，《大学生身体自我与服装选择动机的关系》，西南大学，2011 年，3 页。

第二节　身体满意度和服装行为

一、身体满意度

身体满意度（Body Cathexis）是指个体对身体整体和各个部位的满意或不满意程度。它与身体意象有密切关系。对身体的满意或不满意与理想的身体形象有关。当现实的身体形象和理想的身体形象一致时，个体会产生一种满足感、愉快感，可以增强一个人的自信心和自尊心。当两者不一致，差异较大时，个体会产生对自己的不满感和焦虑情绪。这种情况，在青春期的少男少女中最为突出。急速的身体变化使得他们对自己的身体过分地敏感，随着性意识的发展，少男少女们开始异常关心起自己身体的特征和脸型、相貌等。他们常常由于发现了自己的优点而感到满足，以致过高评价自己；又往往因为意识到自己的缺点和短处而产生不必要的烦恼及自卑感，过低评价自己。正如马塞尔·达内西所指出的："身体意象的敏感在孩子身上出现的第一标志，就是对身体的高矮、胖瘦等的过度关注。这种关注表明意指渗透过程在孩子身上已经启动了。例如身材苗条与魅力之间的关联性，由于媒体模式而得到了强化，它最初就是通过与青少年的联系而取得的。在当代青少年亚文化和社会当中，苗条和瘦削的身型都是男性和女性获得酷态的先决条件。男性从这种理想化的身型中偏离的灵活余地要比女性大一些，因为男性还可以努力塑造健硕的体型。"

身体意象强调个体对自己身体的知觉，受社会标准和文化观念的影响。身体满意度则主要强调个体对自我身体的认知。苏珊指出："对于自己身体的满意程度，似乎和整体性的自我之间具有密切的关系。而这种整体性的自我，则与身体是一种自我容器的观念相一致。"实际上，在身体自我概念的研究中，大多数的量表都以满意程度作为评价尺度，从"非常不满意"到"非常满意"进行评分。身体满意度和人们的着装动机及行为有密切关系，一个对自己身材满意的人可能会通过服装突出和展示身体的优点，而一个对身体不满意的人则可能设法借助服装掩饰身体的缺陷。许多研究实际上也证实了这一点。有研究发现，在购买服装时，与那些对自我身体形象感觉良好的女性相比，那些对自我身体不满意的女性有更多的消极体验，会对自己的身体更不自信，对服装的合身度也有更悲观的感受。还有的研究发现，女性身体不满意、胖负面身体自我与服装的掩饰功能成正相关，女性的身体满意度与自我增强的着装行为成正相关，与身体掩饰的着装行为成负相关。

关于身体自我和服装的关系，日本学者神山进等以女大学生为对象做了调查。在与身体特征有关的 46 个项目中，有一半以上的项目满意度评定的平均值处于不满意一侧。按照不满意的顺序，排在前 10 位的依次为：体型、体重、臀围、腿长、体干（胴体）、腰围、体毛的分布、牙齿、脸的侧面像、胸围。对结果进行因子分析得出，对青春期的女性来说，体重、脸型、四肢等是身体满意感的重要部分。进一步对服装满意度和身体满意度的关系进行分析，将被调查者分为服装满意度高的组和不满意度高的组。通过比较两组之间在满意度评定上有显著差异的身体项目如表 3-4 所示。表中平均值越高，满意度也越高。显著性水平 P 全部小于 0.001。这一结果说明，对服装感到强烈满意的组，比起强烈不满的组，对容貌和体型更为满足。

另外对中学生的研究表明，至少在女生中对自己的身体怀有满意感的学生对服装更为关心，为了得到别人的关心，特别是异性的注意而穿着服装。身体的满足感还与自我接受、自我评价的感情有关。对身体的自我满足度高的人，同时精神的稳定性也高。

表 3-4　服装满意度与身体满意度的关系

项目	服装满意组（N=83）	服装不满组（N=57）	t 值	项目	服装满意组（N=83）	服装不满组（N=57）	t 值
容貌	3.940	2.439	7.36	手	4.337	3.404	3.86
体型	3.108	1.895	6.30	头形	4.301	3.456	3.84
体干部	3.458	2.368	5.88	腰围	3.289	2.404	3.82
毛发	4.241	3.038	4.93	脚	3.940	3.088	3.76
胴围	3.386	2.211	4.70	皮肤的纹理	4.073	3.105	3.75
脸侧轮廓	3.590	2.561	4.48	头后部形	4.301	3.561	3.67
脊背	4.060	3.281	4.34	膝	4.024	3.281	3.65
脖颈	4.253	3.316	4.30	腿长	3.386	2.509	3.64
手指	4.108	3.035	4.30	体重	3.024	2.193	3.63
姿势	4.108	3.263	4.05	体毛分布	3.639	2.807	3.63

20 世纪 90 年代后期以来，身体自我和身体满意度的研究也引起国内学者的广泛关注。其中，尤其以中学生和大学生为对象的研究居多。同时，也有研究注意到了身体满意度与着装动机之间的关系。陈红采用《青少年身体自我量表》对 1699 名中学生身体自我的特点进行了研究，结果发现：①青少年对身体的满意度从"最满意"到"最不满意"依次是负面特征、相貌、性特征、运动特征和身材特征；②青少年身体自我的满意度随年龄的增长呈现波动性，青春期早期和中期呈明显下降趋势，15～17 岁为最不满意时期，青春后期有缓慢上升；③身体自我在相貌、身材、性、负面特征方面都存在显著的性别差异，男生比女生对身体更满意。她认为造成女生对身体自我更不满意的原因可能是：首先，随着青春期的来临，女孩的现实身体离她们的理想身体越来越远，而男孩的现实身体却越来越接近理想身体。其次，与男孩相比，女孩更多地与他人比较，从而消极地看待自己；最后，媒体中有关女孩身体信息比男生多。

　　孙延林等采用身体自我描述问卷（PSDQ）对1538名青少年进行了调查，发现身体自我描述的11个指标（力量、身体肥胖、身体活动性、耐力、运动能力、协调性、健康、外貌、灵活性、总体身体自我和自尊）的得分上表现出明显的年龄特点，16岁是身体自我得分最低的年龄段，除了在健康指标上差异不显著外，在身体自我的其他10个指标上，均呈现显著性差异；男女生比较，男生不同年龄段只在身体活动性、力量和灵活性3个指标上存在显著性差异，而女生中除了健康外，在其余10个指标上都表现出年龄差异，16岁是得分最低或比较低的（但肥胖指标得分最高）❶。

　　杜晓红等采用黄希庭等的《青少年身体自我量表》对大学生的身体自我特点进行了研究，结果表明：总体上大学生对自己的身体基本满意，相对而言，最满意的是相貌特征，最不满意的是身材特征；男女大学生除负面特征外，在相貌特征、运动特征、身材特征和性特征4个方面存在显著差异，男生的满意度明显高于女生，女生对自己的身材满意度最低。进一步分析发现，男生最不满意的5项指标为力量、肌肉、疤痕、耐力和牙齿，其中，力量、肌肉和耐力都是运动特征方面的内容；女生最不满意的5项指标是脂肪、肌肉、爆发力、身材和体重，其中，脂肪、身材和体重都是身材特征方面的内容。女生对体重尤其不满意，男生中对自己体重不满意的占28.9%，而女生中对自己体重不满意的将近一半，达49.1%，这显然与女性以瘦为美的观念是一致的。研究还发现，经常参加体育锻炼（每周两次以上）的大学生身体自我的满意度显著高于不常参加锻炼的大学生❷。唐东辉等以初中、高中和大学生为对象对青少年学生身体自我满意度的现状进行了调查，结果与多数研究类似，总体上男生对身体自我的满意度要高于女生，男生中对自己身体满意和不满意的比例分别为79.2%和20.8%，女生则分别为65.5%和34.5%。在男女生最不满意的具体指标上得出了与杜晓红相似的结果，男生不满意的主要是与运动特征有关的方面，女生则大多认为自己体重太重，脂肪太多，希望自己更瘦更骨感❸。

　　魏俊彪等对初中生身高、BMI与身体自我满意度的关系进行了研究，结果发现，初中生身高与身高满意度、运动特征、身材特征显著正相关，高个子学生的身高、运动特征和身材特征的满意度明显高于矮个子学生；初中生BMI与体重满意度、身材特征呈负相关，正常体重组学生的体重满意度、运动和身材特征满意度高于超重和肥胖学生组❹。李瑛靓等对大学生BMI与身体自我满意度的关系做了研究，与多数研究结果类似，男生的身体满意度总体上高于女生，男大学生BMI与身体满意度无显著相关关系，而女大学生BMI越高身体满意度就越低❺。汤炯等采用《青少年身体自我量表》对大学生性别、身高和体重指数与身体自我满意度的关系进行了研究，结果发现，除对负面身体特征的满意度外，男生身

　　❶ 孙延林，刘立军，方森昌，等.9~18岁青少年身体自我描述年龄特点的研究［J］.天津体育学院学报，2005，20（4）：8-10.
　　❷ 杜晓红，唐东辉，陈永发.当代大学生的身体自我特点［J］.体育学刊，2005，12（6）：99-102.
　　❸ 唐东辉，杜晓红，陈庆果，等.青少年学生身体自我满意度的现状及分析［J］.中国体育科技，2008，44（2）：60-63.
　　❹ 魏俊彪，李莉.初中生身高、BMI与身体自我满意度的关系［J］.河南师范大学学报（自然科学版），2010，38（4）：160-163.
　　❺ 李瑛靓，乔玉成.大学生BMI值与身体自我满意度的相关性分析［J］.山西师大体育学院学报，2010，25（3）：124-125.

体自我满意度各维度和身体自我满意度总分均高于女生。对身高、身材、负面特征的满意度以及身体自我满意度总分与学生身高呈正相关，高个子无论是男生还是女生对身高和身材的满意度明显高于矮个子男生和女生，但女生身高超过 163 厘米后对身高的满意度急剧上升，身高超过 172 厘米后对身高的满意度则急剧下降。男生对体重的态度与正常体重指数标准一致，即体重指数正常范围的男生对体重的满意度最高，偏瘦或偏胖的男生对体重满意度较低。女生则表现为体重指数越低对体重和身材越满意❶。

二、身体满意度和服装的选择

　　服装附着于身体之上，可看作是身体自我的延伸，因此，身体满意度和服装的选择动机等有着密切关系。鲜维葭在考察大学生身体自我特点的基础上，系统分析了大学生身体自我与两种不同的着装动机之间的关系，即自我验证动机和自我增强动机。自我验证动机是指人们通过寻求与自我评价一致的反馈来保存他们固有的自我概念，从而使他们觉得这个世界是可预测和可控制的动机；自我增强动机则是指人们强烈地要求获得积极的反馈或评价从而提高个人价值感或增强自尊的动机。在开放式访谈中，她对大学生身体自我和服装选择动机的关系做了了解。所有的被访者都表示服装的选择与自己的身体有关，并能够结合对身体的认识和自身的个性、喜好合理地进行服装选择❷。以下是部分访谈结果：

案　例

　　女生一：我穿上裙子之后裙子的下摆在膝盖部位左右，可以掩盖较粗的大腿。自认为体形还有需要提高的地方，大腿部位偏粗。我的胯宽，大腿较粗，所以选择服装时一般避免凸显大腿以及臀部部位的衣服类型。

　　女生二：我的身材不胖不瘦，但个子不高，比较娇小。这使得我平常很忌讳穿肥大宽松的衣服和平底鞋，那样会显得个矮、腿短，我一般会选择高跟或坡跟鞋，夏天穿裙子会选择膝盖以上的短裙，衣服一般选择短装，连衣裙或风衣、大衣会选择收腰而且腰节线偏上的款式，这样会显得下半身比较长，整个人也高起来。

　　男生：横条的衣服我不会穿，而且衣服要显示出我的强壮，但是肚子不能突出出来。我的身材一般，肩膀长得不好，平时选衣服尽量选择让自己看起来帅气的衣服并且不时换个风格，提高女朋友对我的评价。

　　之后她对 657 名大学生进行了身体自我和服装选择动机关系的研究，得到以下主要结果：

　　（1）大学生身体自我特点包括身体自我认识、身体自我体验和身体自我关注与管理三个方面。在身体自我认识方面，大学生对自我实际体形的认知准确，体形瘦的大学生自认

❶ 汤炯，邓云龙，常宪鲁，等. 大学生性别、身高和体重指数与身体自我满意度的关系［J］. 中国临床心理学杂志，2006，14（5）：537-541.
❷ 鲜维葭. 大学生身体自我与服装选择动机的关系［D］. 重庆：西南大学，2011：19-20.

为的实际体形和理想体形均比体形胖的大学生自认为的实际体形和理想体形更瘦；男生希望更强壮，女生希望更瘦。在身体自我体验方面，63.9%的大学生对自己的身体是满意的，男生的身体满意度显著高于女生。偏瘦组女生的身体满意度显著高于正常组和超重组。在身体自我关注与管理方面，81.4%的大学生关注自己的身体，但有99.2%的大学生却对自己的身体不进行管理或管理水平很低；女生的身体关注度和管理水平均显著高于男生；女生更倾向于通过服装选购、服饰搭配、化妆美容、发型发饰等去增强自身的外表吸引力，男生则更倾向于通过锻炼来管理自己的身体。

（2）大学生服装选择动机特点：大学生服装选择动机可分为自我验证动机和自我增强动机。日常情境和正式情境中的服装动机出现了分离，日常情境中，79.6%的大学生进行服装选择倾向于自我验证。正式情境中被调查者的自我验证动机显著低于日常情境中的自我验证动机得分。

（3）大学生身体自我与服装选择动机的关系：日常情境中大学生的 BMI 指数与服装选择动机未达到显著相关，但身体自我和服装选择动机存在显著相关，不同身体自我的大学生在服装选择动机上差异显著：①自认为的现实体形与理想体形差距越大，越倾向于服装选择的自我增强动机；②身体关注度越高，越倾向于服装选择的自我验证动机；③身体满意度越高，越倾向于服装选择的自我验证动机。正式情境中大学生的身体自我与服装选择动机不存在显著相关。通过大学生的身体自我与情境能有效预测其服装选择动机❶。

吴迪星对女性身体满意度与连衣裙款式偏好的关系进行了研究，结果表明：对于局部身体越满意的女性越倾向于展露局部身体的连衣裙款式，如较低的领口、较短的袖长、较紧的腰部和较短的裙长等。总的来说，女性对于手臂和体重越满意则越偏好较短的连衣裙袖长；对于腰部越满意越偏好较收腰的连衣裙；对于身高越满意越偏好较长的连衣裙。不同年龄段女性对连衣裙的款式的偏好有较大差异，且与该年龄段身体特征和身体满意度有关，随着年龄增长，对连衣裙的偏好更倾向于遮盖身体❷。

身体的自我感觉在对服装的偏好上起着重要作用。凯瑟认为影响女性身体不满的一个因素可能是时尚服装反映出了一种标准但是不现实的身型。当一件服装不合身的时候，女性常常责怪自己的身体，而不是服装，这样反过来又形成了一个负面的身体意象。美国有学者探讨了女性消费者服装合体度偏好，身体满意度，服装合体度之间的关系。研究表明80%的女性都对自己两个或两个以上的身体部位存在不满。身体满意度与身体廓型和对紧身服装的偏好都有显著相关。身体类型为倒三角型的女性身体满意度最高，梨型的女性最低。总的说来，身体满意度越高，越偏爱紧身服装。另一项针对女大学生篮球运动员的研究发现，她们对于自己的身体的下半身最为不满，但穿着统一的制服，改善了她们对自己身体的看法。

身体满意度会影响服装的选择和偏好。但另一方面，服装的穿着也会影响对身体自我的知觉和满意度。江沂芯、陈红对女性着装行为与身体自我关系的实证研究现状进行了综述。从着装合身度和暴露度对身体自我的影响、服装尺寸对身体自我的影响、身体自我对

---

❶ 鲜维葭. 大学生身体自我与服装选择动机的关系［D］. 重庆：西南大学，2011：41.
❷ 吴迪星. 女性身体满意度与连衣裙款式偏好的关系［D］. 重庆：西南大学，2012：47-48.

服装选择与购买的影响三个方面介绍了国外的部分研究成果。其中，国外学者用客体化理论解释着装合身度和暴露度对身体自我的影响。客体化理论指出，自我客体化是"女性内化第三人对自己身体自我的看法，将自己作为一个基于外表被观看和评价的物体来对待"，并"形成对身体外在形象的习惯性监控"。自我客体化或者说自我监控可在特定场景下触发和提升，着装款式是其中之一。穿着暴露紧身的服装在一定程度上突出了身体外貌的存在感，会从视觉的角度增强着装者评估和监控身体的频率，促使女性拿自己的体型和社会理想体型相比较，因此会产生严重的身体不满意❶，如图 3-2 所示。

图 3-2　着装引起身体不满意

穿着紧身的暴露的服装对女性身体满意度有什么样的影响呢？弗雷德里克森（Fredrickson）等以西方女性为被试，采用实验法对这一问题进行了研究。他们发现在装有镜子的试衣间里，试穿游泳衣的女性比试穿运动衫的女性有更多的身体不满意。有研究者通过调查发现，沙特阿拉伯的女性因为长年穿着宽松的传统长袍，在公共场合时她们体验到更少的身体自我意识和身体不满意。在对美国某所高校的女拉拉队员的调查访谈中发现，超过半数的受访者指出暴露的紧身的队服增加了她们的体重压力，让她们对自己的身体感到不满意。因此，不同合身程度、不同暴露程度的衣服会激起女性不同程度的身体满意度。一般来说，紧身的暴露的衣服会比宽松的不暴露的衣服引发更多的身体不满意。一些研究还表明，在控制了着装的合身度后，暴露的服装比不暴露的服装更能引发自我客体化❶。

国外还有学者从服装尺寸的角度探讨了服装尺寸大小及对尺寸的认知与女性身体自我的关系。研究者发现不同年龄阶段的女性都用衣服尺寸来衡量自己当下的身材和体重，觉得某一特定尺寸便是自己惯常体重的代表，如果某一天所穿服装的尺寸变大了，则立刻认为是自己体重增加了，而忽视了尺寸的不标准性。对于女性的访谈调查中发现，当女性发现试穿的衣服尺寸比惯常的衣服尺寸大时，会觉得自己长胖了，产生强烈的消极情绪，即使那件衣服很合身，大多数女性也不愿意买下它了❶。来自实证研究的证据也表明女性在逛街购买衣服时，若最终挑选的适合自己身材的裤子的标签尺寸小于惯常的尺寸，会认为自己更瘦和更有吸引力了，并即刻产生积极的身体意象。由此可见，个体的服装尺寸已经内化成为女性身体体型的估算方法，所以女性对尺寸的客观的正确的认识显得尤为重要❶。

第三节　身体意象和负面身体自我

一、对身体和外貌的担忧

日常生活中常能听到有人（一般是女性）会抱怨自己的腰和大腿太粗，身体太胖，穿

❶ 江沂芯，陈红. 女性着装行为与身体自我的关系：实证研究现状及展望［J］. 应用心理学，2016，22（3）：195-202.

什么衣服都不好看，并由此产生负面的情绪体验，造成对自己身体的不满意。有些人为了获得使自己满意的身体形象，最常见的是采用控制饮食的方法，严重的会导致神经性厌食症之类的疾病。可在他人看来，很多有这种抱怨情绪的人，并无什么身体体型上的异常。这就是我们前面提到的，身体意象是一种主观的感受，常有扭曲身体自我的倾向，也就是所谓"你觉得胖那就是胖"。

对自己外表的感知因人而异，且有时不一定准确。男性会认为自己比实际上更强壮，而女性则经常抱怨自己过胖，尽管实际上并非如此。商业广告常常有意识地向人们施加影响，以改变他们对自己外表形象的评价，造成人们实际的身体与理想的身体形象的偏离，为了缩小这一差距，最好的方法就是去购买广告宣传的相关产品或服务。一个人对自身身体部位和特征的关注程度也不相同，眼睛、胸围、腰围等常引起人们，特别是年轻人满意或不满意的情感体验，这种感受往往与修饰物相联系。调查发现，越容易满足的人，越常用修饰性产品，如吹风机、摩丝、香水、美容器等。

对身体和外貌的担忧已经成为全球性的问题。N. 拉姆齐、D. 哈考特（N. Rumsey, D. Harcourt）在《外貌心理学》一书中写道："在西方社会里，对外貌的担忧似乎已经成了一种流行病，人们越来越沉迷于自己的外表，并且许多人对自己外表的不满意程度日益增加。对身体的不满在 8 岁以上人群中已经变得相当普遍，而这对他们的健康状况和行为都产生了显著影响"。外貌的哪些方面最令人担忧呢？1997 年的《今日心理》身体意象调查结果表明，56% 的美国女性回答说对自己的整体外貌不满意。主要不满意的是腰围（71%）、体重（60%）以及肌肉不结实（58%）。同时，几乎有 43% 的男性对他们整体的外貌不满。表 3-5 所示为《今日心理》杂志对三个时期美国女性和男性身体不满意状况的调查结果，可以看出无论是女性还是男性，对身体不满意的人数都在持续增加。来自英国 2001 年对 2100 名成年人的调查结果显示，61% 的女性和 35% 的男性报告了他们对外貌某一个方面的担忧。最担忧的是鼻子、体重及各种皮肤病。对女性来说，乳房和腹部也是对身体不满意较普遍的部位；而对于男性，脱发则是身体不满意的首要原因。25% 的对外貌担忧的女性和 19% 的男性表现出显著的心理抑郁和行为功能失调，这对他们的日常生活、工作和人际关系都会产生破坏性的影响。莉欧西（Liossi, 2003）对英国 300 名青年进行了外貌担忧水平的研究，发现 79% 的男性和 82% 的女性对他们外表的某一个或更多方面表示不满，最大的担忧对女性来讲是体重和体形，对男性来讲是肌肉强壮。正如表 3-5 所示的结果，一项对 222 项研究的元分析表明，从青少年时期开始到成年，女性报告的身体不满意一直比男性多，但男性对身体不满的普遍程度也在持续上升。哈里森·波普等在《男性的美丽与哀愁：猛男情结剖析》一书中通过健身房等地的实地观察和访谈，对男性身体不满的现状和心理做了较详细的分析。他们在序言中写道："目前，一种新的、暗藏的危机，正悄悄地在许多男性之间蔓延、肆虐着。这批数量空前庞大、年龄不分老少的男性，都为了身体外表而忧虑烦恼着。他们从来不会公开谈论自己的问题，因为我们的社会教育男性：男人，你不可以为外表而烦恼！"他们将男性执迷于身体的心态，称为"猛男情结"。其中，有一种称为"肌肉上瘾症"的男性，认为他们肌肉不够发达、身体不够强壮。他们对自己的外表全然无知！这些男人照镜子的时候，看到的自己是既瘦小又柔弱，然而实际上他们却强壮无比。

表3-5 不同年代身体不满意的调查结果

项 目	1972 年（%）		1985 年（%）		1997 年（%）	
	女性	男性	女性	男性	女性	男性
整体外表	25	15	38	34	56	43
体重	48	35	55	41	66	52
身高	13	13	17	20	16	16
肌肉品质	30	25	45	32	57	45
乳房/胸部	26	18	32	28	34	38
腹部	50	36	57	50	71	63
臀部/大腿	49	12	50	21	61	29

注 资料来源：哈里森·波普，等著，《男性的美丽与哀愁："猛男情结"剖析》，但唐谟，译，重庆出版社，2005 年，37 页。

二、负面身体自我

虽然，尚未看到有关我国人群身体满意度的调查报告，但针对中学生、大学生和肥胖人群及整容美容人群的调查和实证研究也可以看出对身体不满意是较为普遍的现象。陈红（2006）对青少年负面身体自我进行了一系列研究。负面身体自我是对身体的消极认知、消极情感体验和相应的行为调控。负面身体自我在临床上十分活跃，因身体问题如太胖、太瘦、太矮、长得丑等引起的心理行为障碍（如对胖、对长得丑或矮的自卑、饮食行为失调）和疾病（肥胖症、神经性厌食症）十分普遍，对青少年健康心理的发展和健全人格的形成有重要影响。她在构建青少年负面身体自我理论模型基础上，编制了"青少年负面身体自我量表"，得到了负面身体的五个维度：一般（整体）负面身体自我、胖负面身体自我、瘦负面身体自我、相貌负面身体自我和矮负面身体自我。采用该量表对1213名12~22岁青少年进行了研究，结果显示："整体"维度上身体不满意的比例相当大，占41.6%，其中女生中48.3%对身体不满意、男生中不满意的比例为33%；最不满意的是整体，其次是矮、相貌、瘦和胖；女生在整体、相貌、胖方面比男生严重，男生在瘦维度上更不满意，在矮维度上没有性别差异；青少年负面自我呈现年龄波动，表现为13~16岁呈现明显上升趋势，17岁有所下降，17~19岁又上升，19~21岁下降；青少年负面身体自我的情感、行为、投射维度在个体内部是基本一致的。但性别之间有差异，女生在情感和投射维度上均高于男生，且女生更看重投射我（也就是更在意他人对自己身体的看法和评价）。关于负面身体自我和自我价值感关系的研究结果显示：负面身体自我与自我价值感呈负相关，即负面身体自我越高自我价值感越低。

关于社会比较和社会支持对女性负面身体自我的影响，陈红等采用负面身体自我量表（胖维度）、社会支持问卷和身体外貌比较问卷，对980名12~22岁女性青少年进行了调查。结果发现：高中生负面身体自我胖维度得分明显高于初中生，也高于大学生；大学生身体外貌比较得分高于高中生和初中生；肥胖组女生的负面身体自我胖维度得分大于体重正常组和消瘦组；社会比较对女性负面身体自我胖维度有显著性影响，而社会支持影响不显著❶。雷瑛等对体重指数（BMI）大于 30 的肥胖女大学生和正常 BMI 的女大学生进行了身体自我的比较研究，结果表明：肥胖女大学生身体自我总体来说显著低于体重正常组女生，对自己身体的满意度较低，特别是在运动特征和身材特征上更为明显；负面身体自我胖维度上肥胖女生显著高于正常组女生，肥胖女生对自己体形的认知和情感体验更消极，而且身体外貌比较对负面身体自我存在显著影响❷。这一结果与陈红的研究结果一致。

对身体外貌的关注和重视程度因人而异，可以说千差万别，同样体形或 BMI 指数差不多的人，为什么有的人会对自己的身体外貌感到沮丧、抑郁甚至产生体像障碍，而有的人则不以为然，甚至感到满意和愉快呢？这其中的心理机制又是什么呢？陈红（2006）认为可能存在负面身体自我图式，它指导负面身体自我的认知加工。这种图式使他们对信息存在认知偏好和自动化加工。具体说，他们对身体有关的信息更加敏感，加工时间更短，对与自我不一致的身体信息抵触。实际上有研究发现存在体重图式者和非体重图式者，体重图式者会把一大堆的刺激都视为与体重有关（如他是不是比我还重？我穿这件黑色的衣服，看起来会不会比较瘦？广告上的减肥茶是不是真的能帮我减肥？），他们会把很多看似与体重有关的信息组合起来，发展成与体重相关的认知图式或认知结构。然后，当遇到体重问题时，便会激活这些图式或结构。而非体重图式者则不容易将体重与其他刺激联结起来。

国内学者对青少年负面身体自我（胖、瘦维度）的心理认知特点和机制进行过较多的探讨和研究。如陈红以自我图式理论为基础，对此进行了一系列实验研究。研究结果发现，由于负面身体自我图式的存在，具有负面身体自我的青少年对与身体有关的信息（包括积极的、消极的、隐喻的，甚至字面上有关的）在加工时会格外敏感，优先选择这类信息，表现一种"触发"机制。如有胖负面身体图式的人对有肥和胖意义的消极词（臃肿、大腹便便等），积极词（胖嘟嘟、丰满等），甚至含"肥"字但没有"肥胖"意思的词，如"肥皂""肥料"等都会存在选择性加工偏好。采用图片刺激的实验表明，负面身体（胖）自我图式者更容易回忆与身体有关的图片，他们对含有胖信息的图片也存在这种选择性加工偏好。在青少年负面身体自我启动效应特点的实验中发现负面身体自我图式者对含身体信息的词存在负启动效应，即有"抵触"现象，而且在阈下启动时对积极身体词的反应明显比消极词时间短。

具有胖负面身体自我的女大学生对胖信息会给予更多的注意和偏好，冯文锋等的研究证实了这一假设。他们发现胖负面身体自我女大学生对胖身体信息的视觉注意偏好是注意维持，即她们对胖相关信息注意维持时间更长。他们认为这样的注意偏好可能说明认知资源维持在胖信息源上，这又可能维持和增加胖负面身体自我者的负面程度。换句话说，就是胖负面身体自我者应避免接触过多的与胖相关的信息或刺激，从而降低胖对身体自我的

❶ 陈红，黄希庭，郭成. 中学生身体自我满意度与自我价值感的相关研究 [J]. 心理科学，2007，27（4）：817-820.
❷ 雷瑛，赵元祥，杨春莉，等. 肥胖女大学生身体自我及相关因素的测试与分析 [J]. 浙江体育科学，2010，32（1）：89-111.

负面意义❶。高笑等对胖负面身体自我女性对身体信息注意偏向成分的时间进程进行了眼动追踪研究，结果发现：胖负面身体自我图式者对不同身体图片存在不同的注意偏向模式，对胖图片为注意警觉—维持模式，对瘦图片仅为注意警觉，即负面身体自我图式能够易化对图式一致信息的加工。这一研究还发现，相对于中性图片和胖身体图片，对照组（正常女大学生）对瘦身体图片亦存在注意定向偏向、最初的以及总体的注意维持偏向，而对胖图片存在"抵触"。这可能与"苗条就是美"的图式以及胖图片所带来的消极情绪体验有关❷。

针对消极身体意象女大学生的信息加工偏向这一问题，袁小娜进行了实验研究。得到如下结果：①对于不同的词语，消极身体意象者对目标词——积极身体意义词（如漂亮、苗条等）和消极身体意义词（如肥胖、臃肿等）存在注意偏好，而对于中性词（如质地、无故等），与对照组（低消极身体意象者）没有显著差异；在不同注意时间条件下，消极身体意象者都对目标词存在注意偏好。消极身体意象者对消极身体意义词的警觉反映了她们对自己"不好的、差的"身体意象描述和能导致这种身体意象的食物很敏感。消极身体意象者自信心的不足，或者过分关注自己与漂亮、瘦的女性的差距也导致了她们对积极身体意义词的警觉，同样她们对低脂食物能保持好身材特别关注。②在记忆的再认偏向实验中消极身体意象者对消极身体意义词再认得更多，并且在身体意义词上存在再认负偏向，而积极身体意象的女大学生表现为再认正偏向。③消极身体意象者的解释、归因偏向和积极身体意象者不存在显著性差异，两组女生在归因漂亮女性和丑的女性是否获得关注问题上存在一致的认知偏差，认为漂亮女性应该获得积极关注，而且被试更倾向于把漂亮女性获得关注和丑的女性不获得关注归因于她们与身体有关尤其是外表的原因❸。

关于负面身体自我图式的研究虽然主要集中在胖瘦维度上，但也有的研究探讨了矮负面身体自我对相关信息的认知加工偏好。孟瑞对矮负面身体自我男大学生对积极身高词（高个、魁梧、姚明等）、消极身高词（矮子、侏儒、武大郎等）、中性词（地毯、大头针等）的认知偏向进行了实验研究，发现在视觉注意转移任务和再认任务中，所有男生（与有无矮负面身体自我图式无关）都表现出对消极身高词汇反应时间更长的现象。说明社会对男性要"高大"的期待已经内化为男大学生的身高图式，因而对消极的矮词汇产生了"抵触"反应。在再认任务中，矮负面身体自我男生对消极身高词汇的再认正确率显著高于正常男大学生，表现出对与图式一致身高信息的记忆偏向。对女大学生采用相同的实验方法，但没有发现矮负面身体自我女生和正常女生对三类词汇在反应时和记忆偏向上的差别❹。田录梅等对矮负面身体自我大学生对相关信息的认知加工偏好的研究发现：矮负面身体自我大学生对相关信息存在一定的编码偏好、消极情感偏好和记忆偏好，其认知加工在一定程度上受负面身体自我图式的指导❺。

---

❶ 冯文锋，罗文波，廖渝，等. 胖负面身体自我女大学生对胖信息的注意偏好：注意警觉还是注意维持[J]. 心理学报，2010，42（7）：779-790.

❷ 高笑，王泉川，陈红，等. 胖负面身体自我女性对身体信息注意偏向成分的时间进程：一项眼动追踪研究[J]. 心理学报，2012，44（4）：498-510.

❸ 袁小娜. 消极身体意象女大学生的信息加工偏向[D]. 广州：华南师范学，2008：34-36.

❹ 孟瑞. 矮负面身体自我大学生的认知偏向研究[D]. 成都：西南大学，2013：24-25.

❺ 田录梅，王玉慧. 矮负面身体自我大学生对相关信息的认知加工偏好[J]. 中国临床心理学杂志，2013，21（6）：889-893.

三、体像烦恼和体像障碍

对身体自我的极度不满意可能引发饮食紊乱等问题，20世纪80年代西方研究人员在探讨饮食紊乱原因时发现并提出了体像障碍这一概念，并定义为：个体想象客观上不存在的体貌缺陷并因之而痛苦的一种心理疾病❶。我国的调查发现，体像障碍主要集中在18~25岁，以大学生发生率最高。高亚兵、骆伯巍认为在体像正常和体像障碍之间，还存在一种类型，他们将其命名为体像烦恼：是一种由于个体自我审美观或审美能力偏差导致自我体像失望而引起的心理烦恼。体像烦恼的临床表现为：过分关注自己的体像，有强烈的改变自身某方面体像的欲望，同时伴随着一些消极情绪。他们认为青春期的青少年学生更关注自己的容貌、形体、姿态、语言，对自身的身体缺陷和弱点都十分敏感，容易产生体像烦恼❶。为了探究青少年体像烦恼内涵及类型，他们编制了《青少年学生体像烦恼问卷》，得出青少年体像烦恼包括容貌烦恼、形体烦恼、性器官烦恼和性别烦恼四个维度。通过对3121名大、中学生的调查发现：有22.3%的青少年存在体像烦恼，且女生中为28.1%，男生为16.1%，女生明显高于男生。这一调查还发现经常有形体烦恼的学生占7.6%（女生11.2%，男生3.7%），但有30.5%的学生表示曾经采用过减肥措施，女生为43.9%，男生15.9%，形体烦恼与采取减肥措施之间有显著相关性，有形体烦恼的学生曾采用过减肥措施的比例达67.2%，而表示无形体烦恼的学生也有27.6%的学生曾有过减肥经历❶。

自我体像问题与瘦身行为有一定的关系，刘晓海以女大学生为对象做了相关调查，从接受调查的416名女大学生的BMI指数看，平均为22.3，体形正常的占60%以上，偏瘦的明显高于偏胖的比例。调查结果显示：女大学生体形不管是偏瘦、正常、偏胖还是肥胖的，都认为自身体形比实际体形要胖，且正常体形女生的认识偏差程度显著大于其他女生；不同形体组所期望的理想体形均比所认为的现有体形偏瘦。关于女大学生对体像关注情况，调查涉及3个问题，即"自己十分看重自己的体形""关心别人对自己体形的看法""对同学朋友或周围人的体形比较关注"，对上述3个问题回答肯定的分别占81.5%、76.4%、65.6%，说明女大学生不仅关注自己的体形，也很在意他人的看法，并会和同学朋友及周围人进行体形比较。关于女大学生的瘦身行为，这一调查发现有82.9%的女大学生曾有过瘦身的想法，42.8%的有过瘦身经历。有瘦身经历女生对瘦身原因的回答依次为：对自己体形不满意（73.7%）、增加自信（51%）、受社会或同伴的影响（43.8%）、健身（18.5%）、其他（10.4%）❷。

女性整形美容受术者与女大学生自我体像存在什么关系呢？马如梦等对此进行了研究。研究采用自我体像调查问卷（MBSRQ），经修订以适合中国人使用，分为10个维度，结果显示：美容受术者与大学生对照组在相貌倾向、健康评估、身体部位满意、超重和自我分类5个维度上有显著差异。美容受术者在相貌倾向、超重、自我分类上得分明显高于大学生，在健康评估、身体部位满意上明显低于大学生，说明她们与大学生比，更在乎自己的

❶ 高亚兵，骆伯巍. 论青少年学生的体像烦恼［J］. 浙江教育学院报，2007，(6)：28-32.

❷ 刘晓海. 女大学生自我体像问题与瘦身行为现状调查［J］. 辽宁师范大学学报（自然科学版），2009，32(1)：126-128.

容貌，在容貌上花更多的注意力，更加关注自己的体重，对自己的评价整体较低，对自己的健康更不自信，对身体部位的满意度低，这些特征与她们希望通过整容手术来改变自己容貌的动机是一致的❶。

体像障碍是一种带有心理疾患的身体意象。这类人群常常到处寻求医疗和美容，他们不仅是追求外貌的客观上的改善，更重要的是达到外貌变美的心理体验。刘晨等对体像障碍在整形外科中的认识与研究进展做了综述。体像障碍又称躯体变形障碍（简称 BDD）、丑形恐惧或体像畸形症。美国精神障碍诊断手册第 4 版将 BDD 概括为：①一个外表正常的人存在对身体想象的先占观念（指长期占据于个体头脑中的、自认为客观存在的、超过其他观念的特有观念）或虽存在轻微的缺陷但给予过分的关注；②此先占观念必须在社会上、工作上或其他方面引起功能上的紊乱或损害；③不能用其他的心理障碍来更好的解释个体对身体外表的这种关注。他们认为，前来整形外科就诊的 BDD 患者表面上是对自己的外形不满意，实际上是由自身消极的、否定的体像造成的心理障碍。从认知科学去认识体像形成的过程，BDD 可谓体像认知失调，即患者对体像态度与行为的认知成分（包括态度、信念等）相互矛盾，涉及对体像认知的想象及推断的失误、从而产生不舒适和不愉快的情绪。畸形恐怖（即 BDD）实际上是对"伪"畸形的恐怖，是外表无缺陷或仅有轻微缺陷的个体对自身体像产生不合实际的想象缺陷，并为这种缺陷的存在而痛苦。体像障碍患者先占观念的关注部位存在性别差异，除皮肤、毛发与鼻子外，男性多关注身高、外生殖器和毛发（包括毛发过稀及体毛过多），而女性则多关注臀部、下肢、乳房及体重❷。

美容就医者伴有体像障碍倾向时对美容整形术后满意度有什么样的影响呢？周常青等对此进行了研究，结果显示：在体像障碍、缺陷程度和手术效果三个影响因素中，体像障碍与术后满意度呈现负相关，与手术效果呈正相关，且手术效果的影响强于体像障碍，术前缺陷程度对术后满意度影响不显著❸。刘晨等对 121 例整形美容受术者的体像障碍、焦虑、自尊等术前术后的变化进行了研究，结果显示：受术者术前焦虑、抑郁状态者分别占57% 和 27%，体像障碍者有 10 例，占 8%；术后 7~14 天再测受术者自尊量表得分较术前明显上升，体像障碍及精神质量表、神经质量表和掩饰程度分值则明显下降，说明整形美容手术对受术者的自尊和体像障碍有明显改善作用❹。朱武等对女性减肥者的体像问题与社会支持及性格的关系进行了研究，结果发现减肥者的体像得分明显高于无减肥者；减肥者的体像得分与收入、神经质或情绪稳定性、精神质明显正相关，与社会支持明显负相关，与BMI 无关。即女性减肥者，存在较多的体像问题，且与特定的人格和社会支持有关❺。

---

❶ 马如梦，赵佐庆，郭树忠，等．整形美容受术者与大学生自我体像差异分析 [J]．中国美容医学，2008，17（1）：118–120.

❷ 刘晨，栾杰，牛兆河，等．体像障碍在整形外科中的认识与研究进展 [J]．中国美容整形外科杂志，2006，17（5）：385–387.

❸ 周常青，王毅超，李东．美容就医者体像障碍评分与术后满意度的相关性分析 [J]．中华医学美学美容杂志，2007，13（5）：299–301.

❹ 刘晨，栾杰，丛中，等．121 例整形美容受术者心理状态初步分析 [J]．中华医学美学美容杂志，2005，11（3）：174–176.

❺ 朱武，杜乾君，易运连，等．女性减肥者的体像问题与社会支持及性格的关系 [J]．中国心理卫生杂志，2005，19（3）：149–151.

第四节　理想的身体自我和服装

　　凯瑟指出："我们用来知觉自己身体的方式和社会、文化以及历史情境紧密关联，而且也会受到性别角色和其他因素的影响。正如流行服饰一样，也存在所谓的流行身体。"从心理学和生理学的角度看，一个人的容貌、身材等身体特征并无所谓好坏之分。所谓人体的美与丑，胖与瘦，高与矮，容貌的端正与不端正，只有在特定的社会文化和时代中才有意义，是由特定社会和时代的文化所规定的。所谓理想的身体形象，也就是被特定文化认可和标准化了的身体形象。人们为了使自己的身体形象符合这种美的标准，通过种种方式重建自己的身体形象。

一、历史情境中的身体

　　许多社会都存在一般所期待的身体标准，符合这一标准的身体体态将得到社会较高的价值评价，从这一意义上说这种"标准的身体"可称为"社会的身体"。在现代社会文化价值观中，女性的理想身体形象与男性有很大差异，女性理想中的美包括生理上的特征（像大眼睛还是小眼睛，双眼皮还是单眼皮，丰满还是扁平的胸部），也包括服饰风格、化妆方式、发型、肤色等，甚至包括肌肉的特点（像娇小型、强健型）。与女性美相比，男性美的主要特征是阳刚之气、强健的身体。对于女性的体型，不同的时代也有不同的标准，从"丰满"到"苗条"，反映了社会对女性美标准的变化。而大多数社会对男性的身体标准通常比较稳定，如高大、健壮、V 字体型等，但我们也看到最近 20 年以来，男性的理想身体和外貌也出现了变化，帅气、漂亮、注重化妆和衣着打扮成为都市男性的时尚。

　　身体美的标准，尤其是女性的理想体型，在不同的历史时期有着不同的"标准"。正如维仑·斯瓦米等在《魅力心理学》一书中指出："大量的证据表明女性身体美的理想体型，至少在西方社会，不是一成不变的。例如，在 19 世纪上半叶维多利亚时期的英国，最流行的理想女性体形是身体高大而体态优美。更苗条的、'柔弱的'美在 19 世纪后期才出现，尤其是在女性解放的呼声高涨时，这种女性美和女性的无力量化息息相关。"乔治·维加莱洛在其所著的《人体美丽史》中也指出："二十世纪二十年代开始的变化导致了今天人们追求的'苗条身体''修长的双腿'、柔韧而又肌肉发达的躯干，把'舒适满意与有个扁平的腹部'联系在一起。可以说越来越充满活力的苗条身形符合社会的期望：追求有效性和适应性，可赋予女性身体新的'自由'。"他对 1910 年代的女性身体形象做了这样的描述：二十世纪的美始于形体变化，1910~1920 年开始的"变形"：拉长的线条，轻盈的姿态。双腿伸长了，头发盘起来，身高使人仰慕。1920 年《潮流》或《费米纳》杂志上的形象与1900 年的完全不同了："所有女人好像都长高了。"她们的样子逐渐从花的形象变为茎的形象，从字母"S"变为字母"I"……这种纤细美不仅仅是表面的。它试图揭示形体的自主性，表明妇女的深刻变化。

　　第一次世界大战后，另一种女性美的图像开始出现。这种体型是无曲线的甚至是男孩化的。确实，20 世纪 20 年代美国小姐的平均三围是 80-64-90（厘米）。即使这种理想化的体型在 20 世纪 30 年代渐渐被稍有曲线的模特所取代（此时美国小姐获得者的平均胸围增加了 5 厘米），她们还是显而易见地缺乏脂肪，普遍具有纤细矮小的身躯和平坦的腹部。

整个 1940 年代都深受"二战"影响，这一影响当然也波及到了人们的审美标准、化妆和着装方式。1942 年，英格丽·褒曼主演了电影《卡萨布兰卡》。在这部名片当中，她显得严肃而美艳，同时又富于成熟温柔的风韵。她的造型十分健康自然，一点也不浮夸。战后的女人更喜欢曲线柔和的微胖身材。大萧条刚过去不久，战争刚刚结束，纤瘦被视作穷苦的表现，生活富足的人应当拥有圆润的胸部以及一点点赘肉。1947 年，克里斯汀·迪奥推出了他的第一个时装系列：急速收起的腰身凸显出与胸部曲线的对比，长及小腿的裙子采用黑色毛料点以细致的褶皱，再加上修饰精巧的肩线，颠覆了所有人的目光，被称为"New Look"，意指 Dior 带给女性一种全新的面貌。的确，迪奥重建了战后女性的美感，树立了整个 50 年代的高尚优雅品味，亦把"Christian Dior"的名字，深深地烙印在女性的心中及 20 世纪的时尚史上。

性感是 1950 年代女人的终极追求。理想化的体形，在 20 世纪 50 年代初期表现为更加曲线化的体形，代表者是玛丽莲·梦露的性感的、沙漏型的体形。当时每个女人都梦想拥有像梦露那样又尖又翘的大胸部。在那个时代的时尚杂志中，可以看到不少向年轻姑娘传授运动扩胸术的文章。为了大胸部，1950 年代的姑娘不需要把自己弄得瘦骨嶙峋，她们只需要拥有"可爱"的身材就可以了。加之高热量的快餐当时还没有出现，因此保持身材并不困难。

1960 年代女人开始格外关心起自己的皮肤。为了获得健康美丽的肤色，日光浴在女性当中流行。专家则建议她们在鼻尖、颧骨和下巴上使用阴影粉——这种化妆方式特别适合健康肤色。从 60 年代早期开始，女人们的裙子变得越来越短，服装也更加贴合身体曲线。到 20 世纪 60 年代中期，美国小姐获得者和花花公子插图中女性的体重逐渐降低，但是身高有所增加。在这段时间，美国小姐获得者的胸围和臀围保持稳定，但是参赛者的身高平均增加了 1 英寸，同时她们的体重以每十年 5 英镑的速率递减。与此同时，理想化的身形需要具有不自然的曲线，脂肪远离腰腹部，只在胸部和臀部堆积。然而直到 60 年代末期，迷你裙甫一出现，还是招来了一片批评。由于需要裸露更多肌肤，身段苗条就显得重要了起来。更加纤细的像柳枝一样的形象成为新理想化体形，并且这种超级纤瘦的美丽体形成为西方社会持续推崇的身体美的典型特征。

1960 年代，随着女性解放运动的发展，还出现了女子男性化主题，一些原本男性穿着的服装样式，变成了女性的新样式或男女通用的样式：牛仔裤、工作服和 T 恤衫、紧身上衣和翻领运动衫"使在服装社会和性别划分中存在的抗议变得模糊不清"。到 20 世纪末女性身体的描写中宽大鼓突的髋部消失了，胸部没有那么丰满了，而更有特点的是展现结实的肌肉。

1970 年代女性的理想形象是清新自然。女性外出工作的现象已经变得越来越普遍，女人们根据不同场合改变妆容的需求也开始突出。1970 年，有位为露华浓化妆品公司工作的化妆师发表言论说："对女人不分场合化妆的情况我已经厌烦了。我们要确保她们在各个场合都化着既合适，又与服装搭配的妆。请千万别在高尔夫球场上化晚宴妆！"自然的妆容在 70 年代中期和晚期都占主流。女性解放运动深入人心，女式长裤也流行了起来。成套的长裤套装令女人们显得修长而华美，但紧身裤有时候需要你趴在床上，靠姐妹的帮助才能拉上拉链。这些潮流对女人们的身材提出了更高的要求—她们必须苗条健美。人们不仅热衷健身，还注意起了饮食。

在瘦的同时，理想体形随时间变化逐渐呈现出管状：一个关于对 1967~1987 年英国时尚模特的研究发现，模特的高度和腰部的尺寸逐渐增加，但是她们的臀围却没有相应地改变，这导致她们显示大的腰臀比。瘦是具有身体吸引力的关键特征：到 20 世纪 80 年代，大部分美国小姐获得者具有小于 18.5 的身体指数，这种临床上会被认为体重过低，有些时候被认为是神经性厌食症的前兆。与此类似地，女性杂志的模特也随着时间逐渐变瘦，时尚杂志的封面模特也是如此。

1980 年代是减肥产业的春天。虽然减肥辅助产品一直以来都有，但在 80 年代，快速减肥成了人们的诉求。全职主妇的人数急剧增长，人们又开始流行把家搬到郊区，因此女人们不再有时间在家做饭，速食食品更加剧了民众的肥胖问题。模特出身的克里斯蒂·布林克丽（Christie Brinkley）可以代表 80 年代的美女标准：可爱、年轻、善良的金发女郎，风趣而有人缘。随着朋克文化的时兴，姑娘们开始把头发剪得越来越短，并染上各式各样的艳丽色彩。这种发型配上 80 年代流行的"哦，我的肩膀从领口滑出来了"风格的上衣，令姑娘们显得非常健康性感。

1990 年代盛产超级名模，普通女性对模特般身材的狂热追求也始于这个年代。琳达·埃万杰利斯塔（Linda Evangelista）、克丽丝蒂·特林顿（Christy Turlington）、辛迪·克劳馥（Cindy Crawford）、内奥米·坎贝尔（Naomi Campbell）、克劳迪娅·希弗（Claudia Schiffer）……便是 90 年代比名牌时装本身更大牌的模特。人们至今还对她们记忆犹新，却很可能根本想不起她们当时都穿了些什么衣服。

2000 年追求永远年轻，美容界跨越了一道界线，新的技术衍生出真正有效的产品，我们总算能指望这些面霜至少帮我们去掉脸上的一两条小细纹了。而说到更迅速、更明显的功效，则不得不提到注射美容。打一两针"Botox"（肉毒杆菌）如今已经是非常普遍的事，简直成了不少人日常生活的一部分，谁也不会羞于提起自己上个礼拜所接受的去皱注射。

女性对追求"苗条"体态的努力似乎永远也不会止步。黛布拉·L. 吉姆林在《身体的塑造——美国文化中的美丽和自我想象》中指出："过去几十年中，理想的女性身体越来越脱离北美妇女的平均生理现实。在 1954 年，美国小姐的身高 5.8 英尺，体重 132 磅，今天美国小姐竞选者的平均身高是 5.8 英尺，体重只有 117 磅。仅仅 20 年前，时尚模特的体重比美国妇女的平均体重轻 8%。1990 年，差距增长到 23%。根据有关数据，今天理想的女模特身高在 5.8 英尺和 6 英尺之间，体重 125 磅，而美国妇女的平均身高是 5.4 英尺，体重 140 磅……很明显，今天大多数妇女的身体远远达不到媒体和文化指定的有魅力的身体标准。"表 3-6 所示为 1933 年和 2001 年女性理想体形的比较。

表 3-6　1933 年和 2001 年身高 1.68 米女性的理想体形

项 目	《您的美丽》（1933）	洛阿娜（2001）
重量/千克	60	48
胸围/厘米	88	90

续表

项　　目	《您的美丽》（1933）	洛阿娜（2001）
腰围/厘米	70	58
臀围/厘米	90	88

　　注　1. 洛阿娜为法国电视台真人秀节目《阁楼故事》2001 年的头牌艺人。其体形代表了世纪初女性理想的
　　　　　体形。
　　　　2. 资料来源：乔治·维加莱洛，著，《人体美丽史》，关虹，译，湖南文艺出版社，2007 年，241 页。

　　在我国历史上有所谓"环肥燕瘦""楚王好细腰，宫中多饿死"的说法。实际上在我国不同的历史时期，也有所谓"流行的身体"，特别是对女性身体形象的偏好。其中，妇女缠足是最让现代人诟病的习俗。然而，放在历史情境中看，缠足反映了中国传统文化中的两性观念，通过缠足使女性成了男人的附属品。缠足之后的女性满足了男人对纤细柔弱、如弱柳扶风般女性体态的审美标准。缠足后身体妆饰成为女性的特权，尤其是鞋子的妆饰，成为女性特别夸张的表征，连带的使走路身躯扭动、凸显臀围，也成为女性的特色。除了缠足外，便是对女性身体的严密包裹。对此，张爱玲在《更衣记》中做了生动的描述："从十七世纪中叶直到十九世纪末，流行着极度宽大的衫裤，有一种四平八稳的沉着气象。领圈很低，有等于无。穿在外面的是'大袄'。在非正式的场合，宽了衣，便露出'中袄'。'中袄'里面有紧窄合身的'小袄'，上床也不脱去，多半是妖媚的桃红或水红。三件袄子之上又加着'云肩背心'，黑缎宽镶，盘着大云头。削肩，细腰，平胸，薄而小的标准美女在这一层层衣衫的重压下失踪了。"

　　辛亥革命后，最先掀起的就包括社会风俗和服饰上翻天覆地的革命。1912 年 1 月 1 日南京中央临时政府颁布的多项文告中就包括"限期剪辫""劝禁缠足"等内容。废除缠足对中国现代女性的解放（包括身体的解放）有着划时代的意义。辛亥革命后，随着西风东渐，男女平等观念逐渐深入人心，女学和妇女教育的兴起，使许多年轻女性竭力摆脱对男性的依赖，成为具有独立生活能力的新女性。这在女性的服饰和时尚领域也发生了重要变化，"新式女性尤其是女学生的装饰成了当时社会的一道靓丽风景线，白运动帽、白布衫、黑布裙成为女学生流行的服饰。除了着装外，新女性的身体形象从审美的角度来审视，天然备受推崇，在这种思潮的影响下，穿耳戴耳环也被视为一种人为的残疾了。这一时期受西方女性审美时尚的影响，新女性仿效西方女性的束胸的审美观念，越发突出女性的曲线美，崇尚苗条的体态，上身衣着紧窄，衣袖宽大，衣裾呈圆角，领口要大，下身的衣裙，有长有短，短到膝盖，长的没过脚踝。为了显示女性的时尚特征，女子剪发并以烫过的卷发为流行色，再配上丝袜和高跟鞋，在身体形象方面代表着一种时尚和进步。"20 世纪 20年代以后，随着以上海为代表的大都市工商业的发达和消费文化的兴起，"摩登女郎"这样"一种新的女性时尚在都市女性中悄然流行起来，更成为那个时代的主色调，也预示女性身体形象进入和世界大都会同步时期。"❶

　　女性地位的提高和男女平权观念的广泛传播，传统上男性的理想身体和外貌受到了挑战，呈现出多样化的趋势和特点。乔治·维加莱洛在解释男性身体形象变化时指出：关于

---

❶ 赵凤玲. 西方文化映照下的都市新式女性的身体形象 [J]. 江汉论坛，2009，（8）：59-63.

男性可做一个类似推理，许多男性特征是从女性那里借来的：比如"由一些穿牛仔裤、头发不长不短的女孩子陪衬的穿牛仔裤、蓄长发的嬉皮士"形象，因为老的刚毅形象在20世纪后期比以往任何时候都变得模糊。男性身体变得细长、柔软。事实上，两性与美的关系发生了变化……美转向注重审美和护理的男性画刊、转向专门描述"男性美和男性福利"的文学。世界先生、欧洲先生等健美大赛也开始注重男性"外表的文雅和自我护理，男性美的提升"，而不是强健的体魄。当选为2002年"英国最优雅和最性感"男人的足球运动员大卫·贝克汉姆代表了这些变化的极端形象，他身材修长、举止灵活、面部保养得很好，然而这一切特征都与运动的粗野结合在一起。贝克汉姆成为新的"都市美型男"的代表。

潮男即都会美型男（Metrosexual），亦称都市美型男，按照英国记者马克·辛普森（Mark Simpson，以下称作辛普森）所说是指：那些拥有强烈的美感触觉并且会花大量的时间及金钱在他的外表及生活方式上任意生活倾向的都市男性。21世纪初，这个词也被广泛地应用在报纸杂志等媒体上，泛指注重外表的都市男性。都会美型男被认为是颠覆了传统上对男性的观念及期望。他们对外表以及生活享受的重视反映在日常生活上，诸如上美容院、健身房、关注时尚保养等，这些在过去通常被视为"不够阳刚"，甚至是娘娘腔的表现。调查研究也显示，男性的事业成就和身份地位已经不如以往般那么重要；而最重要的改变是，男性对女性特质的排斥感渐渐减少，也开始接受以往被界定为女性专利的事物。

都市美型男强大的消费能力和意愿促使许多商家开始关注这个有发展潜质的市场。他们也代表了男性在服饰、美容、保养、健身等方面的消费习惯。许多服装、护肤品、甚至美容院都开发了针对男性使用的商品及服务，就是看准了男性市场的发展前景。

乔治·维加莱洛（2007）在对文艺复兴到20世纪的"人体美丽史"进行了全面回顾之后，总结道："成就美丽的身体部位成为一种越来越扩展的存在：身体的'上部'，如面孔的颜色、眼睛的明亮、容貌的端正等首先被赋予这种重要的和持久的特权；接下来人们悄悄地注意起'下部'，腰腹部位的线条，支撑力。甚至可在这里感觉到几个时代的变化，如谈到裙子和运动的活力时曾附带提到了下肢和髋部，以后专门提到了它们本身的形状，尤其在十九世纪末，它们不再给面孔或上半身简单地充当'底座'，从而使身体上下具有了一种新的流畅度。服装贴紧身体，强调束腰，突出卵形腰，使长久不为人知的体形进入了人体审美的范围。"

"文化的改变能够影响美丽本身的'种类'。例如，当女性地位发生变化的时候，当活动的美、创新的美、劳动的美得到肯定的时候，一位贵妇长期看重的理想美、接待客人时或无所事事时的美不可能是同一种美……随着当代世界伊始时个人社会地位的提高，美丽永恒不变的确实性已经成为遥远的过去：因为大家追求的是由于具有排他性而更加突出的独特美丽。美容比以往任何时候更加受到重视，特别是能够重塑外表的美容……美容技术比以往任何时候更加重要，注意独特性，尽可能多样化，将迄今为止似乎只有出自天生或例外的美丽变成'所有人'的美丽……对于某些人来说达到美丽的确是困难的，而许多大家接受的模特不可避免地让人感受压力：特别是苗条、柔韧、运动性、自制力和适应性。因此可能出现不适，于是舒适成为最终的目标。"

二、消费文化中的身体

鲍德里亚将"身体"看作是消费社会"最美的消费品"，他在《消费社会》中写道：

"在消费的全套装备中，有一种比其他一切都更美丽、更珍贵、更光彩夺目的物品——它比负载了全部内涵的汽车还要负载了更沉重的内涵，这便是身体（Corps）。在经历了一千年的清教传统之后，对它作为身体和性解放符号的'重新发现'，它（特别是女性身体，应该研究一下这是为什么）在广告、时尚、大众文化中的完全出场——人们给它套上的卫生保健学、营养学、医疗学的光坏时时萦绕心头的对青春、美貌、阳刚/阴柔之气的追求，以及附带的护理、饮食制度、健身实践和包裹着它的快感神话——今天的一切证明身体变成了救赎物品。"在谈到苗条时，他指出："只要对其他文化瞥上一眼，美丽和苗条根本没有天然关系。肥和胖在其他时代、其他地方也曾被看作美丽。但那种强制性的、普遍的以及大众化的美丽，那种作为大家在消费社会中的权利和义务的美丽，则是与苗条密不可分……从那些样板和模特的身形来看，它更在于苗条甚至消瘦，她们既是对肉体的否定也是对时尚的颂扬。"

关于大众文化和身体消费的关系，孟鸣岐在《大众文化和消费认同》一书中引入了"身体美学化"的概念。他指出："个体对自我躯体的关注莫过于大众文化对身体的普遍美学化。所谓身体的美学化，是指人通过有意识地改造和装饰自己的形体，以适合某种外在时尚标准的文化活动。因此，身体美学化执行着某种意识形态功能，建构个体的自我认同。"他进一步指出："身体美学化体现在两个方面，一是对身体的直接改造，如健美、节食、瘦身、整容等。一是对身体的修饰，如美容、化妆、文身、发型、时装、饰物等，服装时尚最典型地体现了人们修饰自我身体的欲望。引导身体美学化的核心观念是某种关于身体的理想模式，它体现着某种诉求身体视觉快感的价值观。关于身体的理想模式和价值观是由大众传播媒介通过各种视觉刺激构建起来的，选美、健美比赛、体育运动、时装秀、广告、演艺活动向大众灌输的就是身体理想模式的观念，而选美小姐、时装模特、演艺明星、体育明星、主持人则是这种理想模式的具体体现，也是这种理想模式的典范。""很显然，这种理想的身体模式是人为制定的一种标准，当这种标准为全社会所向往和追求的时候，就催生了'身体工业'的诞生……大众文化更是把身体的生产时尚化、规模化、标准化、产业化，鼓励追求时尚的人们自觉自愿地进行艰苦的身体战争。"在解释身体美学化的心理机制时，他认为："身体的改造和修饰是以个体对自己身体的自觉意识为前提的。因此，身体的美学化是一个自我关注、自我监视的过程，是个体对自己镜像的注视，这种注视是以外在理想模式为观照对自己的反观。"

身体美学化可以看作是一个不断向理想身体接近的过程。在这一过程中，消费文化起着不可替代的作用。而消费文化不仅和高度发达的现代工业有关，更直接与大众传播媒介的高度发达有密切关系。电视、电影、报纸、杂志、广播、互联网等大众传媒中充斥着无所不在的与身体时尚有关的信息，其中广告借助大众传媒成为最直接和最频繁展示理想身体魅力的手段。尹小玲在《消费时代女性身体形象的建构》一书中对广告在女性身体塑造中的作用进行了细致的分析。在分析女性在广告中的身体呈现时，她写道："在目标市场主要为女性的产品广告中，尤其是女性服饰或化妆品广告中，女性理所当然地成为重要的表现要素。这类广告中，女性的身体'被分割成供各种商品活动的不同区域和场所'。女性身体不是被作为一个整体呈现，而首先是各个局部的娇媚与美丽的展示。女性的美被简化为女性身体各个部位美的集合。白肤、黑发、红唇、皓齿、美腿、纤足、素手、婀娜的体态等纷纷被种种针对女性的产品各取所需，以特写和强化的方式出现在广告画面中，成为各类产品功能发挥和意义衍生的寄居体。"她称其为广告对女性身体的碎片化展示。从以下的广告语可以看出广告是如何对女性的身体进行分割的。

化妆品广告语：时刻看护你的秀发、明眸、粉颊、樱唇和美甲。

丰胸广告语：勾勒深 V 诱惑，绽放活力傲人曲线。

内衣广告语：曲线之美，玲珑有致；美体修形，一穿就变。

丝袜广告语：足以动心，丝魅天成。

实际上与女性无关的产品或服务也大量使用漂亮、年轻、有魅力的年轻女性作为广告代言人，以吸引人的眼球，如一则巧克力的广告，年轻漂亮的女主人公将巧克力包装打开时，坐在长椅另一端的年轻男子瞬间滑向女子，女子拿出一块巧克力放在嘴里，对着男子说道："真的有那么丝滑吗?"可谓是一语双关。广告中的女性形象，大都年轻靓丽，拥有骄人的身材，毫无瑕疵的肌肤和出色的容貌。

2006 年"电视广告中的两性形象"研究报告对 999 条广告的人物形象进行了统计分析，发现青年女主角占 83.1%，而且从外观上看，女性"理想"外观的比例占 81.8%，相比之下，青年男主角只占 61.6%，而且"理想"外观的比例为 51%。26.4% 的女主角衣着突出了身体的性特征，而男主角只有 4.1%。在出现女主角的广告中有 63.5% 的特写镜头，男主角的广告只有 26.2%。

在胸衣、塑身内衣、塑身裤袜、丝袜等女性专属产品广告中，主要聚焦于女性身体的曲线之美，并将其具体化为凸现女性性别特征的"三围"：胸围、腰围、臀围。理想中的女性应该具有丰胸、细腰、翘臀及修长的双腿。一则内衣广告这样写道："在每一个关键部位向你大献殷勤。"既暗示此内衣对女性身体的展示效果，又暗示身体的某些部位对女性身体之美的重要性。化妆品也是女性使用最多的产品。"莎士比亚曾说，上帝创造女人一张脸，女人又给自己一张脸。换句话说，女人有两张脸，一张是天生的，一张是想要的。化妆品在某种程度上就使女人想要的这张脸成为现实，它帮助女人掩饰、美化自己的本来面貌，制造出第二个自我。"许多化妆品广告深谙"女为悦己者容"的道理，广告采用的递进关系是：运用化妆品后的身体效果（皮肤白皙、肌肤润泽、嘴唇柔嫩、头发飘逸等）——看上去更漂亮——更吸引人——有自信——拥有迷人魅力——让心上人无法抗拒。另一些化妆品广告则反其道而行之，直接点出每个女性都可能会遭遇的衰老或身体不完美之处，引起女性的警觉、烦恼、焦虑甚至恐惧。瘦身与丰胸，从而实现性感的苗条似乎是女性（减肥和丰胸）广告中的永恒主题。"减肥广告无疑是参与塑造并巩固对女性苗条身材的社会要求的一种重要形式。"有调查显示，中国女性的肥胖症人群比例仅比男性高出 5 个百分点左右。然而在服用减肥药的人群中女性人数高出男性人数 100% 以上，而且其中起码有 2/3 的女性并不是肥胖症患者。"减肥药广告实际上制作的是一种身体暴政，'它只承认只有一种肉体形式够得上美'，那就是性感的苗条。因此，在减肥药广告中，肥胖女人都是有错的、屈辱的，她们必然遭受种种压力、挫折与生活的不便。"有一则减肥药广告：海滩上站着四位身穿泳装、身材纤细的女性，而在她们中间坐着一位体形肥胖的女性，画面上方写着："你想，她还能坐得住吗?"有些减肥药广告还暗示肥胖体现了女性疏于对身体的自我管理，是自我放纵、缺少毅力的结果。相反，苗条则是女性收获并巩固爱情的资本，获取成功与自信的砝码。"重新有了玲珑的腰身，喜欢的衣服，自然想穿就穿。""让你重塑三围曲线，穿上心仪已久的美丽衣服，将不再是梦。"与减肥药广告相映成趣的是各种各样的丰胸广告，强调的都是女性胸部丰满带来的性感魅力。"消费文化时刻把握正在流行的进行自我身体保养的观念——这一观念鼓励个人采用手段（工具）性策略以对抗身体机能的衰退和衰老的发生；同时，消费文化把这一观念和另外一个观念结合起来，即身体是快乐和表现自我的载体。在我们所处的文化中，身体是通往生活中一切美好事物的通行证。年轻、美貌、性、爱情甜蜜、家庭美满、事业成功，这一切都是身体维护与塑造能够成就而且保持的人生幸福。"

随着对男性身体观念的改变，进入了所谓"男色消费"时代，女性对男性外表的审美也发生了很大变化，越来越多的男性开始注重容颜的保养和身体的修饰，T 台上的男模也不再是传统上"高大威猛的肌肉男"一统天下，进入 21 世纪骨瘦如柴、苍白而年少的男模，俨然已成 T 台新宠。而这一切的始作俑者是 2000 年当上迪奥·桀傲（Dior Homme）的创意总监以及设计师的艾迪·斯理曼（Hedi Slimane）。艾迪为男装塑造了一个纤细的典型，他的设计强调完美的线条，同时因其超小尺码的服装以及专门选用偏瘦的年轻模特拍摄广告而引人注目，他钟情的直脚修身牛仔裤，不是身形奇瘦的男子都难以穿上。自从艾迪·斯理曼标准诞生后，设计师们都开始青睐瘦削男模，而那些身材高大威猛的男模们也失去了往日的风光。甚至有模特公司将男模的标准定为：身高 185 厘米，体重只有 65 千克左右，腰围要求在 70~76 厘米之间。他们的完美身材一般可以被描述为：长脖、细腿、窄肩，胸围不超过 90 厘米。

男性身体观念的变化也通过时尚媒体和广告影响着中国人对男性身体的审美观念，并呈现多样化的倾向。发现以年轻男性居多，在可分辨的男性形象中，外表形象瘦削高个的占 59.4%、中等身材的占 40.6%。主要特点表现为以体魄强健的阳刚之美取胜，年轻男性比较张扬，他们毫不掩饰地展示头部、颈部与身体其他部位的和谐，隐含男性特有的自豪感与夸耀感[1]。与此形成对比的是，国际上各种品牌服饰的男性模特，越来越瘦，且越来越俊俏，著名国际品牌普拉达（Prada），直言自己是"郎君"，把最具女人味的服饰设计移植到瘦削的男模身上，就连配饰都极具女性化。Laiavin 服饰中男模都是非健硕的美少年。CK 广告中的男孩女孩的服饰没有差别，男孩的皮肤很白很细腻，男孩也有依赖动作倾向。GUCCI 广告中的瘦高的男模围着棉质围巾，身穿束腰的毛衣外套，手持皮质的软包，这些原本极具女性属性的元素在他的身上表达得淋漓尽致以。而男性护肤品中的男性形象也越来越细腻、精致、干净和俊俏。他们越来越注意皮肤的护理，头发的保养，他们都是外表细腻精致敏感，凸显出阴柔的中性美。王慧然对《VOGUE 服饰与美容》2013~2015 年广告和专访中出现的男性形象进行了内容分析，发现女性时尚杂志主要呈现出三种男性形象："霸权型""花美男型"和"魅力超男型"，反映了男性理想外貌从传统的单一"肌肉男"模式向多元模式发展的趋势。另外，随着"男色消费"的兴起，"时尚先生"从幕后走上前台，男性赤裸的身体在广告中也频频出现，男性开始代言化妆品等各类女性商品[2]。

---

❶ 雷黎萍. 当前我国男性时尚杂志广告中的男性形象分析［D］. 西安：西北大学，2009：20-34.
❷ 王慧然. "时尚先生"的想象——以《VOGUE 服饰与美容》为例［D］. 江苏：南京大学，2016：59-60.

那么，消费文化中无所不在的关于理想身体的广告和产品，究竟对人们会不会产生影响呢？会产生什么样的影响呢？一位心理学者举了一个 2 岁女孩的例子，小女孩被问道："等你头发长起来以后，你希望它同妈妈的头发一样吗？"她回答说："我想要我的头发像芭比娃娃一样。"对于孩子来说，玩偶提供了一个切实的身体形象。玩具娃娃往往被做成大大的眼睛和嘴巴、长长的睫毛、小小的鼻子以及完美无瑕的皮肤。最著名的、被拥有最多的玩偶是芭比娃娃和肯先生，他们被制作成拥有特殊的、几乎不可能的体形。有人将玩具娃娃的尺寸放大到成人比例，结果发现 10 万名女性中几乎没有一人可以达到芭比娃娃的身材比例，而 100 名男性中只有 2 人可以达到肯先生的体格。大众媒体的发达，使得儿童有了更多接触媒体的机会，他们每天都从电视和网络及其他媒体中接受各种与身体意象有关的信息，并且深受影响。进入青春期后，青少年更加频繁地接触媒体，在这个过程中他（她）们更易受到媒体传递的外貌信息的影响，因为他们对自己的相貌以及他人的评价的担忧水平较高。许多研究都表明，社会因素（媒体传播）对身体意象紊乱的发展和持续表现出了强有力的影响。一项对 3452 名女性的调查中，23% 的女性表示电影或电视明星影响了她们年轻时对自己身体形象的渴望，有 22% 的被调查者认可杂志中时尚模特所带来的影响。在一项女性杂志阅读者的调查中发现，有 68% 的女大学生在阅读女性杂志后对自己的身体外貌感觉更糟，33% 的被调查者说时尚广告使他们对自己的外貌更不满意，50% 的人说他们希望自己看起来更像化妆品广告里的模特。在一项通过视频传播身体标准的实验中，实验者给女大学生播放了一段 10 分钟的商业短片，内容或是强调有关苗条和吸引力的理想标准，或是中性的与外貌无关。结果显示，观看那些强调外貌重要性的录像的被试与看其他录像的被试相比，表现出更高水平的抑郁、愤怒以及对体重和整体外貌的不满。研究还发现，高水平外貌担忧的人会通过不同途径积极尝试控制自己的外貌，如节食、锻炼和整形手术。还会激发许多人花费大部分收入购买美容产品和其他提高外貌的"帮助性"产品上。

三、理想身体的跨文化差异

现代社会中理想身体（苗条、BMI 偏小或腰臀比小的体形）的偏好是如何形成的呢？在不同文化形态的社会中，是否存在相似的身体吸引力标准呢？体重通常是身体形象中最重要的指标，大量的人类学和心理学研究已经说明，文化差异普遍存在于人们对例如肥胖和身体脂肪的态度中。有研究发现：虽然在如亲吻和性取向等方面有着很大的跨文化的相似性，但是不同文化对身材胖瘦的喜好大不相同。只在少量（一般都是社会经济发达）的文化中存在对苗条体形的青睐，其他大量"传统"的文化都更偏好丰满甚至是超重的女性和男性。关于这种跨文化的差异，心理学家、人类学家和社会学家给出了不同的解释。

进化心理学家认为：在传统社会中，丰满总是象征性地与心理层面的自我价值、性和生育能力相关联。特别是对女性而言，身体脂肪同时是生育能力和抚育能力的象征。在这种社会中，女性往往通过孕产获得社会地位，这种象征性关联增加了对肥胖的认可度。民族学和人类学家对南非地区的研究表明：历史上，波利尼西亚社会将大型身体看作是有威望的，代表高地位、力量、权力和财富。肥胖在族长和具有较高社会地位的人中非常常见，并且波利尼西亚对美的知觉通常将肥胖或体型大作为必要条件。

研究人员比较了三种在不同现代化程度环境中生活的萨摩亚人（萨摩亚人、美国萨摩亚人、新西兰萨摩亚人）的实际体形大小，以及他们对体形的知觉差异。在越现代化的环境中生活的女性越倾向于选择瘦削体型作为理想体形，但她们本身的体形平均值最大。许多其他类似的研究也都得到了类似的结果，即苗条的理想身体与现代社会有关。在美国的研究也证明：非洲美国人现在（或过去）对体重、体形和身体吸引力等与白人有不同的态度。前者对苗条有较小的驱力而对大体形有较高的接受性。其他少数族群，如墨西哥美国人、波多黎各美国人相对于白人都表现出对肥胖的较正性的评价。

对体重偏好跨文化差异的另一个解释是基于这样的想法，这些偏好差异是被社会经济状况的变化所加强的。一般来讲，相对于社会经济境况好的人，社会经济境况差的人偏好重的体重（无论是男性或女性）。对马来西亚人和英国人的研究发现，对偏重体重的偏好和降低的社会经济境况之间存在相关模式：具有较好社会经济境况的英国人和马来西亚人均偏好身体指数为 19~21 的女性；反之，具有较差社会经济境况的人认为身体指数为 23~24 的女性更具吸引力。其他的一些研究也得出了类似的结果。社会经济境况可能与食物的供给是共变的，而且，因为脂肪组织的主要功能是储存卡路里，所以身体脂肪是食物供给的良好预测因子。在食物供应不可靠或不稳定的历史时期，肥胖代表了可以比他人获得更多的食物，因而肥胖的身体更具吸引力。当食物供给稳定和可靠时，纤细的女性会成为女性美的理想体形。有学者认为：富足的生活导致人们追求低卡路里的食物，并且生活得更健康（例如进行身体锻炼）从而保持苗条。社会低地位的人群试图模仿他们，因为在很多情境下这会显得地位比较高。换句话讲，对苗条女性的偏好在高阶层社会男性中产生，并蔓延到低阶层男性当中。

四、理想身体自我的追求

我们已经看到理想身体在不同历史情境下有着不同的标准，并与特定文化有密切关系。现代社会理想身体的标准深受消费文化的影响。消费文化透过大众传媒所传播的理想身体，向社会大众传递着身体美的标准和信念，影响着人们的消费观念和消费行为。那么，什么是理想的身体自我呢？在心理层面理想身体自我是一种怎样的结构呢？就像自我概念、身体自我一样，理想身体自我也是一种多维度的结构吗？男女两性的理想身体自我有什么差别呢？

理想身体自我（Idea Physical Self）是个体对自己最想拥有的身体状态的认知和评价。多数研究者认为理想身体自我是一种多维度的结构。迪特玛（Dittmar）等人的研究表明，理想身体形象是多维度的，男女青少年的身体形象存在性别差异，随着年龄的增加，理想身体形象变得越来越传统（与文化靠近）。迪特玛研究发现：美国青少年认为理想的男人身体是声音好听、富有肌肉、V 字体形和短头发；理想的女人身体是：漂亮、苗条而艳丽、长头发。他把青少年男性的理想身体分为：一般魅力特征、异性特征、上身肌肉特征、瘦的特征、头发长度特征、匀称特征 6 个因素，把青少年女性的理想身体分为：一般魅力特征、异性特征、瘦的特征、性特征、头发长度特征 5 个因素。

国内学者对理想身体自我也有较多的研究。如陈红以中学生为对象，对理想身体自我进行了深入调查。在开放式访谈中发现，各年龄段青少年都认为男性的理想身体应该是：有肌肉、强壮、高大等；而理想女性身体是：长发、苗条、线条明显等。通过构建理想身体自我量表并实施调查，得到男性理想身体自我由 4 个维度构成：性感魅力、运动健康、高大力量、浓眉大眼；女性理想身体自我也由 4 个维度构成：性感魅力、匀称健康、苗条飘逸、洋气骨感。男女各维度的具体题项如表 3-7 所示。进一步的分析，得到以下结论：①男性和女性的理想身体的共同维度是看重健康、性感和头发；不同的是更强调男性有力量、强壮和高大，更强调女性身体的苗条和匀称。②青少年对理想男性身体的典型描述是：健康、黑发、匀称、运动、有魅力、高大、双眼皮、短发、强壮。对理想女性身体的典型描述是：健康、皮肤细腻、匀称、苗条、黑发、双眼皮、线条明显、长发、皮肤白、有魅力。③青少年理想身体自我有性别差异。对于理想男性身体，女性更看重其性感魅力因素和眼部特征，男性更看重力量因素。对于理想女性身体，男女均强调匀称健康和苗条飘逸特征，但男性更强调性因素，更喜欢丰满的特征。④青少年理想身体自我有年龄差异。整体上随着年龄增高更强调性魅力，但男性更强调力量，女性更重视相貌。⑤体形指数（BMI）对青少年理想身体自我有重要影响。青少年趋向于使描述的理想身体外形和自己实际身体更接近，即胖的人描述的理想身体更胖，瘦的人描述的理想身体更瘦。

表 3-7　青少年理想身体自我的结构

	维度	题项
男性	性感魅力	腿修长、线条明显、性感、有魅力、鼻子高
	运动健康	运动的、黑色头发、健康
	高大力量	肌肉凸出、胸部大、强壮、高大
	浓眉大眼	眼睛大、双眼皮、短发、眉毛浓
女性	性感魅力	胸部大、性感、丰满、线条明显、臀宽、有魅力
	匀称健康	双眼皮、黑色头发、匀称、皮肤细腻、健康
	苗条飘逸	皮肤白、腰细、苗条、长发、腿修长
	洋气骨感	鼻子高、骨感、瓜子脸、眼睛大

注　资料来源：陈红，著，《青少年的自体自我——理论与实证》，新华出版社，2006 年，94-96 页。

审美价值观与理想身体自我之间是否存在某些关系呢？赵永萍等以大学生为对象对此进行了研究，结果表明：①整体上看，大学生审美价值观存在五种重要的审美倾向，其中审美时最注重欣赏，其次是显示与众不同、推崇时尚、追求谐趣和迷恋悲剧情调。②大学生理想身体自我特点为：理想男性身体最重要的是运动健康，其次是性感魅力、浓眉大眼和高大力量；理想女性身体最重要的是匀称健康，其次是苗条飘逸、洋气骨感和性感魅力。③审美倾向各维度与理想身体自我的多个维度间存在显著的相关，说明具有不同审美价值观的大学生，其对理想身体自我的评价与认知也有所不同[1]。

日本的服装工作者在 20 世纪 80 年代对身体形象、理想的身体形象和服装行为的关系

---

❶　赵永萍，邓素碧 . 大学生审美价值观与理想身体自我的相关研究［J］. 西南师范大学学报（自然科学版），2008，33（6）：102-105.

做过较多的研究，几乎所有研究都发现，女性，特别是年轻女性，普遍认为自己现实的身体形象与理想的身体形象之间存在较大的差距。一般而言，希望的身体形象是身高比实际高，体重比实际轻，胸围比实际大，腰身比实际小的体型，例如大矢和中川以 320 名女大学生为对象，调查了女大学生对身体的意识和穿着行为之间的关系。结果发现：①多数女大学生尽管属于正常或稍瘦的体型，但仍然认为自己的脚、腰围、臀围、大腿等太胖并感到烦恼，对身体的满足度低，多数人希望的理想体型是苗条而匀称，并且设法采用服装掩饰自身的缺陷，使更接近理想的体型。②身高或胸围、腰围、臀围的大小和身体的焦虑程度或满足度及穿着行为间有较高的关联度。身体的满足度和理想的身体、身体焦虑的程度或满足度和穿着行为之间也高度相关，且越是不满足的人越是注意自己的穿着。在另一项研究中发现，越是认为自己"胖"的人越是觉得遮盖面积小的衣服或紧身的衣服不适合于自己。为了使现实的身体更接近于理想的身体而穿高跟鞋，使用各种各样能修正体型的胸罩、吊袜松紧带等，不仅增加经济上的负担，而且甘愿承受肉体的痛苦。

思考题

1. 什么是身体自我和身体意向？两者有何联系与区别？

2. 身体意向有哪些特点？

3. 身体自我有哪些测量方法？试比较各种方法的优缺点。

4. 试着采用身体自我测量中的两种方法，并以周围的人为对象进行测量，分析比较测量结果。

5. 什么是身体满意度？身体满意度和服装行为有什么关系？

6. 访谈你的同学和周围的人，了解他（她）们对自己身体的满意程度和原因以及对服装选择的影响？

7. 什么是负面身体自我和体像障碍？它们对自我会产生什么样的消极影响？

8. 你本人或周围的人有没有明显的负面身体自我或身体烦恼，表现在哪些方面？

9. 如何克服负面身体自我或体像障碍？

10. 什么是理想的身体自我？它如何影响人们对自身身体的看法？为了达到理想的身体自我，人们可能会采用哪些方法？

11. 收集某一历史时期的与身体有关的资料，分析那一时期的理想身体，并说明原因。

12. 现代社会的消费文化是如何影响理想身体的？为什么"苗条"成为现代女性追求的理想体形？

13. 以你或你周围人为例，说明理想的身体自我是如何影响人们的服装和其他相关产品选择的？

第四章 印象、外观魅力和服装

本章提要

　　服装不仅和自我关系密切，而且在对人认知的印象形成中发挥着重要作用，同时服装也在很大程度上影响着人际交往中的人际吸引力。本章从社会认知理论出发介绍服装和外观在印象形成和人际吸引力中的作用。第一节介绍了对人认知的印象形成特点及其社会心理机制；第二节在社会图式和刻板印象分析的基础上，介绍了相貌和服装刻板印象的研究成果；第三节探讨了服装在印象形成中的作用；第四节在介绍影响人际吸引力因素的基础上重点分析了外表和服装在人际吸引力中的作用和特点，从进化论观点和社会文化观点探讨了外表吸引力形成的原因。

>>> 开篇案例

　　孔子有许多弟子，其中有一个名叫宰予的，能说会道，利口善辩。他开始给孔子的印象不错，但后来渐渐地露出了真相：既无仁德又十分懒惰；大白天不读书听讲，躺在床上睡大觉。为此，孔子骂他是"朽木不可雕"。孔子的另一个弟子，叫澹台灭明，字子羽，是鲁国人，比孔子小三十九岁。子羽的体态和相貌很丑陋，想要侍奉孔子。孔子开始认为他资质低下，不会成才。但他从师学习后，回去就致力于修身实践，处事光明正大，不走邪路；不是为了公事，从不去会见公卿大夫。后来，子羽游历到长江，跟随他的弟子有三百人，声誉很高，各诸侯国都传诵他的名字。孔子听说了这件事，感慨地说："我只凭言辞判断人品质能力的好坏，结果对宰予的判断就错了；我只凭相貌判断人品质能力的好坏，结果对子羽的判断又错了。"这则关于孔子的故事便是"以貌取人"这一成语的出处，原文出自《史记·仲尼弟子列传》："澹台灭明；武城人；字子羽；少孔子三十九岁；状貌甚恶；欲事孔子；孔子以为材薄……吾以言取人；失之宰予；以貌取人；失之子羽。"

　　无独有偶，在美国一个关于"以貌取人"的故事，令人感叹。故事说的是，在美国一对老夫妇，女的穿着一套褪色的条纹棉布衣服，而她的丈夫则穿着布制的便宜西装，也没有事先约好，就直接去拜访哈佛的校长。校长的秘书在片刻间就断定这两个乡下土老帽根本不可能与哈佛有业务来往。

　　先生轻声地说："我们要见校长。"秘书很礼貌地说："他整天都很忙！"女士回答说："没关系，我们可以等。"过了几个钟头，秘书一直不理他们，希望他们知难而退，自己离开。他们却一直等在那里。秘书终于决定通知校长："也许他们跟您讲几句话就会走开。"校长不耐烦地同意了。

校长很有尊严而且心不甘情不愿地面对这对夫妇。女士告诉他："我们有一个儿子曾经在哈佛读过一年，他很喜欢哈佛，他在哈佛的生活很快乐。但是去年，他出了意外而死亡。我丈夫和我想在校园里为他留一纪念物。"校长并没有被感动，反而觉得很可笑，粗声地说："夫人，我们不能为每一位曾读过哈佛而后死亡的人建立雕像的。如果我们这样做，我们的校园看起来像墓园一样。"女士说："不是，我们不是要竖立一座雕像，我们想要捐一栋大楼给哈佛。"校长仔细地看了一下条纹棉布衣服及粗布便宜西装，然后吐一口气说："你们知不知道建一栋大楼要花多少钱？我们学校的建筑物超过 750 万美元。"这时，这位女士沉默不讲话了。校长很高兴，总算可以把他们打发了。

这位女士转向她丈夫说："只要 750 万就可以建一座大楼？那我们为什么不建一座大学来纪念我们的儿子？"就这样，斯坦福夫妇离开了哈佛。到了加州，成立了斯坦福大学来纪念他们的儿子。据说这就是斯坦福大学的由来。

开篇案例讲述的两则故事说明了自古至今，无论中外，"以貌取人"都是一种普遍存在的现象。这里的所谓"貌"不仅指一个人的长相，也包括他的衣着打扮和整体外观。人们常常会根据一个人的"貌"去推断他的内在品质和能力，就像孔子对子羽那样，或者对他的社会经济地位做出推断，就像哈佛大学校长对待斯坦福夫妇那样。一个人的外观包括相貌、衣着服饰等在日常生活中很大程度地影响着我们对他人的社会认知和印象，同时也是产生人际吸引力的重要因素。

第一节　印象形成及其特点

"服装助你成功"。无论人们是否同意这种说法，但实际上衣着服饰的重要性在人与人的交往中是不容忽视的。假设一个人看到一则某公司招聘职员的广告，他想去试试，以往的经验告诉他，人们有时会将一个人的能力与其明显的外表特征、衣着服饰等联系起来，求职的成功与否不仅取决于对问题的回答，有时也取决于外观给人的第一印象。这里的问题是多方面的。首先，我们在与他人交往时，总会形成某种特定的印象，如诚实、善良、虚伪、不可靠等；其次，我们会据此印象调整或确定与他人的交往方式；最后，交往是一种双方相互作用的过程，人们不仅通过语言，也通过非语言的方式，如表情、动作、衣着服饰等进行相互沟通和影响。

一、对人认知的第一印象

日常生活中我们不可避免地要与各种人交往，有些人我们非常熟悉，如家人、亲密的朋友等；有些人我们比较熟悉，如同事、因工作关系认识的人或邻居等；有些人虽然认识，但并不熟悉；而第一次见面的人，对我们来说则是完全陌生的。我们如何了解一个初次见面的人呢？经验表明，我们与一个人初次见面，便可在很短的时间里形成对他的印象。一位社会心理学家指出："当我们遇到一个显得神秘而难以接近的陌生人时，在没有任何其他办法的情况下，我们总是倾向于以衣着和仪表作为判断他身份的可靠的标志。衣着常常被视为个体的社会地位与道德品格的象征，不管是真实的还是人为的。"实际上正是如此，对一个人的外表看上一眼，我们就能得知有关这个人的特性、职业和生活地位的比较完整的综合信息。社会心理学家奥尔波特这样描述这一过程："用最简单的视觉，在 30 秒钟这样短暂的时间里，就能唤起一个复杂的心理过程，对一个陌生人的性别、年龄、体态、民族、职业和社会地位做出判断，同时估计他的气质、优势、友情、整洁，甚至可靠性和诚实。如果没有进一步的了解，许多印象可能是错误的，但是它们显示了我们快速的总体判断的天性。"我们为什么能够在很短的时间内，便能对一个初次见面的陌生人形成比较全面的印象和判断呢？社会心理学家尝试从不同的角度进行了回答和研究。其中，影响比较广泛的主要有社会认知理论和符号相互作用论。

社会认知理论重点从观察者角度解释人际交往中的对人认知问题，符号相互作用论则从交往双方互动的角度解释人际行为。按照社会认知的观点，服装及其他外观提供了人们理解他人行为和特征的线索。对人认知是指对他人的感知、理解和评价的过程。我们在社会中生活，与他人交往，首先就要认识他人，从对他人外在的相貌、表情、言论、体态、服装等的认知逐渐深入到对他人的个性、需要、态度等内在品质的了解。

在人际交往过程中，通过对他人的认知形成某种印象。其中对人认知的第一印象在人与人的相互交往中起着重要作用。两个素不相识的人第一次见面所形成的印象称为第一印象。第一印象主要是获得对方的表情、姿态、身材、仪表、年龄、服装等方面的印象。这些外在的特点常常成为推断他人的个性、兴趣、爱好、身份、地位等的线索，并成为以后交往的依据，如新生入校初次见面的印象，在婚姻介绍所初次见面的男女双方留下的印象，职业招聘面谈的印象等。

正如前面所述，第一印象这种心理现象，每个人都经历过，都有体会，它在人际交往中起着很大的作用。尤其在现代社会中，人们不可避免地要经常和陌生人打交道，在商店购物，乘车旅行，因公出差等这些活动中，可以说人们接触到的大多数是陌生人。因此，第一印象的好坏就显得更为重要，有时甚至是决定性的因素。而在第一印象形成过程中，一个人的服装及外观作为披露个人信息的"载体"或"暗示"，起着重要作用，玛里琳·霍恩在《服饰：人的第二皮肤》一书中写道："在当今变动的都市化的社会里，人与人之间的频繁接触自然是短暂的不受个人感情影响的；最初印象往往是形成的唯一印象，而且为了实用的目的，服饰成为包括一个人在内的感知领域的不可分割的紧密部分。服饰不仅提供有关自我、角色和地位的线索，而且还有助于限定感知一个人的场景。"当然，第一印象不是无法改变的。随着时间的推移，人们相互交往的深入，对一个人各方面的情况越来越清楚，初次见面的印象是可以修正或改变的。

二、印象形成的特点

一个处于清醒状态的人，总会接收到大量的来自外部环境的信息，其中既有物理的刺激，如光线、颜色、噪声、气味等，也有社会的或人际的信息，如微笑、招手、约会、谈话、争吵等。这么多的刺激同时作用于我们的眼睛、耳朵、鼻子等感觉器官，再加上记忆的作用，往事不断涌入脑海，似乎我们是生活在一个"乱哄哄"的世界，而实际上我们感知到的世界却是稳定的和有秩序的。W. 巴克指出："我们不断地接收信息，几乎是无意识地记住环境中熟悉的情况，不注意许多生疏的东西，而对我们接触到的不熟悉的东西则尽可能提问、分类。把社会环境和自然环境都组成可以分辨的成分，并使其适合我们已有的实际知识。"也就是说，我们是有选择地接受外部刺激的，并且通过与我们已有的经验与知识的融合而被保留下来。由此，可以用来解释对人认知中的印象形成问题。

我们与他人初次相识，便可通过对方的相貌特征、衣着服饰等少量的信息，对他人的大量特点做出判断，形成一个统一的、一致的印象。人们所形成的印象总是带有一定的评定性。奥斯古德指出，印象的评定可分为三个方面：①评价方面，如好——坏；②力量方面，如强——弱；③活动方面，如主动——被动。其中，评价方面是最为重要的，而且是最具区别性的。因此，构成印象的各种信息资料，其比重是不一样的，有些信息资料的比重大于其他信息资料，从而影响到印象形成的总体特征，这个具有重大影响力的特性称作核心特性。

关于核心特性对印象形成的影响，最早是社会心理学家阿希在实验中发现的。阿希使用 7 种有关人物性格的词作为刺激物，以大学生为对象，分为两组。第一组被试，接受的描述人物性格的词为：聪明、灵巧、勤奋、热情、果断、实际、谨慎；第二组接受的词与第一组所不同的是将"热情"换成"冷淡"。其余相同，阿希让两组学生对具有这种特征的人物做一简单概述，并说明这一系列描述人物性格的形容词中有哪些能最好地描写这一人物。结果发现：①学生们可以很快根据提示的 7 种刺激描述一种形象。②两组大学生所描述的人物形象完全不同。第一组学生认为该人物是一个热情的人，慷慨大方，受人爱戴，快活、幽默，而第二组学生描述的人物是个斤斤计较，毫无同情心，势力十足的形象。③决定印象形成的中心词是"热情"和"冷淡"，也就是说，当这两个词互相替换时，在被试者的印象中就出现了巨大的差别。当用"文雅"和"粗鲁"或其他词对代替"热情"和"冷淡"时，所形成的评价就不那么明显了。

其后一系列实验都证实了阿希关于印象形成的基本观点：印象形成是所有性格要素综合作用的结果，其中有一种要素是左右印象形成的主要因素，最早出现的中心词决定第一印象。

三、印象形成的心理机制

对他人的印象形成与社会认知的心理机制有密切关系，这种心理机制的基础就是第二章曾经介绍过的图式。埃略特·阿伦森等在《社会心理学》一书中，对社会认知和图式的关系做了深入分析。他指出：社会认知是人们思考自身和社会性世界的方式，包括人们如何选择、解释、识记和运用社会信息。前面两章重点考察了人们如何思考自身以及服装和外观与自我的关系。另一方面，正如上面所述我们常常要与各种人交往，对他人的行为举止和想法做出推断，大多数情况下，我们是在无意识状况下完成这项工作的，看到一个仪表堂堂、衣着严整的人，我们会表示出某种程度的敬意，或者看到一个衣衫褴褛的我们会表示轻蔑，这是第一种社会认知，称为自动化思维。当然，有时候我们也会停下来仔细思考行动的正确方式，如单凭一个人的相貌和衣着就决定接受或拒绝他的建议是否太过轻率了，这是第二种社会认知，称为控制性思维，它需要更多的努力和思考。

设想一下，假如我们遇到的每一个陌生人，都要通过相貌、衣着、言谈和举止等进行一番深入的分析和思考，我们将会筋疲力尽，无暇其他事情。实际上，正如前面讲到的，通常我们是迅速又轻松地对他人形成印象，而不用有意识地分析我们正在做的事情，之所以能够如此，是我们对周围环境进行的一种自动分析，这种分析是以我们对社会的经验和知识为基础的。自动化思维是指无意识的、不带意图的、自然而然的并且不需要努力的思维。自动化思维通过将新情况与我们先前的经验相联系来帮助我们了解新情况。当我们遇到一个陌生人时，我们会运用已有的经验和知识将这个人进行归类，我们认为仪表堂堂、衣着严整的人有更高的社会经济地位，甚至更好的人格特质，而衣衫褴褛者是社会地位低下的象征。

实际上，我们在第二章介绍过的"图式"不仅在自我认知中发挥着重要作用，在我们的社会认知（自动化思维）中也发挥着重要作用。郑全全指出："图式研究提出的最基本的原则是：人们简化现实。"当我们处于模糊情境中时，图式便显得尤为重要，这时我们会运用过去的经验和知识去填充"空白"。在游泳池或海边沙滩上看到一群穿泳衣的人我们不会感到惊讶，可在公交车上或大街上出现一群穿泳衣的人我们的反应会怎么样呢？社会心理学家用图式的"可提取性"来解释这种情境下人们的反应。可提取性是指"图式和概念在人们头脑中所占据的优越范围，从而使我们对社会性世界做出判断的时候予以提取使用。"可提取性与我们过去的经验、眼前的目标或近期的经验有关。如果一个人过去接触过很多在商场或大街上推广泳衣的活动，便可能认为这也是一次泳衣厂家的宣传活动；如果一个人正在学习女性主义的课程，而正好那些穿泳衣的都是女性，则可能认为这些女性在商场或大街上表达她们争取女性权益的想法；如果一个人正好昨天看到一则关于泳池更衣室因火灾，游泳的人不得不穿着泳衣回家的报道，你可能想是不是类似的事件又一次发生了。

人们并不总是被动地接受信息，而是常常不同程度地支持或违背图式，据此采取行动。阿伦森等指出：人们能够不知不觉地通过自己对待他人的方式来使自己的图式变成现实。这被称为是"自证预言"，它是这样起作用的：人们对其他人产生什么样的预期，这会影响他们如何对待他人；而这种对待方式又会导致那个人的行为与人们最初的预期相一致，使得这一预期成为现实。我们如果经常称赞一个人穿衣打扮时尚又有魅力，这个人就可能会变得真的时尚和有魅力，因为这会强化这个人的自我概念，使她更加注重自己的衣着服饰和形象。

虽然，在大多数情况下印象形成都是自动化思维的结果，但我们仍然可以将印象形成看作是一个过程，凯瑟指出人们在以外观为线索对他人认知时，经历四个阶段。首先是选择线索。尽管认知者经常以整体的方式进行知觉（将外观视为整体来探讨各部分的关系），但是他们同样会选择并着重于特定的外观线索。这通常也与认知者的图式有关，如服装设计师比一般人有更多的关于服装的图式，更可能利用一个人服装作为了解他人的线索。其次是发展具有解释力的推论。当认知者对选定的线索加以解释，并且利用认知结果将它们和许多主要的个人特质联结在一起时，推论意义的工作就已经开始了。如认知者可能会从一个人的着装风格，推断他的社会地位、偏好或审美倾向等。接下来是延伸推论的过程。一旦认知者对某项外观线索，或更大的外观结构发展出某种解释之后，就可能会产生许多认知上的跃进。如当认知者认为对方穿着时尚新潮而又有个性时，可能会认为他也是个有审美品位、外向和喜欢社交的人。这也就是所谓的"光环效应"。最后认知者可能进入建立期望模组阶段。认知者依据推论（假设）的特质，形成如何与被认知者进行互动的想法或预期。如对一个穿着时尚的人，认知者可能正好对时尚问题感兴趣，而通过外显的方式（语言）询问对方对时尚的看法，也可能对此是内隐的甚至是无意识的，并不做出明显的反应。在印象形成过程中，一旦出现新的或意想不到的线索，我们可能会重新评估我们所形成的印象，调整我们原有的认知。如当我们得知一个其貌不扬、衣着朴素的人是一个成功的企业家或科学家的时候，会很快改变和调整我们的认知。

四、影响印象形成的因素

认知者、被认知者和交往情境是影响印象形成的三个主要方面。

（一）认知者

即形成印象的主体。认知者在对他人形成印象时，主要受其人性观、经历、经验及认知系统等作用，此外还与他的兴趣、价值观等有关。认知者通过他人的服装形成印象时，主要受他的经验和对服装的兴趣及价值观的影响。一个人如果认为衣着服饰等外在因素能够反映人的社会地位和内在品质，则常常会"以貌取人"。

（二）被认知者

即被他人形成印象的人。被认知者的许多特点会左右人们的印象。这主要有仪表、非语言表现与声调、面部表情与眼神等。人们在相互交往中，最先引起注意的往往是仪表。仪表是否吸引人，乃是形成印象的一个非常重要的因素。衣着服饰属于仪表的一部分，在印象形成中起一定作用。

（三）交往情境

人与人交往都是在一定情境中进行的。交往情境在一定程度上决定着印象的形成。例如，一个工人在工作时间、工作场地，身着工作服，在认真工作，会给人留下良好的印象。相反，如果他衣冠楚楚，在车间里游来逛去，则会留给人游手好闲的印象。

第二节　相貌和服装刻板印象

人们不仅会通过一个人的外表（相貌）和服装对人产生某种印象，也会对某种相貌和服装的人产生特定的印象，也就是所谓的相貌和服装的"刻板印象"。刻板印象的心理机制是社会图式在起作用，同时相貌和服装刻板印象也成为对特定个体形成某种印象的社会心理原因。

一、社会图式和刻板印象

社会图式是有关社会实体的知识结构，它表征着自己、他人、群体以及所处社会情景的特定概念或刺激类别的有组织的知识。社会图式分为四种基本的类型。第一种类型是人的图式，该图式主要是关于对影响他人行为的那些特征和目标的认识。人的图式涵盖了知觉者对抽象的或具体的个体心理上的复杂理解。抽象图式，如一个典型的"时尚达人"是什么样子的人；具体图式，如你熟悉的那个爱穿衣打扮的同学是个什么样的人。第二种类型是自我图式，包括关于自己的个性、外表以及行为的信息。第二章对此已做了分析。第三种类型是角色图式，也称群体图式，集中于对更广的社会范畴的认识，诸如年龄、民族、性别或职业等。角色图式包括个体在社会上所处位置的信息。如对教师这个角色，你知道他们对学生的要求是什么，他们的衣着服饰有什么特点等。角色图式使我们形成对角色的刻板印象。第四种类型是事件图式，包括了对于在某些场合常常发生事件的理解，如出席别人的婚礼，或参加重要礼仪活动，应该穿着什么样的服装等。在每一种社会情形中，图式都包含我们用来组织我们社会性世界的知识以及解释新情况的基本知识和印象。

如上所述，群体图式是我们关于某一社会群体或社会范畴的图式。群体图式表现为我们对某一群体、某类人或事物的刻板印象。正如凯瑟所指出的："我们倾向于将被观察的个体放入心理类别中；我们倾向于依照诸如服装等可得讯息，将每个个体视为某个团体的成员。尽管将人们分类是一种自然的认知倾向，而且大部分人都会无意识地进行此项工作，但是分类却是导致传统印象产生的第一个认知历程。"这里所说的传统印象实际上是指刻板印象。

刻板印象是指社会上对于某一类事物或某一类人产生的一种比较固定的看法，也是一种概括而笼统的看法。刻板印象常是先入为主，并难以改变。例如，在一般人的心目中，教师的形象应该是衣着整洁、举止文雅，而一旦发现某教师衣衫不整，举止随便，便会难以接受。人的刻板印象，一般是经过两条途径形成的。其一是直接与某些人或某个群体接触，然后将这些人或群体的一些特点加以固定化。其二是根据间接的资料而来。也就是人们对从未见过面的人，也会根据间接的资料与信息产生刻板印象。刻板印象具有简化社会认知的作用，由于刻板印象是将一类人的特点进行了简化和概括。当我们遇到一个陌生人，而知道他是某一群体的成员时，便会启动群体图式，对他的行为进行迅速推断或预测。

刻板印象形成的心理基础与光环效应有直接关系。光环效应又叫晕轮效应，是指在人际交往中形成的一种夸大了的社会印象和盲目的心理倾向。也就是说，当人们对一个人某特性形成好或坏的印象后，还倾向于据此推论他的其他方面的特性。如果认为一个人好，则样样都好；一个人如果坏，则其他方面的特性也不好。中国有句俗语叫"情人眼里出西施"，就是一种光环效应。光环效应说明，在印象形成中有明显的个人主观推断作用。一般人的经验认为，"A 的特性往往伴有 B 的特性"，因此，看到某人具有 A 的特性，往往推测他必有 B 的特性。这种个人的主观推断在第一印象的形成中起很大作用。初次见面的双方，由于缺乏必要的线索和信息，人们常常根据外部的一些表面特点作为认知的线索，加以逻辑推理。例如，根据皮肤的颜色，身材的高度，穿着打扮来认知其性格。看到一个很胖的人，就推断他是一个"舒舒服服"的人，因为"心宽"才会"体胖"；看到一个人西装革履，文质彬彬，就推测他是个有教养的人。当然，这种主观推断常常会发生认知上的偏差。

二、相貌刻板印象及产生的原因

相貌刻板印象是一种普遍存在的刻板印象。相貌刻板印象是指个体在社会认知中对于相貌吸引力不同的群体简单化和固定的印象。已有大量的心理学研究表明，"身体的外表特征也许是一个人最容易被他人获知的特征，而且它在我们的日常生活中扮演着举足轻重的角色。"前面我们说过第一印象的形成几乎是瞬时的，而且它们几乎都来源于非言语的线索，尤其是身体外貌信息。有研究发现这些信息在形成第一印象时起到的作用是言语信息的四倍。也就是说利用一个人的外表特征直接将其归入某个社会群体类型之中是一条最简单和最方便的途径。

大量的研究和文献已经表明：身体吸引力和外表在人们评价他人时确实有着重要和可预测的作用。这种现象不仅仅发生在我们与生活中遇到的陌生人之间，还会出现在我们与熟识的人之间，包括朋友、家人和同事。维仑·斯瓦米等在《魅力心理学》中对此做了较详细介绍。他们指出：有人在对900多项研究做出元分析之后，发现个体会因为其具有的外表吸引力的程度而受到不同的待遇。相比那些缺乏魅力的人，有魅力的人会得到更多的正性评价，即使评价者是很熟悉他们的人，情况也是如此。"无论你有没有意识到，我们确确实实会对自己认为更漂亮一些的人采取更积极、更热情的态度。"一个人相貌的美丑会影响人们对其个性、社会能力和其他一些特征的推测，心理学家曾做过一项调查，他们向人们出示长得漂亮、一般和丑的照片，要求他们就几项实际上与长相无关的特性，来对相片中的人进行评定，结果如表4-1所示。这一结果表明，相貌漂亮者除了在做父母的能力上比相貌丑者低外，在其他方面都明显强于相貌丑者，而且在婚姻能力和职业地位等方面也高于相貌一般者。人们在认知他人时，会直觉地认为"美的就是好的"。这种效应被称为"身体吸引力效应"或"美貌偏见"。

表4-1 相貌美丑对认知产生的光环效应

刺激人（相片）的相貌特性的评定	相貌丑者	相貌一般者	相貌漂亮者
人格的社会合意性	56.31	62.42	65.39
婚姻能力	0.37	0.71	1.70
职业地位	1.70	2.02	2.25
做父母的能力	3.91	4.55	3.54
社会和职业上的幸福	5.28	6.34	6.37
总的幸福状况	8.83	11.60	11.60
结婚的可能性	1.52	1.82	2.17

注 数值越高，刺激人就越具备表中的特性。

20世纪70年代以来，国外对相貌刻板印象进行了大量的实证研究。研究的主要内容有，相貌刻板印象与对一个人道德水平评价的关系，与社会适应性评价的关系，与社会信任的关系，与能力评价的关系，与罪犯审判和量刑的关系，还有对招聘面试的影响等。有研究发现，与那些普通长相的人相比，外貌更有吸引力的人更容易被认为是正直的人，更少得到缺乏适应性和易遭人讨厌的评价，看起来更快乐、更成功、更友善。人们普遍认为外貌漂亮的人更愿意为他人提供充足的个人空间，更有可能在辩论中取胜，且更值得信任。也就是说外貌吸引力高的人几乎会在每个方面都表现得更好。相貌的刻板印象不仅会出现在成年人身上，同样也会出现在婴儿和儿童身上，漂亮的婴儿会得到更多的赞扬，相貌出众的学生会被老师或其他人认为会有更好的学业成绩等。心理学者兰迪和西格尔让一些男学生评阅了两篇水平不同（好的和差的）的论文，每篇论文都附有一位假定作者的照片——一位漂亮女生和一位普通女生。将论文和照片进行组合，即"好的论文-漂亮女生照片""好的论文-普通女生照片""差的论义-漂亮女生照片"和"差的论文-普通女生照片"。结果发现，附有漂亮女生照片的论文都得到更高等级的评分。研究还发现，在招聘情境下，与那些相貌普通的应聘者相比，相貌出众者更有可能被雇佣，并获得更高的起薪。

相貌偏见发挥重大影响的另一个领域是法庭。国外一些研究发现，在法庭上，漂亮的被告比普通的被告更容易得到宽大处理。当然，这些研究几乎都是在模拟法庭环境下进行的。有研究者发现，不漂亮的被告被模拟陪审团判定有罪的可能性是漂亮被告的 2.5 倍。不仅如此，原告的相貌也会影响判决。当原告相貌出众时，被告被判有罪的概率是原告相貌普通时的 2.7 倍。而且有研究者发现在现实的法庭审理中法官和陪审团也确实会像模拟法庭一样受到相貌的影响，也就是说在法官的眼中，被告长得越漂亮，就越值得"从轻发落"。有些研究还显示，模拟陪审团在被告不怎么漂亮或者原告很漂亮时更容易受到两性吸引的干扰。相貌的影响也与所犯罪行类型有关，特别是当被告"利用"了他或她的相貌优势来犯罪时，吸引力产生的宽容效应就会被大大削弱，如"利用"漂亮的相貌实施诈骗等。

国内学者对相貌刻板印象也开展了一些研究。王瑞乐等对高校教师外貌与学生评教中的刻板印象进行了研究，结果发现，尽管认为教师外貌很重要的学生（45.2%）少于外貌不重要的学生（54.8%），但当问及"你愿意去上哪位老师的课"时，56%的学生选择了外貌吸引力较高的教师，31%的选择了外貌吸引力中等的教师，只有13%的学生选择外貌吸引力较低的教师。可见学生的听课意愿受到教师外貌的影响。学生对三类教师的教学能力预测分数表现出明显差异，外貌吸引力较高的老师能力评分为 4.05 分，吸引力中等的老师评分为 3.98 分，吸引力较低的教师评分为 3.70 分，随着教师外貌吸引力的下降，学生对教师教学能力的预测也呈下降趋势。这或许也是学生选择更愿意听外貌吸引力高的教师上课的原因。在这一研究中，学生最关注的外貌要素依次是：神情、容貌、衣着、形体和姿态[1]。温义媛等对高校女教师面孔吸引力对大学生内隐模仿行为的影响进行了研究，结果表明：大学生对高吸引力面孔的女教师的内隐模仿程度更高，对高吸引力面孔的再认率也更高，而且男大学生比女大学生对高吸引力面孔女教师的内隐模仿程度更高。这一结果说明，人们不仅会根据一个人的相貌形成某种印象，也会模仿那些相貌吸引力高的人的行为，反映出人们更愿意模仿自己喜欢的人，在无意识中也更希望与相貌漂亮的人一样，有更好的特质[2]。

面孔吸引力不仅与刻板印象有关，影响人们的人际偏好和对他人能力的评价，也会对人际信任产生一定的影响。吴素芳对他人面孔吸引力对儿童信任的影响进行了研究，发现，在人际交往的初始阶段，面孔吸引力会影响儿童的初始信任，陌生人的面孔吸引力越大，

---

[1]　王瑞乐，陈国平. 高校教师外貌与学生评教中的刻板印象［J］. 赤峰学院学报（自然科学版），2013，9（29）：220-221.

[2]　温义媛，龚茜等. 高校女教师面孔吸引力对大学生内隐模仿行为的影响［J］. 心理与行为研究，2015，13（4）：528-533.

儿童对其信任水平越高，且女童的信任水平要高于男童；在人际交往的深入阶段，面孔吸引力会影响儿童的同伴信任，同伴的面孔吸引力越大，儿童对其信任水平越高，而且面孔吸引力高的儿童更容易被同伴接纳，从而也更易被同伴信任❶。杨晓犇对面孔吸引力对初始信任判断的影响做了研究，结果发现，被试对高吸引力面孔都表现出更高的信任水平，对低吸引力面孔表现出较低的信任水平，且男女被试对面孔的信任程度不存在显著差异❷。胡雪研究了面孔吸引力对信任与宽恕的影响，结果表明：面孔吸引力高的个体更容易获得他人的信任和宽恕，女性在这一过程中具有性别优势；在新的线索条件加入后，只是减弱了面孔吸引力的影响，并未完全消除其影响作用；面孔刻板效应自动发生并不受个体意识影响；但是这种外貌优势并不一直存在，当个体出现背叛行为时这种外貌优势明显被抑制，而当个体出现合作行为时，即使低面孔吸引力的个体也能够获得较高的信任与合作❸。

相貌刻板印象影响的另一个重要的研究领域是相貌对招聘面试以及录用的影响。国内外的许多研究都表明，在招聘情境下对求职者的胜任岗位的能力和雇佣机会等都会产生影响。李爱梅等对招聘面试中的内隐相貌刻板印象进行了研究，结果表明：相貌吸引力指标对求职者获得面试机会产生显著影响，在 7 个招聘考察指标中，个人仪表与面试意愿有最大的相关，其次是实践经历、所学专业、技能特长、所获奖励以及毕业院校，成绩排名则与面试意愿不显著；回归分析结果也显示个人仪表因素即求职者相貌吸引力对面试意愿的影响程度最高；他们的研究还发现：相貌因素一方面可以直接影响面试意愿；另一方面，求职者的相貌特点，影响了招聘者对其他筛选指标的评价，通过内隐相貌刻板印象，从而间接影响了面试意愿。采用 IAT 联想测验发现：被试更容易将积极的工作人格特征与高相貌吸引力者相联系，而将消极的工作人格特征与低相貌吸引力者相联系。在与工作相关的人格特征方面，存在较明显的相貌刻板印象。并且额外的干扰信息（即使是相反的信息）仍然无法完全抑制这种刻板印象，仅在程度上有所弱化❹。

梁娟对招聘情境下的相貌刻板印象进行了实验研究，结果发现：应聘者相貌水平与简历水平呈显著正相关，即人们倾向于将相貌水平越高的个体与越优秀的简历相匹配；应聘者相貌水平与岗位适合度呈显著正相关，即人们倾向于将相貌水平越高的应聘者与岗位适合度越高相匹配，而且人们在女性化岗位上对相貌吸引力的要求会显著高于男性化岗位，也就是在女性化岗位上，相貌吸引力越高的个体，岗位适合度超高；在女性化岗位中，相貌要求越高的岗位，相貌刻板印象影响越大，而对于男性化性质的岗位，无论岗位本身对相貌要求高低，相貌刻板印象都不显著❺。

赖世祥对群体条件下招聘情境中的相貌刻板印象的研究结果显示：在招聘情境下相貌吸引力高的人在评估表匹配上，往往得到更高的分数，在岗位适合度匹配上，也会占更大

❶ 吴素芳. 他人面孔吸引力对儿童信任的影响：同伴接纳的中介影响 [D]. 杭州：浙江师范大学，2015：27-32.

❷ 杨晓犇. 面孔吸引力对初始信任判断的影响 [D]. 长沙：湖南师范大学，2016：35-36.

❸ 胡雪. 面孔吸引力对信任与宽恕的影响 [D]. 长沙：湖南师范大学，2016：36-42.

❹ 李爱梅，凌文辁，李连雨. 招聘面试中的内隐相貌刻板印象研究 [J]. 心理科学，2008，32（4）：970-973.

❺ 梁娟. 招聘情境下的相貌刻板印象研究 [J]. 东南大学学报（哲学社会科学版），2014，(4)：46-48.

的优势，相貌吸引力高的人更有可能在招聘中被录取。相貌刻板印象不仅在个人身上有所体现，即使是在群体讨论的条件下依然存在；女性化岗位的相貌吸引力优势高于男性化岗位的相貌吸引力优势，而且在个人招聘情境下和群体讨论情境下皆显著存在❶。祝莉斯研究了群体条件下晋升与解聘情境中的相貌刻板印象，发现：无论是在晋升还是解聘条件下，相貌吸引力与能力评估和岗位适合度均无显著相关。这一结果与招聘情境下的完全不同，原因是相貌刻板印象的首因效应较大，在缺乏其他有效线索的情况下，对初次见面的陌生应聘者，招聘者的相貌图式可能起了主要作用；而在晋升或解聘情境下，当事人通常是评价者或决定者所熟悉的人或者有更多的其他线索可以参考，如当事人的实际能力、业绩表现、人际关系等都要比相貌更为重要❷。

国外的许多研究也发现，在求职面试情境中（尤其是前几分钟），面试官往往受到求职者外观极大的影响。对外观的正面判断，通常会联系到其他未必合理的正面推论上。也就是说面试官产生了光环效应：如果某个人被评定为具有吸引力，那么他也会被评估为具有其他正面的特质（譬如很有能力），并且因而成为适合这个职位的最佳人选。一项研究分析了某家公司中，假想的初级女经理所具备的吸引力与服装得体对竞聘的影响。结果发现，外在吸引力和服装的得体都变成了某种资产，而且外在吸引力的影响大于服装的得体程度。不具吸引力的个体可以借助适当的服装，将被任用的可能性从68%提高到76%；但是有吸引力的女性，却可以从82%提高到100%。女性评分者尤其刁难不具吸引力的申请者，因此只有58%的评分者指出愿意雇用她。相反，80%的男性则给出了肯定的答案。不过，也有研究者指出，对女性来说，美貌虽然是一种优势，但它有时也会成为求职的障碍。有研究就发现，尽管漂亮女性在寻求非管理职位时会受到相当的优待，可是当她们试图获得管理职位时，其外表反而会让她们处于不利的地位。在职场或其他场合当一个人出了错时，相貌还会影响人们的归因。在犯错的情况下，人们对相貌漂亮的人更倾向于做内部归因，即更倾向于是他或她自身不努力或不谨慎的结果；而一位相貌普通的人犯了同样的错误，则更可能做外部归因，即认为他或她是由于运气不好犯的错。当一个做出成绩或表现出色时，则可能出现相反的归因倾向。

大多数相貌刻板印象研究都是基于面孔吸引力进行的，崔馨淇则探讨了体形刻板印象及对招聘决策的影响，结果显示，在胖、中等、瘦三种体形中，在评价与工作相关的个人特质时，人们对中等体形的人的内隐刻板印象更积极。与中等体形的人比，人们倾向于将胖和瘦的人与消极工作相关的个人特质相联系；胖人与瘦人比较没有显示出明显的刻板印象。但在招聘情境模拟实验中，在对外交流性高的销售职位上，面试决策中，雇佣决策并未明显受应聘者体形的影响❸。

相貌刻板印象除了影响招聘决策外，对员工工作的评价也会产生影响，尤其是在服务行业，如餐饮、航空、银行、酒店宾馆、商场等，顾客对服务人员服务质量的感知会受到

❶ 赖世祥. 群体条件下招聘情境中的相貌刻板印象研究［J］. 太原师范学院学报（自然科学版），2014，13（4）：76-79.

❷ 祝莉斯. 群体条件下晋升与解聘情境中的相貌刻板印象研究［J］. 张家口：张家口职业技术学院学报，2014，4（27）：56-59.

❸ 崔馨淇. 体形内隐刻板印象及体形对招聘决策的影响研究［D］. 西安：陕西师范大学，2014：36-40.

外表的影响。在服务人员与顾客的接触中，服务人员的相貌和穿着打扮等身体特征是顾客最易观察的属性。从服务场景理论来分析，服务人员及其外表特征是服务场景的一种正面属性，因而会导致顾客正面的情绪/情感反应。黎建新等的研究表明，在人际服务中，服务人员的外表吸引力能导致顾客接触满意，衣着整洁的服务人员能给顾客带来愉悦的心情。服务人员穿着的适当性会影响顾客对服务质量的预期，服务人员的外表吸引力对顾客感知服务结果具有积极影响。黎建新等进一步对服务人员外表吸引力对顾客感知服务质量的影响及作用机制进行了研究，他将外表吸引力定义为：服务人员被顾客感知到的拥有令人愉快和动人身体外表的程度。结果表明，服务人员的外表吸引力越强，顾客对其喜爱程度就越高，越倾向于认为其专业程度更高、更值得信赖，并有更高的服务质量；服务人员的外表吸引力不仅直接影响顾客对服务的感知质量，也通过喜爱度、可信度和专业性间接影响服务感知质量❶。

对漂亮的人来说，也不都是正性的刻板印象，有时也会有负面的印象，如相貌漂亮的人也会让别人觉得虚荣、娇气、自负和以自我为中心等，这称为"美貌的黑暗面"或"美的自我中心偏差"。但总体上来说，大量的研究更支持"美的就是好的"这种相貌刻板印象。

相貌刻板印象是如何产生的呢？有三个可能原因，首先，儿童时期受成人相貌刻板印象和针对儿童的媒体的影响。有研究表明，具有相貌刻板印象的父母在生活中会有意无意地通过语言或行为表现相貌刻板印象，儿童可能会模仿学习父母的相貌刻板印象。在父母的潜移默化的影响下，儿童的相貌刻板印象社会化了。针对儿童的媒体和文学作品中，温柔、善良、正直等都与漂亮的外表有关，即使卡通片也如此，而阴险、狡猾、残忍等都与丑陋的外表有关。儿童从小耳濡目染就形成了相貌偏见。其次，受"美的即是好的，好的也是美的"这种固有观念的影响。这种观念通过大众传播媒体（影视剧、电影和广告等）广泛传播，电视剧和电影中的很多人物（好人或坏人）都被脸谱化了，正面人物通常仪表不凡或相貌漂亮，而反面人物则猥琐丑陋或其貌不扬。这在无形中强化了人们的相貌刻板印象。再次，相貌吸引力高的人由于从小或经常受到正面的激励或有更多机会展示自我，培养出了更强的自我概念和自信心，也具有更强的社交亲和力，因而也更受他人欢迎。而相貌平平或丑的人，从小不引人注意甚至轻蔑，自我展示的机会少，因而缺乏自信心，容易给人造成负面印象。最后，相貌漂亮可以带给观察者愉悦和快乐的体验，从而使人们更容易将其与其他正面的特质相联系。

三、服装刻板印象

上面我们介绍了相貌对刻板印象形成的影响及其原因，其中已涉及服装服饰的影响。服装服饰作为外观的重要组成部分，正如开篇案例中哈佛校长和校长助理对待斯坦福夫妇那样，由于服装服饰刻板印象的存在，而冷淡了斯坦福夫妇。关于服装服饰刻板印象的研究，在第二节仍会结合相关研究进一步讨论。在此，介绍近年来国内外的几个研究，以认

❶ 黎建新，唐婧媚，何昊，等. 服务人员外表吸引力对顾客感知服务质量的影响及作用机制 [J]. 长沙理工大学学报（社会科学版），2016，31（2）：100-107.

识服装服饰刻板印象的一些特点。

关于女性服装美感的外显、内隐刻板印象特点，王会会进行了实证研究，结果表明，不同服装类型所体现的服装美感特征以及不同性别被试对服装美感的刻板印象存在差异，越是女性化的服装，越应该具有优雅、淑女、温柔、浪漫、性感、可爱、精致的美感特征；越是男性化的服装，越应该具有大方、简洁、修身、随意、干练、运动、帅气的美感特征。男性和女性对女性服装美感的刻板印象在大方、知性、清新、修身、浪漫、性感、可爱7个方面存在显著差异，男性认为女性着装应该更浪漫、性感、清新和可爱，而女性认为女性着装应该更大方、知性和修身。在外显层面上，不管是男生还是女生，都倾向于认为女生更应该穿女性化的服装。内隐实验结果表明，女性服装美感刻板印象存在显著的内隐效应，人们已经基本上认同并接受穿着女性化的女性具有更多的女性特质，穿着男性化的女性具有更多男性特质。女性服装美感刻板印象的外显效应和内隐效应之间不存在显著相关，当服装性别倾向差异不明显时，刻板印象的内隐效应明显减弱，但不会消失，且女生的内隐效应的强度要显著高于男生❶。

在服装消费过程中，有些消费者注重品牌，对品牌有着较强烈的偏好。那么，人们对服装品牌偏好者是否存某些刻板印象呢？针对这一问题，赵娟娟分别采用自编的《服装品牌偏好刻板印象语义差异量表》和内隐联想测验（IAT）两种方法探讨了大学生对服装品牌偏好者的外显和内隐刻板印象，结果发现：①服装品牌偏好刻板印象由"能力——时尚""个性——自信""认真——专一""理性——稳重"四个因子组成；②大学生对（有或无）服装品牌偏好者存在显著的外显刻板印象，且均为积极的刻板印象；③在"个性——自信"维度上，大学生倾向于对无服装品牌偏好的人做出更积极的评价，在"认真——专一"维度上，被试倾向于对有服装品牌偏好的人做出更积极的评价。男女大学生对有服装品牌偏好者的外显刻板印象存在显著的差异，女生被试更倾向于给予有服装品牌偏好的人以更积极肯定的评价；④有服装品牌偏好者被认为更专一、认真、时尚、有知识、成功等，并偏向于拜金、无趣和保守；无服装品牌偏好者被认为更追求自我、率真、淡泊、独立、自信、革新等，并有一点善变和散漫；⑤被试自身是否有服装品牌偏好对服装品牌偏好者的外显评价也存在显著的差异：有服装品牌偏好的被试对有服装品牌偏好的人的印象更好；无服装品牌偏好的被试是倾向于对无服装品牌偏好人群的刻板印象更积极肯定；⑥大学生对服装品牌偏好者存在显著的内隐刻板印象，对有服装品牌偏好的人持积极肯定的内隐刻板印象，对无服装品牌偏好的人持消极否定的刻板印象。这一研究发现服装品牌偏好者的外显刻板印象和内隐刻板印象出现了分离。内隐刻板印象实验中被试对于有服装品牌偏好者做出积极的内隐刻板印象可能是因为被试对于有服装品牌偏好这类人在能力、身份、地位等方面的肯定，而且这类人可能是大学生以后想努力成为的，所以大学生会对这类人群有一个较为积极的内隐印象。而对于无服装品牌偏好的人，往往没有固定的穿衣风格，很难让人用固定的印象去描绘，此外这类人在经济以及能力上往往处于弱势，所以被试对这类群体会出现一些消极的印象❷。

❶ 王会会. 女性服装美感刻板印象研究——外显与内隐［D］. 重庆：西南大学，2013：57-60.
❷ 赵娟娟. 大学生对服装品牌偏好者社会刻板印象的研究［D］. 北京：北京服装学院，2015：88-89.

一个有趣的研究视角是关于运动队服颜色对运动表现影响的研究，其中一种解释就与颜色的刻板印象有关。洪晓彬等对此进行了综述。其中介绍了红色队服、蓝色队服和黑色队服的比赛效应。2005 年，《Nature》杂志上刊登了一篇关于红色队服对运动成绩影响的文章。说明这项研究具有重大的理论意义与实践启示。研究者对 2004 年雅典奥运会中拳击、跆拳道、古典式摔跤和自由式摔跤运动员队服颜色的比赛胜率进行分析后发现，在这 4 个项目中，身穿红色队服运动员的胜率显著高于身穿蓝色队服运动员。而且只有竞赛双方实力相当时，红色队服优势才明显。对足球比赛的一些研究也发现，红色队服的优势效应。虽然对蓝色队服的研究发现穿蓝色队服运动员的胜率显著高于穿白色队服的运动员，但其效应与红色队服效应比还存在争议。而以美式足球和冰球的比赛对象，对黑色队服的研究则发现，穿黑色队服的运动队被判罚的犯规次数最多，而且穿其他颜色队服改为黑色队服后判罚次数明显增多。如何解释队服颜色效应的机制呢？有四种主要的观点：生物进化论的观点、视觉清晰度的观点、刻板印象的观点和色植模型—内隐态视角。其中，刻板印象观点侧重于对裁判员的分析。因为裁判员是赛场上的唯一有判罚权的观察者，他的判断有可能受到颜色刻板印象的影响。为了验证这一点，有人设计了一个很巧妙的实验，实验材料为男子跆拳道比赛视频，被试为专家级裁判。在每个视频片段中，双方队员分别穿戴红色与蓝色护套，研究者利用技术将一半视频片段中的双方队员的护套颜色进行了对调。裁判对每个视频中双方运动员进行评分。结果表明：穿戴红色护套的运动员比穿戴蓝色护套的运动员得到了更高的分数；更为重要的是穿戴蓝色护套的运动员在改为红色护套后其得分显著提高，而原本穿戴红色护套的运动员在改为穿戴蓝色护套后其得分显著下降。研究者认为所谓红色效应是通过影响裁判员的判罚从而对运动成绩产生影响。显然，裁判员对身穿红色队服的运动员具有刻板印象，即身穿红色队服的运动员更具有攻击性与统治地位❶。

第三节　服装在印象形成中的作用

一个人的外观，包括衣着服饰，提供了对人认知的某种线索。人们常常通过一个人的衣着服饰来判断他的个性、社会地位和角色、经济状况等，从而形成某种印象，并在此基础上决定相互交往的方式。

一、服装和对人认知

在日常生活中，人的具体形象是通过服装才完整地呈现在众人眼前的。我们在社会中生活，每天都要从事各种活动，如生产劳动、工作学习、娱乐体育及社会交往等，所有这一切活动，都是在着装状态下进行的，有的场合，还要加以修饰打扮一番。一个人从远处走来，首先进入我们视线的，是他的服装色彩与轮廓，接着才是他的面貌。英国社会学者喀莱尔说过："所有的聪明人，总是先看人的服装……然后再通过服装看到人的内心"。美国一位研究服装史的学者说："一个人在穿衣服和装扮自己时，就像在填一张调查表，写上

---

❶　洪晓彬等. 运动队服颜色研究［J］. 体育文化导刊，2014，12：193-196.

了自己的性别、年龄、民族、宗教信仰、职业、社会地位、经济条件、婚姻状况、为人是否忠诚可靠，他在家中的地位以及心理状况等"。由此看来，服装穿着有时可以表现出一个人各方面的情况。有人曾做过一个有趣的试验，他向30多个十岁左右的儿童提了个问题："如果给你魔法，叫你去创造一个世界上最美的姑娘，你将把她变成什么样子呢？"结果在儿童们的答案中，有不少是从服装上着眼的，如"穿着漂亮的衣服""戴着美丽的戒指""给她买漂亮的运动衣"等。由此可知："由于人体外观的服饰显得如此重要，因此，我们会得出这样的印象，即儿童认为一个美丽与否，是根据这个人的服装，而不是根据人们天生的外表。"这也证明，人们自幼便学会根据服装去评价人。人们之所以追求服装美，也是因为，服装在人际交往和印象形成中有着这样重要的地位和所起的特殊作用。

应该指出的是，由于刻板印象的作用，人们对衣着服饰也常常带有偏见。而实际社会生活中，仅凭衣着服饰来判断一个人有时很不可靠。心理学的研究表明，服装对印象形成的影响对初次见面的人特别重要，随着人们交往的深入，服装的作用渐渐减弱。并且，第一印象的形成，也是一个人相貌、身材、服装、表情、言谈举止等复合作用的结果。

服装在对人认知和印象形成中的作用是日本服装心理学工作者20世纪80年代重点研究的课题之一。其中研究最集中的课题是服装与对人个性认知的关系，即以所谓服装内隐的人格理论为基础的实证研究，下面将着重介绍这方面的主要研究成果。除此之外，服装形象与印象形成关系也是研究较多的课题。小林茂雄采用10种典型的女性外出服（图4-1），进行了印象形成的实验研究。研究重点是测量各样式服装与职业及TPO（穿着时间、地点和场合）印象形成的关系。实验要求被试采用15对形容词对各样式服装进行描述性评价，并指出各服装适合的职业和穿着场合。对服装形象的评价得到三个因子，即异性度因子（男性化的——女性化的）、个性因子（平凡的——个性的）、成熟因子（成人的——年轻的）。10种样式的服装在第一和第二因子上的分布如图4-2所示。进一步考察因子分析结果与职业和穿着场合的关系发现，异性度形象与职业和穿着场合关系最为密切，例如被试认为C款服装为女性化的，并适合访问时穿着，但职业特征不明显；对I款服装的印象则有明显的职业特点，与教师、公司职员关系最密切，并适合在访问或听音乐会时穿着。

图4-1　10种女性外出服

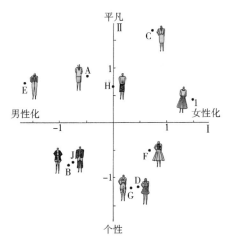

图 4-2　服装在异性度和个性因子上的分布图

关于服装特征和印象形成的关系，永野等进行了实验研究，他们向男大学生出示女大学生的全身照片，请被试者从照片人物的服装特征推测着装者的个性，结果得到三个因子，即个人的亲和性因子、活动性因子和社会期望（符合社会规范）因子。考察影响印象形成的三个因子与服装的关系，发现对三个因子最起作用的线索为"上衣的型（款式）"和"上衣的颜色"，进一步研究证明，"个人亲和性"印象的形成除上述两个因素外，"上衣的花型图案"也有一定影响；"活动性"印象则受"下装的型（款式）"影响，即西裤、牛仔裤、超短裙等对活动性印象形成有影响；"社会期望（符合社会规范）"印象维度与裙子的长短、是否穿长筒袜等下半身服装的特征有相当大的关系，这表明服装社会刻板印象模式在评价中起着影响作用。

前面曾介绍第一印象在人际交往中的重要性，在第一印象形成过程中，最先注意到的信息对印象形成影响最大，即所为"先入为主"，这一现象在社会心理学中称为首应效应。首应效应虽然重要，但并不是不可改变。随着人们交往的深入，新的信息出现，或某一信息的反复呈现，会影响或改变先前形成的印象，这在社会心理学中称为"曝光效应"。长田等对服装好感度的单纯接触效果的研究证实，当多次向被试呈现同一刺激物（服装模特），可提高被试的好感度，与一次或 10 次呈现相比，在呈现 20 次的条件下，"易于亲近——不易亲近""喜欢——讨厌"两个维度的好感度提高，但"感觉好——感觉差"维度的好感度没有变化❶。

二、内隐人格理论和服装

在与他人交往时，尽管我们试图尽可能多地了解对方的情况，但大多数场合我们得到的只是关于他人的一些支离破碎的信息。即使这样，我们仍可据此对他人形成一个较为完整的印象。这是因为我们由过去的经验及受社会文化影响而形成的关于人的"类型化图式"在起作用。当我们得知一个人具有 A 这样的特性，便会推测他具有 B 这样的特性，这就是

❶ 長田美穂，ほか. 服装の好感度に対する単純接触の効果［J］. 繊維機械学会誌，1992，45（11）.

所谓内隐人格理论，也称为内隐个性理论。内隐人格理论由我们关于哪些类型的人格特质会组合在一起的观点所组成，也就是我们会运用少数已知的特征来判断他人具有哪些特点。这种类型化的对人认知方式使我们比较容易地作出判断，并且形成前后一致的整体印象。内隐人格理论可以用来解释印象形成中服装的作用。

由于日常生活的人际交往都是在着装状态下进行的。所以，由一个人的外表推断他的内在人格特征时离不开服装的影响。也就是说我们会将某种穿着风格和某种人格特质联系起来。在我们看来，一个人的外表特征，包括相貌、声音、服装体型等与个性特征之间也有着一定关系。一个衣着整洁，注意修饰的人，在别人看来可能是"严谨的""认真的"。藤原康晴对服装和内隐人格间的关系进行了实证研究。研究的问题是，具有某种人格特征的人会穿着怎样的服装呢？相反，穿着某种服装的人被认为有怎样的人格呢？他采用外向的、自信的、阳刚的、知识的等22种描述人格的形容词和16对描述服装特征的词语，分别向被试逐一提示。请被试者联想与某些人格特征有关的服装特征，或从某一服装特征联想与此有关的人格特征。结果，对阳刚人格的人联想到的服装特征为暖色系的、明快而大胆的、华丽的服装；对阴柔人格的人联想到的服装特征为寒色系的、阴郁而谨慎的、简朴的服装。从服装特征联想到的人格特征为：穿着大胆的人具有上进的、外向的、自信的、活泼的人格特征；相反，穿着谨慎的人被认为具有保守的、内向的、不自信的、老实的人格特征。关于人格特征和服装特征之间内隐的关联性，如表4-2所示。表中各组所示的人格特征和服装特征的关联性，从实证的角度验证了日常生活中关于服装和人格关系的某些假设。

表 4-2　服装特征和性格特征的相互关系

组　别	服　装　特　征	性　格　特　征
第 1 组	正统的，不拘泥品牌的，简朴的	易亲近的，感觉迟钝的，不自信的
第 2 组	平凡的，碎花图案的，中间色的，花样的，谨慎的	保守的，内向的，老实的
第 3 组	冷色系的，朴素的，单色的，暗色的	知识的，冷静的，认真的，阴郁的
第 4 组	女性化的，拘谨的，式样漂亮的，紧身的	服从的
第 5 组	粗犷的，轻便的，外观宽松的	阳刚的
第 6 组	暖色系的，花纹的，装饰的，明色调的	感情，无知识的
第 7 组	男性化的，条纹花色的，大花型的	支配的，活泼的，不认真的
第 8 组	原色的，个性的，大胆的，华丽的，流行的，品牌指向强的	敏感的，上进的，外向的，自信的，难亲近的

服装特征与个性特征间存在怎样的隐含关系呢？神山进等采用与藤原大致相同的方法，进行了一系列的实证研究。在对女装和女性被试的研究中发现，从个性联想到的显著的服装特征是"奇异性"，即背离社会规范的程度，而从服装特征联想到的显著的个性特征是"顾虑性"。以同样的女装为对象，男性被试的结果，从服装特征推测的个性特征是"亲和性（易于亲近）性"。由此，可以认为服装在同性间主要是"人际关系的形成和维持"，而在异性间主要是"善意感情（人际吸引）"的形成。

和服装同样，相貌、身体体形和个性特征之间也存在某种隐含的关系。有人研究证实：

由个性特征联想到的显著的相貌特征是"纤巧""线条的锐利度""眼睛的大小"，而从相貌推测的显著的个性特征是"亲和性"。神山等对女性身体特征和个性间的隐含关系进行了研究，结果，由个性联想到的显著的身体特征是"胖瘦"和"匀称"，而从身体特征联想到的显著的个性特征是"亲和性"。即相貌和身体特征与同样的性格，即人的核心性格（热情或冷淡有关的性格）相关联。

上面的研究分别从服装、相貌、身体等单个的因素出发考察了与个性之间的隐含关系。实际上，在对人认知时这些因素是综合起作用的，也就是说人们是通过服装、相貌、身体等综合的容姿特征形成关于他人个性特征的信念体系的。

关于服装、相貌、身体等综合的容姿特征和个性特征间的隐含关系，神山进等进行了实证研究。如表 4-3 和表 4-4 所示分别为男女被试对女性容姿和个性特征间关系的研究结果。这一研究得出如下主要结论：①由个性联想到的显著的容姿特征是"服装的奇异性、新奇性"和"身体和相貌的胖瘦、大小"。②由容姿联想到的显著的个性特征是"亲和性"。③男性在评价女性容姿魅力性时强调"容姿的圆润和开朗"，而女性更重视"身体和相貌的严整、匀称"。④关于服装和相貌、身体的组合，至少可确认 3 个认知上的整合，第一，"轻便的服装、明色调的服装、暖色系的服装"和"圆润的体型、粗眉、圆眼、鼓鼓的脸颊、大眼"的整合；第二，"讲究的服装、暗色调的服装、寒色系的服装"和"扁平的体型、有棱角的体型、眯缝眼、消瘦的脸颊、小眼"的整合；第三，"都市风格的服装、高价的服装、流行的服装、名牌服装"和"高高的个子、长腿、匀称的体型"整合。

表 4-3　容姿特征和个性特征的关系（男性被试者）

组别	容姿特征	个性特征
第 1 组	乡村风格的服装，低价的服装，正统的服装，品牌不知名的服装，普通的服装，个子矮的，腿短的，体型松弛的，胖的，耷拉眼，八字眉，睫毛短的	慢性子
第 2 组	轻便的服装，明色调的服装，暖色系的服装，臀围大的，胸围大的，厚实的体型，圆润的体型，圆脸，浓眉，圆眼，双颊鼓起的，大眼，有魅力的	心宽的，易亲近的，热情的
第 3 组	领口闭合的，开衩浅的服装，用色少的服装，露出少的服装，淡妆的，臀围小的，胸围小的，肤色白的，溜肩膀，体型窄的，身材矮小，细眉毛	消极的，内向的
第 4 组	指甲淡的，未染发的，身材匀称的，小骨架的，胳膊细的，瘦的，牙齿整齐的，嘴小的，薄唇，嘴角紧闭的，鼻孔小的，脸小的	有区别的，感觉好的，有责任感的，知识的
第 5 组	指甲深的，染过发的，浓妆的，身材不匀称的，骨架大的，耸肩的，体型宽的，胳膊粗的，牙齿不整齐的，厚嘴唇，口角松弛的，鼻孔大的，脸大的，缺乏魅力的	无责任感的，难亲近的，无知识的，感觉差的
第 6 组	领口开的，开叉深的服装，用色多的服装，露出多的服装，奇异的服装，肤色黑的，身材高大，嘴大的	积极的，外向的，无区别的
第 7 组	式样漂亮的服装，暗色调的服装，黑色系的服装，扁平的体型，有棱角的体型，吊眼角，倒八字眉，眯缝眼，双颊消瘦的，眼睛小的	心地狭小的，不热情的，急性子
第 8 组	都市风格的服装，高价的服装，流行的服装，名牌服装，高个子，长腿，匀称的体型，长脸，长睫毛	—

表 4-4　容姿特征和个性特征的关系（女性被试者）

组别	容　姿　特　征	个性特征
第 1 组	指甲淡的，未染发的，领口闭合的，开衩浅的服装，用色少的服装，露出少的服装，化妆淡的，普通的服装，肤色白的，八字眉	有区别的，感觉好的
第 2 组	乡村风格的服装，廉价的服装，正统的服装，品牌不知名的服装，身材矮的，腿短的，松弛的体型，不匀称的体型，溜肩，耷拉眼，短睫毛	慢性子，消极的，内向的
第 3 组	轻便的服装，明色调的服装，暖色系的服装，身材高大，圆润的体型，牙齿整齐，浓眉毛，圆眼，双颊鼓起的，长睫毛，大眼，有魅力的	心宽的，有责任感的，易亲近的，热情的
第 4 组	臀围大的，胸围大的，肤色黑的，骨架大的，宽厚的体型，胳膊粗的，胖的，嘴大的，圆脸，厚嘴唇，口角松弛，鼻孔大的，大脸	无知识的
第 5 组	臀围小的，胸围小的，骨架小的，体型窄的，胳膊细的，瘦的，嘴小的，长脸，薄嘴唇，口角紧闭，鼻孔小，小脸	知识的
第 6 组	式样漂亮的服装，暗色调的服装，寒色系的服装，扁平的体型，有棱角的体型，牙齿不齐整，细眉毛，眯缝眼，双颊消瘦，小眼，无魅力的	心胸狭窄的
第 7 组	都市风格的服装，高价的服装，流行的服装，名牌服装，高个子，长腿，体型匀整，耸肩	积极的，外向的
第 8 组	指甲浓的，染过发的，领口开的，开衩深的服装，用色多的服装，露出多的服装，浓妆，奇异的服装，吊眼，倒八字眉	无责任感的，难亲近的，不热情的，无区别的，感觉差的，急性子

20 世纪 90 年代，国内就有学者注意到人格特征与服装服饰刻板印象间的关系，开展了相关研究。如刘春等采用服装服饰偏好语义区分量表（神山进等编制）对与女性人格特征相关联的服装服饰刻板印象进行了实验研究。实验对象为 107 名男女大学生，针对给定的刺激人物的四种不同人格特征，在服装服饰量表上做出印象判断。刺激人物的人格特征分为两组，一组为"外向"与"内向"，分别用"外向、热情、乐意与人交往"和"沉默、孤独、冷淡"表示；另一组为"聪明"与"迟钝"，分别用"聪明、富有才识、善于抽象思考"和"思想迟钝、学识浅薄、抽象思考能力弱"表示。被试者分为两组，分别向他们提示两组刺激人物（女性）的人格特征，并要求在服装服饰量表上对不同人格的服装服饰做出判断。研究结果发现：①在总共 40 个服装服饰印象评价项目上，有 34 个项目与"外向"和"内向"的人格特征有明显关系，有 25 个项目与"聪明"和"迟钝"有明显关系，即被试者可从人物的人格特征形成明显不同的服装服饰印象。②外向性格女性的服装服饰印象与暖色系的、暴露肌肤多的、设计对比强的、流行的穿着和化妆浓的装扮等项目关系密切，而内向性格正好相反。③具有"聪明"特征的女性与流行的、城市风格的、奇特的、男子气的、高价的、干净整齐的穿着及前发低垂的、短发、淡妆的打扮关系密切，而"迟钝"的女性正相反。④"外向"和"内向"的女性刻板印象与象征社会地位的项目，如名牌与非名牌、高价与便宜、戴不戴戒指等无明显关系，而这些项目大多与"聪明"和"迟钝"的印象形成有关。⑤"聪明"和"迟钝"的人格特征与表现服装性感符号的项目，如强调胸部、肌肤暴露的多少、服装开叉的深浅等无关，而"外向"和"内向"与此印象有关。⑥"聪明"和"迟钝"的人格特征与可见的服饰线索，特别是服饰色彩有较少联系，

而"外向"和"内向"的人格特征与色彩项目全部相关。说明具有强烈视觉效果的服装色彩与较具体的人格特征关系密切，而与较抽象的认知方面的人格特征关系较弱。⑦男女大学生对女性人格的服装服饰刻板印象存在一定差异，女大学生对女性人格特点相关联的服装服饰选择中，反映出比男大学生较为极端化的刻板印象❶。

对不同服装的个性印象形成，哈米德（P. N. Hamid）所做的实验有一定的启发性。实验评定者是大学心理系的 52 名男女学生。被评定者是身高、体重等相似的，与评定者初次见面的 4 名女学生。4 名女学生的打扮分别为"化妆——戴眼镜""化妆——不戴眼镜""不化妆——戴眼镜""不化妆——不戴眼镜"，并都穿着相同的、流行的紧身衣，衣服的下摆线统一在膝盖以上 18 英寸。她们分别作为实验者的助手参加心理学课程的教学。课后由学生对她们的个性进行评定。

实验结果表明：①总的说来，女性评定者对 4 名被评定者观察要细致，其中，女性对不化妆——戴眼镜，化妆——不戴眼镜的被评定者，男性对不化妆——戴眼镜的被评定者的观察更细致；②男女评定者都对不化妆——戴眼镜的女性衣服的摆线比实际评定的长，男性评定者对化妆——不戴眼镜的女性衣服的摆线比实际评定的要短；③关于不同装束打扮的个性印象，男性比女性的评定倾向要极端；④对不同装束打扮的个性特点的评定，以"化妆——戴眼镜""不化妆——不戴眼镜"的被评定者为例。男性对前者的评定为：艺术的、知识的、自信的、成熟的、感觉灵敏的、非质朴的、无宗教心的、非伤感的、不认真的、非羞怯的；女性的评定为：知识的、感觉灵敏的、冷漠的、自高自大的、无宗教心的。对后者，男女的评定均为：保守的，无个性的；⑤对个性特点的评定受穿着者衣着打扮的显著影响，其作用至少对初次见面的双方是很大的。

法因贝格（Feinberg）等（1992）对不同牛仔服品牌标签传递的个性信息进行了研究，结果如表 4-5 所示。

表 4-5　五个牛仔裤品牌标签（裤子后贴袋上）传递的人格信息（美国的一个实验结果）

	品牌名称	人格特征
	Calvin Klein	精力旺盛的、使人感到有兴趣的、有自信的、有自制力的、成熟的、知识的
	Gloria Vanderbilt	乐观的、形式的、紧张的、感情的、有教养的、自尊心强的、抑制的、清洁的、弱的
	Levi's	有冒险心的、理性的、个人主义的、宽松的、温暖的、亲切的、有能力的、言行一致的、强的、开放的
	Jordache	艺术的、重视直感的、遵从者的、冷的、不亲切的、奢侈的、任性的、不成熟的、理想主义的、虚假的、封闭的
	无品牌名，仅有后袋	懒散的、温和的、厌世的、稳重的、不拘形式的、自我批判的、不艺术的、理性的、无感情的、教养低的、现实的、单纯的、谨慎的、诚实的、不清洁的

---

❶ 刘春，赵平. 女性人格特征的服装服饰刻板印象研究 [J]. 心理科学，1998，21（1）：17-20.

服装在个性印象形成中的作用，美国服装心理学者的主要研究结果有：①服装对个性认知的影响与内向、外向型性格以及社交性印象（社交的——非社交的，温和的——冷漠的等）形成有关；②服装对社会适应性的印象，特别是"顾虑性"的印象形成有影响；③服装对特定问题的解决能力，如工作的熟练度，工作的完成能力，艺术的才能、学业成绩等的印象形成有一定作用，关于学业成绩与服装及外观印象形成的研究如表4-6所示；④服装的各种特征通常相互关联综合地促进对个性的认识；⑤以服装为线索的个性认知是和以其他外观因素（相貌、体型等）为线索的个性认知结合形成的。

表4-6　服装对学生学业成绩的知觉的影响（贝林 Behling 和威廉姆斯 Williams）

被评价者的服装样式	被评价者（高中生）的性别			
	女性		男性	
	均值	标准差	均值	标准差
Dressy 学生 教师	8.619 8.308	1.431 1.350	9.067 8.767	1.495 1.342
Artsy 学生 教师	8.600 7.824	1.430 1.469	7.476 7.302	1.640 1.474
Casual 学生 教师	6.772 7.597	1.437 1.346	7.223 7.950	1.615 1.422
Hood 学生 教师	4.064 4.616	1.343 1.349	4.555 5.126	1.644 1.487

说明：学生样本750人，教师样本159人，得分越高被认为学业成绩越好。

女性和男性被评价者（高中生）的着装：

第1组：Dressy Look——稳重的、正式的服装

女性：格子纹的套装、Tubular Top、黑色调的袜子、有跟的鞋。

男性：黑色调的套装、白衬衫、黑色调的领带、西装鞋。

第2组：Artsy Look——艺术感的服装

女性：男性化外衣、普通衬衫、领带、裤子、低跟鞋。

男性：宽松的夹克、彩色的针织衬衫（无领、无扣）、肥大的裤子、船型鞋。

第3组：Casual Look—— 非正式的、休闲的服装

女性：Lee 或 Levi's 的牛仔裤、不深不浅的毛衫、毛衫内穿宽松罩衫、鹿皮软鞋。

男性：Lee 或 Levi's 的牛仔裤、长袖衬衫（袖子向上挽起）、Nike 的网球鞋。

第4组：Hood Look——不良外观的服装

女性：有破洞的褪色的蓝色牛仔裤、T恤衫、网球鞋（结扣开着）。

男性：褪色的蓝色牛仔裤、T恤衫、网球鞋（结扣开着）。

三、服装对人认知的特点

以服装为线索的对人认知有以下几个特点：

（一）类型化

我们以服装为线索对他人做出判断时，依据服装传递的各种信息进行推论和类推，并把一些暂时的特征当作稳定不变的特征，或把它固定化，或参照与自己有重要关系的其他人的经验加以解释，使我们对他人的认知尽可能单纯化、规律化、符号化，为我们在认知他人时做出"归类"提供了线索。

（二）整体性

以服装为线索的对人认知服从"格式塔法则"，强调服装服饰的整体搭配在对人认知中的重要性。我们通过外表判断一个人的个性时，由衣服的款式、发型、化妆、服饰配件等形成的个别印象确实有优劣和强弱之分，但我们对其评价时则将他看作一个整体。当服装或服饰的个别部分破坏了整体的协调时，我们感到的不是"高雅"而可能是"俗气"。

（三）一致性

当我们对人、事物、环境做出判断时，具有追求一贯的、前后一致的倾向。如果认知要素之间出现了矛盾或不协调时，我们将会设法剔除造成矛盾或不协调的因素，以达到自我心理防卫的目的。如衣衫不整的面试者（服装和状况不协调）或身穿高级西服而脚穿便鞋的人（服装要素间的不协调），通常给我们造成较差的第一印象。

（四）主体性

以服装为线索的对人认知受认知者个人特性的影响，关于分别穿着"保守的""大胆的""优雅的""方便的"服装的印象形成实验证实，服装关心度高的人对穿着"保守的"衣服样式的人形成较差的印象，即依据服装关心度的高低，即使对同样穿着的人也会做出不同的推测与判断。一般而言，由于认知者的性别、年龄、价值观、态度等个人特性的不同，以服装为线索的对人认知方式和内容也不尽相同。

第四节　人际吸引和服装

前面几节探讨了外观和服装在印象形成中的作用。另一方面，透过外观和服装我们会对一个人产生所谓"喜欢"或"厌恶"的感情，也就是外观和服装对一个人人际魅力和吸引力也起着不可替代的作用。

一、影响人际吸引的因素

在对人认知的基础上，被他人所吸引，产生所谓喜欢或喜爱的感情，称为人际吸引。人际吸引主要是由人们之间在相互交往中实现的人际关系所决定的。人和人之间的心理距离，不同层次的人际关系，反映了人和人之间相互吸引的程度。影响人际吸引的主要因素有如下几个方面：

（一）邻近性因素

人们在空间上的距离越小，双方越接近，彼此之间越容易产生相互吸引力，尤其是在人们交往的早期阶段更是如此。

（二）类似性因素

我们对与自己相类似的人容易抱有善意的态度，即所谓"相似——善意效果"。这里的类似性不是指客观上的类似性，而是我们知觉到的类似性。知觉到的类似性包括信念、价值观、态度和个性品质的类似性，年龄的类似性以及社会地位的类似性等。一些研究表明，类似性与喜欢之间有直接联系，被试者认为，他人越是与自己类似，便越是喜欢这个人。类似性因素中最重要的是态度和价值观的类似性。这是由于他人与自己相类似的态度或价值观具有强化自我评价的作用，因此具有很强的吸引力。

（三）互补性因素

当双方扮演着不同角色，或当双方需要以及对对方的期望正好成为互补关系时，就会产生强烈的吸引力。例如，独立性强的人往往喜欢和依赖性较强的人在一起，支配型的人往往喜欢和顺从型的人在一起。

（四）对等因素

我们通常喜欢那些也喜欢我们的人，不喜欢那些不喜欢我们的人。这体现了人际吸引的强化原则。

（五）熟习性因素

我们对反复接触或经常交往的人，由于熟习而会增加喜欢的程度。有人在实验中让被试者看一些人的面部照片，有些照片看25次，有些只看一两次。然后问被试者对照片的喜欢程度。结果表明，看的次数越多越喜欢。这个效果在社会心理学中被称为曝光效应。

（六）个人因素

个人的能力、特长、相貌、衣着、仪表、风度等都会影响人们彼此间的吸引，尤其在初次见面时，由于第一印象的作用，外貌因素占重要地位。有研究表明，如果其他条件都相同的话，有魅力的人要比没有魅力的人招人喜欢。

奥尔波特研究了一群陌生人首次集会时的人际吸引力，发现个人的内在属性如幽默、涵养、礼貌等因素是主要的吸引力因素；其次是外表的特点如体形、服装等也是吸引力的依据；最后是个人所表现出的特殊行为，如新奇的令人喜爱的动作等，也能增加吸引力；最后是地位和角色也能引起他人的爱慕与尊敬，从而产生吸引力。

二、外表吸引力

心理学文献中在进行与身体相关的社会认知研究时，不同的研究者使用了不同的术语，主要有相貌、容貌、外貌、外表和外观等，这些用语用于描述人的外在特征和状态时，其含义基本上相同，都指一个人的长相、体形、衣着服饰、化妆等所综合呈现出的整体形象。正如我们前面看到的，相貌刻板印象不仅存在，而且在很大程度上影响我们对他人的评价和判断。那么我们在探讨人际吸引力时，外表的作用有多大呢？外表的哪些特点对人际吸引力会产生更大影响呢？外表吸引力在不同文化中存在哪些差异呢？产生外表吸引力的原因是什么呢？这些是接下来我们要讨论的问题。

（一）外表在人际吸引中的重要性

日常生活中，人们注重外表的修饰与打扮，这是因为外表在人际吸引中的具有不替代的重要作用。阿伦森在《社会心理学》指出：大量研究都证实外表对人际吸引有着至关重要的影响。在一项调查人们真实行为（而非他们会声称自己会如何做）的现场实验中，人们几乎无一例外地拜倒在外表的裙裾之下。例如，一个经典的实验中，在迎新活动周中为明尼苏达大学的 752 名新生随机配对舞伴。尽管这些学生事先都做过一系列人格和性向测验，研究者仍然将他们随机配对。在舞会的当晚，舞伴们花了几个小时的时间在一起跳舞和交谈。之后，学生们对他们的约会进行评价，并报告他们对再次约会的渴望程度。在诸多影响舞伴是否会互相倾慕的可能因素，例如舞伴的智力水平、独立性、敏感性或真诚度之中，占有压倒性优势的因素是外表吸引力。

在多项研究中都发现，男女都认为外表吸引力很重要，相对来说男性的重视程度更大一些。阿伦森指出：这种性别差异在衡量男女态度时要比测量他们的真实行为时要大。那么，情况很可能是，在面对一个可能会发展为朋友或伴侣的对象时，男性比女性更可能"说"外表吸引力对他们很重要，但在实际行为上，两性对外表吸引力的反应是很接近的。事实上，多项研究都表明，两性都把外表吸引力列为激起性欲的最重要的唯一因素。

（二）外表特征与吸引力

进化心理学和社会心理学对外表吸引力的特征做过大量研究，特别是进化心理学已经考察了男女双方关注的性选择身体特征。这些特征涉及了许多人体部位，也包括配饰和非身体特征。如表 4-7 所示。

表 4-7　与外表吸引力有关的主要身体特征

身体部位	示　例
静态测量	身高，肢体，四肢
毛发	长度，颜色，发型，是否有体毛
皮肤	肤色，是否有瑕疵，肤质
眼睛	颜色，形状
鼻子	形状，尺寸
嘴唇	丰满度，颜色
嘴	口腔卫生
脸	是否有脸毛，成熟度，阳刚气，对称性
肩	宽度，形状
身材	对称性，协调性，腰臀比例，腰胸比例
臀部/屁股	形状，尺寸，坚实度
体重	总体重，重量分布，体重与身高的比例（体重指数）
肌肉	肌肉的位置和大小，肌肉类型
腹部	尺寸，形状，肌肉情况
手臂	对称性，长度，尺寸，与身体的比例是否协调

续表

身体部位	示　　例
手	对称性，尺寸，皮肤
手指	对称性，长度，尺寸，指甲，角质层
腿	对称性，长度，尺寸，与身体的比例是否协调
脚	对称性，尺寸，皮肤
常规	日常卫生情况，发型
装饰物	衣服，首饰，护肤品
动态	肢体语言，个人空间，成熟度，艺术才能和其他非身体属性

注　资料来源：维仑·斯瓦米、艾德里安·富尔汉姆，著，《魅力心理学》，赵迎春，译，华夏出版社，2011年，37页。

尽管身体诸多部位的特征都会对吸引力产生影响，但研究最多的，也是对吸引力影响最大的身体部位主要有脸部的特征、体重和体形、身高等。

1. 脸部的特征

脸部是日常生活中几乎不加掩饰直接暴露在外的部位，也是社会交往中最受关注的部位。从众多与脸有关的整容、美容、化妆品等产品中也可看出脸的重要性。一个人的长相是否漂亮，不仅会引起对自我的满意或不满意情绪，而且直接影响社会交往中的印象形成以及被他人喜欢和接纳的程度。迈克尔·坎宁安设计了一个富有创意的实验来确定貌美的标准。他要求男性大学生评估 50 张照片中女性的吸引力程度，这些照片来源于大学的某本年鉴以及一个国际选美项目。随后，坎宁安仔细地测量了每张照片中女性脸部特征的相对尺寸。他发现，高评分的吸引力代表着大眼睛、小巧的鼻子、窄小的下颚、高耸的颧骨、纤瘦的脸颊、高挑的眉毛、大大的瞳仁和灿烂的笑容。研究者然后以同样的方式考察了女性对于男性照片的评分，发现与高评分相关的特征有：大眼睛、宽大的下颚、高耸的颧骨和宽大的脸颊，以及灿烂的笑容。由此可见，两性都倾慕有着大眼睛的异性。但值得注意的是，相比英俊的男性面孔，被认为是美丽的女性面孔更多地拥有"娃娃脸"的特征（小巧的鼻子、窄小的下颚），提示女性的美相比男性而言具有更多的类似儿童的特质。

另一方面，研究表明，人们更喜欢看上去年轻的面孔，特别是对女性来说更是如此。坎宁安的研究中发现来自五个地区的男性都认为：相比那些脸部形象与年龄相符甚至比年龄大的女性，那些看起来年龄偏小的女性更有魅力。也就是看上去年轻也许比实际上年轻更重要。改变五官特征让女性看起来年龄更小会明显增加其吸引力。

2. 体重和体形

即使我们看不到一个人的脸部，如从一个人的背后看过去或脸部被遮挡，但仍然可以通过对他或她的身体轮廓（体形）和大小（体重）感知到他或她是否有吸引力。外表吸引力研究的另一个重要方面就是体重和体形的影响，一般认为体形健壮的男性和体形苗条的女性更具有吸引力。

较早时期，研究人员在研究男性和女性体形对吸引力影响时，常采用身体轮廓简笔画进行。身体轮廓简笔画是一系列由不同腰臀比（WHR）和体重组成的人物图画。这些研究主要聚焦于腰臀比，认为腰臀比是影响吸引力的重要因素，尤其是对女性而言，有的研究者甚至认为腰臀比是女性吸引力的"首要过滤器"。从腰臀比的研究结果看，对男性腰臀比的偏好介于 0.9~0.95；女性则为 0.7~0.8，并且最理想的腰臀比是 0.7，即女性理想的体形应该是"沙漏形"的。因此，有研究者认为，一位女性如果希望被认为有吸引力就应该保持小的腰臀比，并且维持在正常的体重范围内。有研究发现女性对肌肉型体质的男性有强烈的偏好，随之是平均体型。另一些研究考察了整体体重（由体重指数来测量）、上半身体型（由腰胸比来测量）以及下半身体型（由腰臀比来测量）对男性身体吸引力评分的相对贡献，结果发现，腰臀比、身体指数以及腰胸比对男性身体吸引力的评分均具有显著的贡献，腰胸比是主要的决定因素。也就是女性更偏好拥有"倒三角"体型的男性，即窄的腰加上宽的胸和肩膀。此外，对男性而言体重也是一个不容忽视的因素，研究发现当体重指数处于正常范围低端时被认为最有吸引力。

对女性随后的一些研究采用更接近真实状态的身体图片、真实的照片甚至三维立体图片等进行研究，发现腰臀比并不是身体吸引力的主要影响因素，体重（体重指数）才是预测身体吸引力的重要因素。轻的和中等的体重被认为比重的体重更具吸引力。一项使用女性真实图像的研究发现，虽然体形和体重都是预测女性吸引力的显著预测因子，但是体重指数是比腰臀比重要得多的因素，体重指数能够解释吸引力评分中超过70%的变异，但是腰臀比仅能解释略多于2%的变异。这一发现在许多国家和更加严格的实验条件下都得到了验证。斯瓦米等对此解释时指出：当从一个特定角度观察一个人，或这个人处在运动中时，很难去判断这个人的腰臀比。而与体形相比，体重是更稳定的视觉指数。也就是说，女性（或许男性也是）的体重是评判她的身体吸引力的更重要的标准，这是与大众观点和历史实例分析一致的。

3. 身高

身高在两性外表吸引力中扮演着不同的角色。高个子男性通常更受女性青睐，女性更喜欢与高大的男子约会，而不喜欢选择矮小的男性作为约会对象，绝大多数刊登征婚启事的女性都会将应征者的身高作为一个重要的限制条件，而身材高大男性的征友广告通常也会得到更多回应。有研究发现，最有吸引力的男性身高为 1.8 米。而对女性而言身高的影响与男性很不相同。在选择配偶时，男性通常会选择比自己矮的女性。女性是否具有吸引力，身高不是那么重要；而且男性普遍认为身材中等的女性更有吸引力。到目前为止，研究人员还不清楚身高在外表吸引力方面独立发挥的作用有多大。但是还没有到单靠身高就能让一个没有吸引力的人变得很有吸引力的程度。

提到身高，不得不提到与此相关的腿长。事实上，许多男性都偏爱女性的长腿。斯瓦米等采用腿身比这一指标研究了腿长对吸引力的影响。结果发现，人们只对女性的腿身比有偏好，对男性的腿身比却不怎么在意，这说明腿身比在人们评价男性和女性时发挥的作用并不相同。他认为这可用性别二相性特征来解释：女性的腿身比通常比男性大；而较大的腿身比与女性柔美气质相关，较小的腿身比与男性阳刚气质相关。较大的腿身比也是年轻的标志，这一点对女性更加重要。另外一种解释是，在现代社会中，女性暴露自己的腿部是一种性感的表现，特别是对年轻女性来说更是这样。而男性的腿部受到的关注就少多了。女性的长腿似乎也和苗条的体态有关，女时装模特一般都是比普通女性腿更长的女性。

在日常生活中，我们也会用"长腿美女"形容女性的魅力，就如同用"肌肉男"来形容有吸引力的男性一样。女性除了腿长之外，腿形也可能在提高吸引力方面发挥作用，如女性穿着高跟鞋后显得小腿肚更加突出，身材也更挺拔，显得苗条而有魅力。

4. 其他身体部位

头发、皮肤、男性的胡须和女性的乳房等也常被看作是外表吸引力的影响因素。头发包括数量、质量、长度、颜色和光泽度等。头发确实是一种强大的个人标记，人们有时会用某人头发的颜色或发型来描述他或她。在西方，金发女性普遍被认为更有魅力、更诱人，也更开朗，尽管也有不可靠等负面评价。而在中国，女性一头黑色浓密的秀发更能吸引人的注意。相对来说，头发比较容易改变，所以人们将头发做成不同的造型、染成不同颜色以期引人关注，表达个性。

皮肤的颜色、质感和光泽度会影响吸引力，中国有句话叫作"一白遮百丑"，可见中国人更喜欢皮肤白的人。有研究发现，在同一种群中，人们确实会偏爱肤色浅于平均水平的女性，而女性更喜欢肤色较深的男性。由于历史和种族偏见的原因，深色皮肤的人种还会遭到比浅色人种更多的歧视。皮肤细腻的人看起来更年轻，特别是女性，也就更有吸引力。但肤色苍白是一种病态的表现，于是人们为了追求健康的肤色，而去晒日光浴等，将肤色晒成深褐色，显得健康而有魅力。

在进化过程中，男性保留了胡须，而且体毛也要比女性多。研究似乎表明，长满胡须的男性在很多方面都更遭人喜欢，比如他们显得更老成，更有男子气概，更有主导性，更加勇敢和自信等。在一项研究中，研究者试着改变男性脸上的胡须量，结果发现随着被评价者胡须数量的增多，他在评价者眼中的吸引力也提升了。就如男性的胡须是男性显著的身体特征一样，乳房则是女性显著的身体特征。

进化心理学家认为，在女性的特质中能表现女性生育能力的是乳房。人们初次见面时，女性的乳房是首选的性感信号，也是性吸引力的重要组成部分，至少在某些文化中是这样的。如今，一些女性愿意承受丰胸外科手术之痛以求增加她们的身体吸引力，据报道，仅在美国每年就有约 30 万例扩乳手术。但是当心理学家把乳房大小作为变量加入到他们对身体吸引力的研究中时，并没有发现一致的偏好。有的研究表明中等大小的乳房最有吸引力，而有的研究则发现小乳房的女性更受欢迎，被试者认为小乳房的女性更出类拔萃、有志向、聪明、有道德和有礼貌等，而认为大乳房女性具有相反的特点。还有的研究发现，男性更偏好大乳房，而小乳房更受女性的欢迎，而且只有在体形苗条时，大乳房才能稳定增加吸引力的评分。正如有"流行的身体"一样，也有所谓"流行的乳房"。马祖尔整理了能表明乳房大小偏好经常变化的相关证据，他向我们展示了理想的乳房大小从 20 世纪 20 年代的扁平型到 20 世纪 60 年代早期的大胸型。从那以后，随着社会对超瘦体形的推崇，受欢迎的乳房尺寸有所减小，不过在 20 世纪后期丰满胸型又开始流行起来了。乳房的大小虽然只是能影响上半身体形偏好的多种特性之一，但它却是最广为人知的要素，也是女性乳房在流行文化中受到高度关注的重要原因。

(三) 外表吸引力的跨文化比较

外表吸引力的跨文化比较主要是在脸部特征、体形和体重等方面，所研究的问题是，不同文化下外表吸引力的标准是否相同。研究表明，不同文化下脸部吸引力存在高度一致性，而体形和体重吸引力则存在一定差异。阿伦森指出：尽管不同的种族在具体的脸部特征上各自不同，不同文化背景下的人对于"什么样的脸是吸引人的"这一问题却有着相当一致的看法。研究者要求来自不同国家、民族和种族的被试对代表不同国家、民族和种族的人像照片进行外表吸引力项目的评分。初试的评估达到了相当一致的程度。无论文化背景如何，观察者认为一些面孔就是比另一些漂亮。佩雷特等在一项研究中创造了两种类型的合成面孔：一类由 60 张被评定为具有一般吸引力的面孔照片合成，被称为"平均吸引力"面孔。另一类由 60 张被评定为具有出众外貌的面孔照片合成，被称为"高吸引力"面孔。所使用的合成照片分别来自白种和黄种（日本）的男性和女性。然后，他们要求英国和日本的被试者对所有的这些合成面孔进行吸引力评价。结果发现：首先，"高吸引力"面孔被知觉具有吸引力的程度远远超过了"平均吸引力"的面孔。其次，日本和英国被试者在评估中显示出相似的模式，验证了在不同文化以及不同种族之间，存在相似的面部吸引力知觉模式。最后，那些"高吸引力"合成面孔看起来如何呢？无论是日本人还是白种人对男性和女性的描绘都与之前其他人研究的结果一致，如"高吸引力"女性面孔有着更高的颧骨、更窄的下颚以及更大的眼睛。

关于体形和体重吸引力的研究发现，确实存在着跨文化差异。体重吸引力的跨文化差异在第三章中已经做了介绍。体形和体重存在着一定的相关性，研究表明，关于体形吸引力的文化差异有一些是和体重相类似的。体形吸引力跨文化研究主要集中在不同文化中对腰臀比的偏好上。斯瓦米等比较了 26 个以腰臀比为指标的体形吸引力研究结果，发现在大范围的多个国家中，研究者都发现了人们对于小腰臀比的偏好。那是不是由此能够证明腰臀比偏好不存在文化差异呢？斯瓦米指出，这些研究大多数都是在相对发达的工业化国家进行的。对那些远离现代社会和媒体，靠狩猎采集为生的部落的研究发现，男性对女性吸引力的判断不受腰臀比例的影响，而且男性在选择妻子时，相对于中等体型更偏好偏重体型，相对于偏轻体型更偏好中等体型。另一个类似的研究是针对秘鲁南部的一个相对封闭的部落进行的。研究者将这一部落分为三个子群体，他们的主要区别是与外界交流程度上存在差异（西化的程度）。结果发现，最少西化的群体，对体形的偏好首先根据体重大小（更加偏好体重大的），然后才对具有大腰臀比的更加偏好。中度西化的群体认为具有小腰臀比的女性更有吸引力，但是却不一定更健康。而西化程度最大的群体和美国男性对身体吸引力的偏好没有差异。一项针对乌干达、希腊和英国的男性的研究发现，希腊和英国男性对女性腰臀比的偏好是 0.7，但乌干达男性对 0.5 的腰臀比具有更高的评价。这似乎支持了腰臀比的假设，但研究人员指出：乌干达男性对 0.5 腰臀比有偏好可能是现实生活中，要达到 0.5 的腰臀比，只有当腰围很小并且臀部很大时才能够实现。而大的臀围容易产生体重偏重的印象，因此，乌干达男性对 0.5 腰臀比的偏好可能只是对偏重体型的偏好。正如前面介绍过的，对体形（腰臀比）的偏好不如对体重偏好重要，而对体重偏好确实存在跨文化差异，在现代发达或开放社会中女性偏轻的苗条体形更有吸引力，而封闭和物质短缺的社会中更偏好偏重体形的女性。

（四）外表吸引力形成的原因

为什么有的外表特征更具有吸引力呢？进化心理学和社会心理学给出了不同的解释。

进化心理学的观点来自于达尔文进化论的核心论点：自然选择是促成进化的动力。按照进化论的观点，生物体中的某些个体会比其他个体留下更多的后代，因为这些个体所具有的某些特征使它们比缺乏这些特征的个体在适应环境和竞争时拥有更多的优势，而这类个体的后代会从父辈那里继承到成功的特征。按照这一观点，我们觉得某些个体具有吸引力，是因为他们拥有一些在过去的进化历史中形成的特征。而作为观察者的我们，也拥有一些特点、属性和素质使得我们能够发现那些更有吸引力的特征。也就是说，我们能在别人身上发现美，以及他们身上拥有的美丽特征，这都是进化的产物。大多数进化心理学家主张：个体用于展示吸引力的身体特征，也是能显示拥有者内在品质的信号，如更强壮的身体或者更好的条件。更强壮或条件更好的个体有很多理由能得到优先交配权：他们传给后代的基因可能更具适应性，他们可以为配偶和后代提供更好的保护或食物等物质资源，他们可能有更强的生育能力和繁殖能力。对于人类而言，进化心理学家认为：在漫长的进化过程中，女性已经"学会"被那些有能力提供间接资源的男性所吸引，因为这些能力与她们期望的品质相关；而男性也"学会"了对拥有与最大生育潜能相关的品质的女性感兴趣。女性以趋向高地位男性的方式解决"品质检测问题"，男性地位比外表等其他考虑因素更重要（尤其是建立长期关系时）。这是因为，一个男人的地位越高，他可控制的资源就会越多。与女性不同的是，男性会通过追求青春有活力的女性来达到寻求高生殖能力女性的目的。因为青春与活力正是生育潜能的信号，相比之下女性的地位则不那么重要。而标志青春活力的特征包括"饱满的嘴唇、光滑细腻的皮肤、明亮的眼睛、有光泽的头发、紧绷的肌肉和匀称的体形……轻盈的步伐、生动的面部表情和旺盛的精力"。据说，拥有这些特征就意味着女性正处于生育能力最强的时期。也就是"美的不仅是好的，也是健康的"。总之，按照进化心理学的观点：女性倾向于寻找男性身上与提供亲代养育能力相关的信息。而男性则偏好追求那些年轻、漂亮、有旺盛生育能力的女性。不过，在现代社会中，物质的富足和女性社会地位的提高，女性也可以凭借自身的努力获得所需的社会资源，"传宗接代"也不再是两性吸引的唯一目标，因而传统上女性对男性外表的偏好也在发生着变化。

与进化心理学不同的是，社会心理学家从社会文化和社会影响的角度来解释外表吸引力的形成。正如我们在第二和第三章看到的，自我概念和身体意象是社会化的结果，是我们在与他人和群体的互动过程中构建形成的，而且深受社会文化观念的影响。我们对于身体美的知觉和标准，对于外表吸引力的态度和价值观等也是社会互动的产物。社会心理学家认为，比如，想要充分理解体重偏好，首先要认识到在社会文化情境中发挥作用的性别力量。斯瓦米指出："在相应的社会和文化情境中，女性和男性并不是被动的角色；相反，他们通过各种社会互动，积极构建这些情境，不过，这取决于他们对性别的社会角色的理解。这些人际互动可能导致女性和男性以非常不同的方式看待他们的身体，并且也有助于解释为什么理想的体重依赖于个人的出生地和居住地的不同。对于那些受过教育、谋求职业发展和择偶的城市女性来说，苗条是美丽形象的同义词。相比之下，生活在某些农村的妇女仍然处于重男轻女思想的影响下，身体仍然是生育的工具和财富的象征。"按照社会心理学的观点，性别角色的刻板印象是经验习得的，特别是在"集体社会"中经历了社会化的进程。例如，家长、老师、同伴和媒体等都在教导人们关于女性和男性各自的"规则"和标准。图4-3所示为习得吸引力观念的途径。研究表明，父母影响着他们的子女对超重同伴所持有的态度，并且父母的影响也波及儿童关于建构"理想"的女性形象观念的发展。在第三章中我们详细介绍了大众传媒和广告对理想身体自我产生的影响，如同一枚硬币的正反两面，大众传媒在影响身体吸引力的判断中也扮演了重要的角色。从幼年时期开始，媒体就告诉我们什么才是美的，而且美总是和善良联系在一起。在童话故事中，女主人公都有着相似的特征：小巧挺直的鼻子、大眼睛、薄嘴唇、毫无瑕疵的脸庞以及纤细动人的身材，就像芭比娃娃一样。针对年轻女性的媒体则推崇女性幸福和成功与外形有关的观点，并将极端的苗条作为健康和美丽的象征。而且随着全球化的进程及传播媒体的影响，先前孤立的文化逐渐接受瘦身的概念作为女性吸引力的象征，成为流行文化，并且对传统上以胖为美的观念产生了冲击。

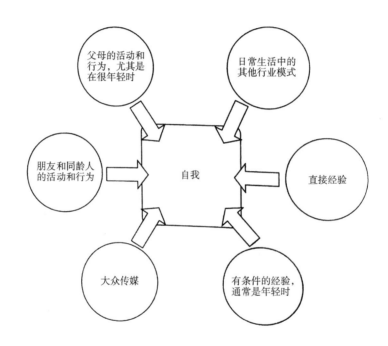

图 4-3 习得吸引力观念的途径

图片来源：维仑·斯瓦米、艾德里安·富尔汉姆，著，《魅力心理学》，赵迎春，译，华夏出版社，2011 年，138 页。

三、服装在人际吸引中的作用

上面介绍了外表吸引力的各个方面。由于日常生活中，我们都是在着装状态下与他人交往和互动的，服装服饰是我们外表的重要组成部分，外表吸引力自然离不开服装的影响。里乔等提出一个身体吸引力的多成分假设模型，这个多成分假设模型可能会产生不同的结果（关系、友情等）。他们的模型包括多种决定整体吸引力的成分，包括动态的表达方式、面部和身体的吸引力、衣着品位、化妆品的使用、发型等，如图 4-4 所示。斯瓦米指出："不考虑我们的身体外形，可以通过很多方式来提升一个人的身体吸引力。从一个人的衣着品味到香水，从化妆到珠宝，几乎每一种文化都存在能找到增加形体外在美的人工方法。"从某种意义上来说，装饰品的作用是显而易见的：毫无疑问，没有人希望穿得不好，除非他不得不那样；同样，很多人都衣装动人，尤其是当他们试图去迷惑一个潜在的伴侣时。一个人全然可以通过各种各样的方式来装扮自己，我们完全有理由认为装饰品——化妆品、时尚元素、发型和颜色、身体修饰、香水——不仅是为了诱惑伴侣，而且还是表达自我的一个方式。

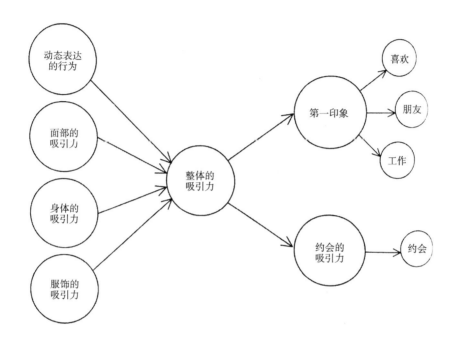

图 4-4　吸引力的多成分关系的假设模型

图片来源：维仑·斯瓦米、艾德里安·富尔汉姆，著，《魅力心理学》，赵迎春，译，华夏出版社，2011 年，152 页。

日常生活和工作中，大多数人不仅能意识到服装（包括相貌、体态等）在印象形成中的作用，也同样知道它在人际吸引方面的影响。而且我们是否喜欢一个人，也经常与其外在的魅力有关。同时，穿着打扮也常常是令许多人感到困惑的问题。

服装在人际吸引中的作用主要表现在两个方面，即服装（包括相貌、体态等）的魅力性和服装的类似性。服装魅力性是指一个人的衣着服饰产生的形象对他人的吸引程度。有人把服装魅力性分为美的吸引力、流行吸引力和性的吸引力三维度。研究发现：服装美的吸引力和人的魅力性之间有着强的相关关系。服装的类似性即交往双方服装的接近或相似程度，类似的服装给人以平等、亲切的感觉，能增加人际吸引力。

一般而言，我们对能给予我们报酬或喜悦的人或事物抱有善意的态度，即所谓"报酬——善意效果"，外表的魅力，如相貌之美，气质之雅，常能引起我们的喜悦之情，从而激发我们希望接近的动机。衣服、化妆、发型、服饰配件等的服装效果给予外表魅力的影响是不能忽视的。在衣服的流行度给予人际魅力影响的研究中证实，过时的或不合潮流的衣服样式显著降低了人们对着装者的善意度。

服装的魅力性和人的魅力性之间存在什么样的关系呢？霍尔特（T. F. Hoult）对此进行

了研究。被试是 254 名男大学生，分为两个控制组和两个实验组。首先向被试者出示 10 位他们从未见过面的男学生的相片。让他们从能力、相貌、智力、性格等方面评定每个人的魅力度（吸引力程度）。结果，控制组和实验组对相片中人物的评定不存在显著差异。一个月后，再让控制组对 10 张相片上人的魅力度进行重新评定，结果和第一次评定的一样，无显著差异。而对实验组，采用事先经过魅力性评定的 10 种衣服，并根据前次对 10 张相片人物魅力性评定的结果，给评定为最有魅力的人配上最没魅力的衣服，给评定为魅力次之的人配上次无魅力的衣服……给评定为最无魅力的人配上最有魅力的衣服。按顺序准备 10 张穿着这些服装的相片，让实验组评定这 10 个人的魅力度，结果，实验的第一次评定值和第二次评定值（着装的评定）之间有很大差异。并且，评定值的变化和着装魅力性有正相关关系，说明富有魅力的服装能提高人的魅力和吸引力。

外表的魅力对说服人们转变态度方面也有一定作用。E. 阿伦森用实验证实了这一点。他向一批大学生提出了许多有关教育改革的问题，让他们思考。过一段时间后，学生被分为两大组，听一个同学谈自己对其中一些问题的看法。其中一个组听一个衣着服饰等很有魅力（吸引力）的女学生谈她对某些教育问题的看法，另一组听同一个女同学谈同样的看法，但这次她更换了衣服，并改变了发型，已变得不再具有吸引力了。实验以后进行测量，结果表明，这位女学生在打扮得具有魅力时，比看上去不具吸引力时更能说服人。

前面已经指出，交往双方的类似性是影响人际吸引的因素之一。我们对与自己相类似的人容易抱有善意的态度，即所谓"类似——善意效果"。衣着服饰是人的外表的一部分，也是可以直接观察和觉察到的部分。在人际交往中，人们通过对方的衣着打扮来推测他的社会地位、兴趣、爱好、态度等，也就是说人们由外表的类似性而推及相互间内在品质的类似性，进而增强了相互吸引力。两个由人介绍初次见面的青年男女，衣着服饰的类似性或许会影响双方的交往进程。当一方为保守着装，而另一方为时髦打扮时，双方可能会意识到他们之间在生活态度上的分歧。有研究证实，服装的类似性可增加对他人的好感度，越是类似的服装对对方的好感度就越高。另外，在女学生如何看待男学生发型的研究中发现，态度保守的女生对留短发的男生有好感。相反，具有革新态度的女生对留长发的男生有好感。即，男学生头发的长短成为解释其态度的"线索"，女性据此，对被认为与自己有类似"态度"的男子抱有好感。

尽管服装的造型、款式、颜色等要素特征对服装吸引力的研究还不多见，但有研究发现，服装的这些要素确实对人际吸引力有一定的影响。徐源川对男西装款式对异性吸引力影响的内隐态度进行了研究，结果表明，男西装的领部设计、领带和腰部设计的确会影响女性对穿着者吸引力的判断。无论是对于在职女性还是女大学生而言，开领浅的西装都更能显出穿着者的强壮，他用视知觉原理对此做了解释，即浅开领西装与深开领相比看上去更向两边扩张，显得肩部和上半身比较宽大，因而感觉比较强壮；在判断男性财富和地位时，男性佩戴领带都是一个重要的信号，这一点对于在职女性更加明显，这一结果似乎可以用装饰品象征财富和地位的刻板观念来解释，装饰品通常是非必需的，所以佩戴装饰品的人通常有多余的财力，尽管领带不属于价格昂贵的装饰品，但可能受到装饰品图式的影响而将其与财富和地位联系起来，而对在职女性来说，有更多的机会接触到佩带领带的成功男性一，所以她们的印象就更强；腰部特点对男性表达强壮的作用则在两个不同的被试群体内出现了分离，女大学生更倾向认为穿着直筒西装的男性更加强壮，因为在视觉上穿着直筒西装的男士显得体积更大❶。

除了服装款式外，服装的颜色也是影响吸引力的重要因素之一。如红色在中国传统文化中具有特别的意义，象征着喜庆和吉祥。人们用红色表达喜悦和祝福，用红色来进行自我保护消灾驱邪。在婚庆时，新娘子要穿红衣裙，头上盖红盖头，门上、床头要贴大红喜字，可以说"红"无处不在。对一个人来说，面色红润代表健康和有活力，这与血是红色的有关。有研究者指出红色会使男性眼中的女性更有吸引力且更性感，是因为红色在异性交往中蕴涵着性与浪漫的信息。实际上，国外的一些研究发现，男性认为女性穿红色的衣服更有吸引力且更能激起性欲，而且这种关联同样适用男性，在女性眼中，穿着红色的男性更有魅力，更有地位。受国外研究的启发，曾滟采用实验法研究了红色对女性吸引力的影响，结果表明：相比于实验中的白色、黑色、蓝色和绿色这四种颜色而言，男性认为穿红色衣服的女性更有吸引力和性吸引力；然而红色与其他颜色比并不会增加男性对女性的整体好感，也不会提高男性对其善良维度的评价；不仅这样，相比与蓝色而言，男性更不愿意与穿红色衣服的女性建立长期的伴侣关系，而更愿意与穿蓝色服装的女性建立长期的伴侣关系，说明"红色效应"只存在于短期关系中❷。

四、服装与对人行动

服装在人际吸引中的作用反映了服装与对人距离的关系，即人与人的亲密与疏远。同样，服装及外观也会影响对他人的关系或行动。由服装形成的对人关系或行动是在对人认知的基础上形成的。日常生活中，我们都有这样的经验，会尽可能避免接近一个身材高大、面目凶狠、打扮古怪的陌生人；而更乐意帮助一个看上去面相和善、衣着得体的人。实际上，星级酒店的门卫也通常会根据一个的穿着打扮决定是否让其进入酒店。其他场合，如就职面试、初次约会、学业成绩，甚至法官对犯人的量刑等都可能受到外观（服装及相貌等）的影响，而采取不同的行动。神山进指出由服装对人认知产生的对人行动主要有三个方面：①对他人要求的同意行动；②对他人的援助行动；③对他人的攻击行动。

对他人要求的同意行动的研究有一些有趣的结果。如美国有人针对邮寄问卷调查回收率低的缺点，作为改进的方法之一就是将调查者的照片同问卷一同寄给被调查者，结果发现穿不同服装的调查者照片对回收率有一定影响，而且穿着休闲便装的照片比穿着正式服装照片回收率高。

对于选拔面试中的非言语线索的作用，哈特菲尔德等进行过介绍。面试人从面试备选人接收到的非言语线索可分为：手势、姿势、目光移动等动作言语；服装、身长和体重、身体魅力性等外观（物理言语）；握手等的接触行动；面试人和备选人之间的物理距离。其中，关于外观对选拔的影响的研究结果主要有：①男性的西装、短发型具有非常理想的效果；②女性的罩衫，有跟的鞋，尼龙袜具有肯定的效果；③过胖的体形具有否定的效果；④男性备选者个子高具有肯定的效果；⑤服装、头发的长度、身高、体重等虽然未显示出

---

❶ 徐源川. 男士西装款式对异性吸引力影响的内隐态度研究［D］. 重庆：西南大学，2011：36-38.
❷ 曾滟. 红色对女性性吸引力影响的实验研究［D］. 重庆：西南大学，2013：18-20.

与职务胜任能力有明显关系，但这些因素对备选者的评价和职务上的成功有重要影响。有人在身体和外观魅力对人援助行动的影响研究中发现，外观越有魅力的人越易于从别人那里获得援助。

思考题

1. 什么是对人认知的第一印象？印象形成有什么特点？

2. 试说明印象形成的心理机制和影响因素？

3. 什么是社会图式和刻板印象？它们在人际交往中起什么作用？

4. 举例说明，相貌和服装刻板印象都表现在哪些方面？

5. 你认为"以貌取人"在现实生活中是否有其"合理性"？为什么？

6. 服装在印象形成中有什么作用？

7. 什么是内隐的人格理论？人们如何通过一个人的外表和服装推断他的人格特征？

8. 尝试找一个陌生人，先通过其外表和服装推断他（她）的各个方面，再与其交流，询问他（她）的实际状况，看与你的推断是否一致。

9. 什么是人际吸引？影响人际吸引的因素有哪些？

10. 为什么说外表是影响人际吸引力的重要因素？

11. 外表的哪些方面对人际吸引力有显著影响？这些影响是否存在跨文化差异？

12. 进化心理学和社会心理学在解释外表吸引力时有何不同？

13. 服装在人际吸引中有什么作用？服装是如何影响人际吸引力的？

第五章　服装的象征性

本章提要

　　本章主要从符号互动论的视角，探讨服装的象征性，将服装视为一种非语言符号，分析它如何在人际互动中获得意义，以及由此展开的外观管理和印象操作。第一节首先从服装的视角，对符号和符号互动理论进行了梳理。第二节从人际沟通入手，将服装视为一种非语言的沟通形式，探讨它在人际沟通中的功能。第三节则从象征性的形成和服装信息的含义入手，结合案例，分析了服装的象征性，以及基于服装的印象操作。

>>> 开篇案例

　　2014 年 11 月 10~11 日，亚太经合组织（APEC）第二十二次领导人非正式会议在中国北京盛大举行。10 日晚，各国政要及其夫人身穿"新中装"抵达国家游泳中心（水立方）出席领导人欢迎宴会，并合影留念。

　　APEC 领导人非正式会议自 1993 年在美国召开，多年来沿袭印尼茂名会议（1994 年）的传统：由主办国提供具有当地特色的服装，与会领导者穿着服装并合影留念。2001 年，上海 APEC 会议期间，中外领导人穿上了以马褂为原型，结合立领和西式剪裁的团花织锦新唐装，由此在华人世界掀起一股唐装热。时隔十三年，APEC 会议再度来到中国，从政府到行业都高度重视，集结了高校、企业和设计师等多方力量，共襄盛举，开启了中式服装传承、创新、发展的新篇章。

　　具体说来，2014 年 APEC 会议服装工作由中央筹委会和北京市筹备工作领导小组负责，在专家评审团的全程指导下，经过了设计征集、样衣深化、成衣制作三个阶段的层层选拔。最终，通过精细化封闭制作，并根据穿着者的实际情况进行调整，由北京服装学院团队设计制作的"新中装"亮相水立方，呈现在世人面前。

　　从设计理念来看，新中装以"各美其美，美美与共"为主题，融古创新，其根为"中"，其魂为"礼"，其形为"新"，故以"新中装"为名。一款四式五个颜色的男领导人服装采取创新的立领对开襟，将兴起于明代，盛行于清代的立领对襟，与最早出现于商代，盛行于唐宋的开襟，以富于层次感的设计手法组合在一起。同时，男领导人服装还借鉴了西服中的圆下摆设计，中西结合，让人一眼看上去就很中国，但又和历朝历代的服饰不尽相同。而一款两式的女领导服装则采用了立领对襟连肩袖的形式；另有四款式的女配偶服装，采用开襟连肩袖外套，内搭立领旗袍裙的形式。

　　在结构方面，本次 APEC 会议服装沿袭了我国传统的连肩袖，同时结合了西式裁剪的手法，保证了整体廓形的简洁现代和中正端庄的礼服风范。而在面料方面，男领导人的服装由万字纹宋锦制作而成，宋锦是我国的非物质文化遗产，此次亮相，十分引人注目。而女领导人服装则采用了双官缎面料。至于图案，女配偶的服装以缠枝牡丹、宝相花、水仙花等中国传统吉祥图案为主。而男女领导人的服装都采用了创新设计的海水江崖纹。海水江崖纹是我国的传统纹样，多见于明代官服和清代龙袍的下摆、袖口，有着鲜明的政治色彩，寓意福山寿海，江山永固。此番经过创新设计，在色彩和形态上面貌一新，传达出 21 个经济体山水相依、守望相助的美好寓意。

"象征性外观"是美国著名学者苏珊·凯瑟（Susan B. Kaiser）教授在其专著《服装社会心理学》一书中提出的概念。她从三种不同学科的视角展开讨论：来自心理学的认知观点，来自社会学的符号互动理论和衍生自人文及社会科学领域的文化观点。本书的前一章，主要从认知角度探讨了服装在印象形成和人际吸引中的作用。而本章则主要从社会相互作用（人际沟通）的角度，分析服装的象征性。

正如开篇案例所展示的，服装既是物质文明的代表，也是精神文明的载体。APEC 会议领导人服装，可谓是一针一线藏故事。它们既象征了国家、民族的形象，蕴含丰富的中国元素，彰显源远流长的中国文化，而且还代表了我国服装设计制作水准和时尚产业的发展水平。它们在国际舞台上，向世人展现出一个拥有上下五千年文明，又积极与世界融合的中国新形象。

第一节 符号及符号互动理论

迈克尔·R. 所罗门在其经典著作《消费心理学：无处不在的时尚》中提出，"我们可以把时尚当作一种符号、一种语言，这些符号和语言能帮助我们解码时尚的内涵。然而，时尚和语言不同，时尚是更加依赖情境线索的。同样一款商品，不同的消费者在不同的情境中感受都会不同。"由此可以看出，情境是解码服装的关键性因素；而将服装视为一种符号，利用符号学和符号互动理论的概念与研究方法，则有助于我们更好的理解服装，把握情境因素，提高外观沟通能力。

一、符号的概念

符号在不同领域有不同的含义，凯瑟指出："符号是任何具有社会意义的或是任何能够表达其他事物的东西。"可以说，符号是表达的工具，它指向特定的事物，既是意义的载体，也是意义的条件。对于服装而言，符号及其所代表的事物，是高度视觉化的。同时，由于服装和日常生活关系密切，它作为符号，其意义空间更为多元且富于一定的个人色彩。事实上，它也是个体的外界环境中，最容易被控制的部分。

二、符号分析

符号学的研究者从各自的角度对符号进行分析，这为指导我们进一步理解服装，提供了理论基础。

（一）流行体系：结构主义学派的符号分析

法国著名学者罗兰·巴特（Roland Barthes）以索绪尔的符号学为基础，对时装杂志刊载的女性服装进行了语言学的结构分析。他首先将服装拆分为三个层次：①意象服装：以摄影或绘图形式呈现的服装；②书写服装：用语言文字将服装描绘出来，如"一身轻柔的洋装"；③真实服装：前两种服装所代表的，现实中的服装。巴特将焦点对准书写服装，把杂志上对服装的表述当作服饰符码的能指。以"一件长袖羊毛开衫或轻松随意，或庄重正式，取决于领子是敞开，还是闭合的"为例，巴特从对象物（Object）：一件长袖羊毛开衫；支撑物（Support）：领子；和变项（Variant）：敞开/闭合这三重维度对其意指单元——母体（Matrice）进行结构分析。

在此基础之上，巴特又对修辞系统进行了分析，进而对流行体系有了全面深入的洞察。他提出，流行体系既是不断变异，又是永恒回归的。书写服装不只代表了真实服装，它也参与了真实服装的意义建构。不仅如此，书写服装具有商业性，它制造的意象系统加速了服装消费的迭代。正如巴特所说："意象系统把欲望当作自己的目标。它的实体基本上都是通俗易懂的（Intelligible）；激起欲望的是名而不是物，卖的不是梦想而是意义。"

（二）普遍三分法：实用主义学派的符号分析

另一位符号学的重要人物皮尔斯（Charles Sanders Peirce，又译为皮尔士）将非语言符号乃至非人类的符号都纳入符号学的研究范畴，扩大了符号的范围。作为实用主义学派的代表人物，皮尔斯注重符号的意义解释，他认为"只有被理解为符号的才是符号"（Nothing is a sign unless it is interpreted as a sign）。

具体说来，皮尔斯根据符号与对象的关系，将符号分为像似符号（Icon）、指示符号（Index）和规约符号（Symbol）。像似符号直观生动，它与对象的关系具有像似性（Resemblance）。如蝙蝠衫、羊腿袖等都因形似而得名。再如，迷彩服模拟周边环境，具有伪装性，可以很好地掩护着装者。而指示符号与对象存在因果、邻接、部分与整体等关系，如警察制服与警察身份形成联结，人们看到警服，就会想到警察。皮尔斯认为，像似符号和指示符号是理据性的，具有一定的通用性。

至于规约符号（Convention），靠社会约定符号与意义的关系，由于不同社会的规约不一样，符号与对象之间没有理据性联结，且没有像似符号和指示符号的通用性。如某明星在2011年法国戛纳电影节的红毯上，以一袭红色仙鹤裙亮相。仙鹤在我国是幸福长寿的象征，作为仅次于凤凰的"一品鸟"，出现在明清的官服上。然而在法国，有媒体指出，仙鹤被视为一种恶鸟。这就像中国以龙为图腾，自称龙的传人；而在西方世界，龙是一个喷火的怪兽形象。

三、符号互动理论

可以说，皮尔斯的实用主义为符号互动理论（Symbolic Interactionism，又称 Symbolic Interaction Theory）奠定了基础，而米德（Mead）则是这一理论的奠基人。在他的代表性著作《心理、自我和社会》（由学生根据他的讲稿汇编而成）中，有一系列关于人类行为、互动和组织的概念性观点。米德强调把社会互动当作一种动态的历程而非静态的实体来研究。此后，米德的学生赫伯特·布鲁默（Herbert Blumer）发展了他的思想，并将其命名为"符号互动论"（Symbolic Interactionism）。1969 年，布鲁默出版了同名著作《符号互动理论：视角与方法》（*Symbolic Interactionism：Perspective and Method*）。

符号互动理论的核心，在于人的主动性，即人的行动是有目的，且富于意义的。米德认为，人与人之间的互动，是以"符号"为媒介的，有意义的象征符号是社会互动的基础。由于不同人对同一事物的意义有各自的理解，所以人与人之间的沟通交流要建立在共享意义的基础上。布鲁默发展了米德的思想，将符号互动理论归结为三点：第一，人们基于自身对事物意义（Meaning）的理解而采取行动。第二，不存在天生的或固有的意义，意义有一个形成过程。它是社会产品（Social Product），来源于个体与他人的社会互动。第三，个体应对外界刺激，有一个内部解释过程，以确定意义并决定如何行动。意义不是一成不变的，随着社会互动，意义在个体解义、释义的过程中不断被修正。

将符号互动理论应用于时尚研究，布鲁默凭借对巴黎女装产业近距离的观察，发表了论文《时尚：从社会分层到集体选择》（*Fashion：From Class Differentiation to Collective Selection*，1969）。在文中，他指出，时尚是一个社会学概念，它不是反常、非理性甚至有些疯狂的行为。恰恰相反，在个体层面，采纳什么样的时尚，这一行为是非常慎重的。有时尚意识的人，眼光敏锐，通常会非常仔细和努力的辨识时尚风向，以确保自己总能立于潮头。而当时尚潮流与自己的预期有所不同，那些被迫接受的人们则更为谨慎、理性。至于不知不觉跟随潮流的人，他们是因为选择有限，而不是源于情感或由内在渴望产生的表达冲动才选择了时尚。因此，在集体层面，时尚的互动机制，不是感觉唤起，提高暗示性或者使用一个吸引人的事件来固化某种偏见的循环。他据此提出理解时尚的三点线索：

第一，时尚实际上是通过大量的选择过程来决定的。在众多买手面前，各种设计被展示出来，只有很少一部分会被买手选中，而设计者通常并不能预测出哪些会被选中。买手之间是高度竞争和互相保密的独立个体，他们也不知道其他人的选择。尽管每个买手只选出自己认为出色的服装，但他们的选择常常是一致的。

第二，买手们达成了时尚的共识，发展出相似的敏感度和相近的评价。用心理学术语来说，就是买手们形成了统觉团（Apperception Mass）❶。事实上，他们沉浸于一个共通的世界，对女装市场以及消费群体的密切关注，对于流行的讨论，阅读的时尚出版物，以及作为竞争对手的互相观察，这些活动所带来的灵感启发，在很大程度上具有共通性。这一点影响了买手们的鉴别力和观念，引导他们做出判断和选择。由此，布鲁默解释了为什么买手们各自独立，却做出令人惊讶的一致性选择。事实上，买手们无意中成了时尚大众的代理人。他们的成功与否，他们的职业命运，取决于他们对大众时尚品位发展方向的感知能力。

第三，关于服装设计师，他们创造了新的风格，设计出各种新款式，以供买手做最终的选择。服装设计师与买手一样是高度竞争、互相保密的；但是他们的独立创作也表现出

---

❶ 统觉团（Apperception Mass）：统觉过程就是把一些分散的感觉刺激纳入意识，形成一个统一的整体。个体在理解新观念或思想的时候，之前的全部经历被称作统觉团。

相当的一致性。这是因为，他们与新近的艺术、文学、政治乃至其他能反映现代性的表达方式保持紧密联系。布鲁默由此认为，服装设计师的工作，就是将上述这些领域的主题转化到服装设计中，抓住时代精神，以一种令人印象深刻的形式将其表现出来。

综合上述三点，布鲁默提出，时尚是在一个自由的集体选择的过程形成的。西美尔（Georg Simmel，又译齐美尔）时代的社会分层理论●，应由集体选择理论（Collective Selection）代替。时尚的机制是一个持续的集体选择过程，传统意义上的创新者、领导者、跟随者都是这个过程的一部分。时尚的变迁，代表着新的品位和形式。这种品位的变化，是集体性的，它在复杂变动的世界中，经由多层面的社会互动来推动。由此，时尚也成为人们应对世界变化而采取的一种调节手段。

第二节　服装的人际沟通功能

1958 年，美国心理学家舒茨（William C. Schutz）以人际需要为主线，提出了人际关系的三维理论：FIRO（Fundamental Interpersonal Relations Orientation）。他认为，人有三种基本的人际需要：归属需要（Inclusive）——与他人接触、交往、接纳、包容；支配需要（Control）——控制他人或被他人控制；情感需要（Affection）——爱与被爱的需要。

为满足这些人际需要，个体与他人进行互动，通过人际沟通，形成一定的人际关系。在这个过程中，服装乃至整个外观，发挥了一定的作用。

一、人际沟通

人际沟通是人际互动的一种主要形式。人际互动是人与人之间的相互作用，既包含了信息、情感等心理因素的交流，也包括行为、动作等非心理因素的交流。人际互动在结构上更强调角色互动，它的主要形式是合作与竞争；而人际沟通则侧重信息层面。

（一）人际沟通的概念

具体来说，人际沟通（Interpersonal Communication）是人与人之间的信息交流；是信息在个体之间的双向流动。人们在共同活动中，借助语言、文字、表情、肢体动作等表达手段，将信息传递给其他个体。通过事实与观点，思想与感情等方面的交流，沟通双方达成共识，取得相互之间的理解与信任，形成良好的人际关系，最终实现对个体行为的调节。

（二）人际沟通的过程

人际沟通是一个动态系统：沟通双方处于不断的相互作用中，互为信息发出方和信息接收方。其中，信息发出方（又叫传者）对信息进行编码，借助一定的符号载体、传播渠道，将信息传递给接收方（又叫受者）。接收方经过译码，对信息产生反馈；而反馈又成为新的信息，借助符号载体、传播渠道，返回原信息的发出方。在人际沟通的过程中，双方有各自的动机、目的和立场，都预先设想过自己发出的信息会得到怎样的反馈。同时，人际沟通发生在一定的情境中，背景因素会影响每一个沟通环节。由此，也不可避免地会出

● 西美尔的社会分层理论认为，时尚起源于社会区隔，它是社会分层的表现形式。

现一些噪音，即沟通中的障碍。

而有效的人际沟通，是克服障碍，正确理解他人的意图，准确表达自己的想法。为此，双方应有统一的或近似的编码系统和译码系统。这不仅指双方应有相同的词汇和语法体系，而且要对语义有相同的理解。语义在很大程度上依赖于沟通情境，而沟通双方的社会差异，如性别、年龄、民族、职业等也会对语义的理解产生影响。

二、服装：一种非语言的人际沟通形式

以上我们对人际沟通的基本概念、过程进行了一定的了解，在此基础上，来看服装这种非语言沟通的形式。

（一）非语言沟通的形式

非语言沟通即在人际沟通过程中，用非语言符号来进行信息的编码、发送、接收和解码。非语言沟通的形式很多，主要有视觉和听觉两大类，而服装乃至发型、化妆、饰品等形成的综合性的个人外观，作为生活中十分常见的非语言沟通形式，传递了丰富的信息，属于静态的视觉性非语言。

（二）外观沟通

服装是外观的核心要素，外观沟通（Appearance Communication）是指个体通过视觉上的个人线索，有意义地利用外观来交换讯息的过程。在外观沟通过程中，个体在自我外观呈现与他人外观洞察之间持续（而且自由）地切换注意力的焦点，即在外观管理（Appearance Management）与外观知觉（Appearance Perception）之间不断地转换。因此，我们可以说，个体所进行的外观管理与外观知觉，构成了外观沟通。这其中，信息发送方（即被观察者）与信息接收方（即知觉者）双方，都具有独特的性质、经验以及进行社会互动时的参考架构。除此之外，外观讯息本身也十分独特而复杂。

首先，外观信息是一种日常生活中十分常见的信息，由于人际沟通绝大多数是在着装状态下进行的，所以人们有意无意，或多或少总能透过对方的衣着打扮来获取信息。可以说，外观信息是人际沟通中的必需品。

其次，作为一种视觉性的非语言沟通形式，外观信息必须由知觉者加以注视，并且以视觉的方式来处理。这意味着，它可以表达语言无法传递或不适合传递的讯息。与此同时，它也很难用语言的方式来描述或解释。通常，美学角度是理解外观沟通的重要方式，多数人表现出来的外观意义，总是美好的，希望听到别人的恭维而不是否定。

不过，模糊性也是外观沟通的重要特色，服装很少传递单一讯息，研究者常常以意义的层级来描述外观信息。不过，这种层级是以非线性的方式来解读的，它不是意义的叠加，而是以整合的系统来解释外观。这意味着，在这个过程中，人们启动了心理学的完形机制，即透过面料、色彩、廓形等构成服装的各种元素的组合，以及服装与身体的组合，从整体上来理解外观。

此外，人际沟通本身是在互动中进行的，但是人们在互动之初就已经进入着装状态，即根据想要传递的信息，想要塑造的形象，选择和装扮好自己。而一旦互动展开，外观很难轻易改变，或者改变局部也难以修正。因此，外观信息是相对静态的。同时，作为一种

人际沟通的形式，外观的意义取决于情境。通常它不会单独发挥作用，它和身体语言之间经常发生互动，如正装的着装者会保持相对挺拔的身姿；休闲装可以让身体放松下来；而一些女士礼服，不仅塑身修型，还有可能限制了身体的活动。

（三）服装语言

美国作家兼康奈尔大学教师，普利策新闻奖的获得者艾莉森·卢里（Alison Lurie）出版过一本《解读服装》（*The Language of Clothes*）。在书中，卢里将服装视为一种符号系统（Clothing as a Sign System）。她提出，服装就像语言一样，有词汇和语法，而每个人都有他特有的"字库"，并且运用个人的音调和语义。

不仅如此，卢里还指出，在服装语言中，既有古老的字（传统服装），又有外来语（异国风情）；有俚语（非正式场合的着装）和粗话（颠覆传统的服装）。她引用来弗定律（Laver′s Law），来说明服装语言的意义随着时间而改变。

来弗（James Laver，又译作詹姆斯·拉韦尔）是英国著名的服装史学家，来弗定律最早出现在 1937 年出版的《品味与时尚》（*Taste and Fashion*）一书中，20 世纪 60 年代，它被美国著名百货公司尼曼·马库斯（Neiman Marcus）的买手应用于实践中并获得成功。根据来弗定律，服装在当下，其含义是漂亮的（Smart）；向前看，10 年前，同样的服装，可能被视为下流的（Indecent）；5 年前，可能是有伤风化的（Shameless）；1 年前则是大胆的（Outré -Daring）。而向后看，1 年后，该服装可能就被视为过时的（Dowdy）；10 年后则是可怕的（Hideous）；20 年后，它是可笑的（Ridiculous）；30 年后，它是有趣的（Amusing）；50 年后，它变成古朴的（Quaint）；70 年后，它成为迷人的（Charming）；100 年后，它是浪漫的（Romantic）；150 年后，它是美丽的（Beautiful）。可以说，来弗定律不仅从历史的角度来看待服装，揭示出流行的周期，更反映了服装语言在不同时代语境下的意义。

三、服装在人际沟通中的功能

作为一种非言语的人际沟通形式，服装主要发挥了以下五种功能：

（一）第一印象的传达功能

在上一章的印象形成中，已经讲过服装与第一印象。对于初次见面的人来说，服装乃至整个外观，是一个重要的认知线索。而从人际沟通的角度来看，服装在此被赋予了一定的社会意义，传递了个体的社会身份，兴趣爱好，修养程度，经济能力以及其他一些内在信息。

（二）人际关系的传达功能

人际关系是人与人在沟通交往中建立起来的直接的心理上的联系，它具有个体性、直接性和情感性的特点。而服装在一定情境下，反映出社会相互作用过程中的人际关系。特别是在等级划分明确的组织中，如军队。在其他情况下，如情侣装、亲子装等分别表现出情侣、家庭的亲密关系。

（三）感情的表达功能

服饰的选择与穿着，不仅与个人的情绪情感状态相关，它本身在社会互动中，也常常被赋予情感意义。如"慈母手中线，游子身上衣。"一件衣服，承载了母亲对子女的爱意。

（四）自我表现功能

服装是一种无声的语言，向世人展现了穿着者的主张、思想、价值观以及个性等。美国明尼苏达大学教授格里高利·史东（G. P. Stone）在他的经典论述《外观与自我》（*Appearance and the self*）一文中提出，外观是自我形象的组成因素。而所罗门也曾指出：时尚反映了我们的社会和我们的文化，作为一种象征性的表达，时尚反映了人们如何表征自己。

（五）印象操作功能

外表的修饰与服装的运用可以影响他人的印象形成，在生活中，每个人都有意识或无意识地利用外观向他人展示了另一个"自我"。英国视觉传播研究及时尚理论家马尔科姆·巴纳德（Malcolm Barnard）指出，服装不是反映而是构成一个人的身份（Clothing does not reflect personal identity but actually constitutes it.）。对于个体来说，服装不仅有自我表现功能，它也可以反过来帮助个体建构自我。通俗的说，就是什么人穿什么衣服，而穿什么样的衣服，又可以帮助个体成为他想要成为的人。通过外观管理，进行印象操作，个体在社会互动中，建构自我形象，在社会交往中给他人留下积极的印象。

第三节　象征性外观和印象管理

服装具有物质和精神的双重属性，它既是实在的物，又是一种符号。本节进一步探讨作为物的服装，如何具有了符号的意义，理解服装作为一种人际沟通形式，它所传递的信息，以及如何利用服装，进行外观管理。

一、象征性外观

对于象征性外观，凯瑟提出，它是能指和所指的结合体。能指是具体的，肉眼可见的实物（服装）或形象（外观）；所指是抽象的，是能指所指涉的概念或想法。那么能指和所指是怎样结合到一起？它们又是如何产生意义呢？

（一）关于象征性的探究

正所谓"一花一世界，一叶一如来"，人类对自然事物或社会事物的认识，使对象事物被赋予了意义，从而拥有了象征性。我国著名符号学家赵毅衡指出，象征起源于比喻（如明喻、隐喻、提喻、转喻、浅喻等）。它是某种比喻在文化社群中反复使用，逐渐积累了超越一般比喻水平的意义。即从比喻到象征，有一个意义形成的过程。在这个过程中，对某个比喻的反复使用，可以形成意义的积累，进而成为象征。而社会性反复使用，还可以让一组比喻积累起足够的对应意义，由此产生象征集合。

按照赵衡毅的分析，要形成携带意义的象征，有三种方式：文化原型、集体复用和个体创建。文化原型，又称原型象征，即在人类各部族，甚至全体人类经验中，根植很深的某些比喻。例如太阳象征阳刚，月亮象征阴柔；春天象征希望。在人类的外观中，也有类似的文化原型，例如金饰象征财富。

集体复用，靠集体采纳和一再复现的方式形成象征意义，是历史性的积累与变化所得。例如，我国上衣下裳的形制，据《周易·系辞下》记载，从"黄帝、尧、舜，垂衣裳而天下治，盖取诸乾坤。"开始，传承数千年。所谓乾为天，坤为地，上衣下裳效法天地，象征着中国传统的"天人合一"的思想。

个体创建，即个体通过特殊的安排，有意让一个形象多次使用，通过社会性传播和使用，获得其象征意义。这种形式，在当代社会非常普遍，一般品牌都会追求象征化，除了商标图像（LOGO），还会突出一些与品牌相关的元素。例如，香奈儿的山茶花元素就充满了象征意味，成为品牌的一种识别符号。而当代的大众媒体也加速了品牌的象征化，广告以及公关新闻稿的大量曝光，增加了复用机会，缩短了意义形成的时间。

（二）象征性外观

通过上述对象征性的探究，不难发现，象征起源于比喻，在反复使用的过程中，积累意义。而根据符号互动理论，这种意义，不是一成不变的，它随着社会互动，在个体解义、释义的过程中不断被修正。

以旗袍为例，作为一种符号，历经百年的社会变迁，其意义也发生了多次变化。旗袍是在20世纪20年代由上海的女学生最先开始穿着的。那时刚刚提倡妇女解放，而旗袍打破了汉族女子上衣下裳的传统，"旗"字是借鉴满族妇女服装中上下连属的形制，"袍"字来源于汉族男装的名称，旗袍由此具有女性平权的象征意义，表现了女子的知性和独立精神。30年代，电影明星、交际花模仿女学生，也开始穿起了旗袍。由于她们的改良，旗袍从"方正严冷"变得修身塑性，尽展女性曲线美。而且，她们将旗袍与各种西式服装、鞋包、发型一起搭配，形成了中西合璧的特色。此时，旗袍变成了西式、现代和时尚的象征。20世纪40年代，旗袍逐渐普及化，四季可穿，成为老少咸宜的日常装，这种大众化的趋势使旗袍成为民国风貌的象征。

进入20世纪50年代，中华人民共和国的成立带来了全新的社会风貌，人们追求革命新式样，列宁装、中山装和人民装成为主流，而旗袍作为旧样式，虽然改以棉布或朴素的色调图案，仍难以逃脱衰败的命运。此时，旗袍象征着思想意识的守旧和落后。不过，在中华人民共和国第一次建交高潮中，一些国家领导的夫人和文艺工作者穿着旗袍出国访问，它在对外的交流中，成为象征中国，带有中国特色的服饰符号。20世纪60~70年代，旗袍和西装一样，作为象征腐朽的资产阶级生活方式的代表，被批判和破除，由此销声匿迹。20世纪80年代以来，随着改革开放，服饰领域表现出风气之先的进步性。而新式连衣裙、牛仔裤、健美裤等各种新潮服装主导了流行，西装重归大众视野并掀起热潮，而沉寂已久的旗袍并未能被新时代所接纳，它是过气的象征。到了20世纪90年代，旗袍作为礼服的功能被礼仪以及宾馆、餐厅应用，成为服务业的一种象征。而21世纪前后，随着中国对外交流的增加，特别是中国女性在国际舞台上频频亮相，旗袍作为一种符合中国女性身材和气质的服装，被重新赋予活力。创新设计的旗袍，成为中国的象征，其作为中国特色服饰的功能被进一步加强。

透过旗袍的百年变迁，可以看到，服装的象征性意义是在特定社会文化背景下产生的。社会性象征有时很直接，有时也可以很隐蔽。百年来，旗袍从款式结构到面料色彩、图案细节，乃至配饰与妆发的搭配等方面，经历了千变万化。但是其书写符号"旗袍"以及它所指向的真实服装的基本形制，并没有根本性的变化。因此，象征性外观是社会情境的产物，它的意义起源于服装的形制及其构成元素与可变项的组合。形制具有指示性意义，为社会复用，形成对应关系，相对稳定。而服装在构成元素与可变项的组合方面，为适应社会环境而发生变化，由此产生区别性意义。除了社会文化环境，意义也与穿着者的身份相关，如 20 世纪 20 年代的学生，20 世纪 30 年代的明星交际花，她们穿着的旗袍，不仅在外观上具有差异，而且在意义上也十分不同。所以，意义在社会互动中形成且不断得到修正。

二、服装信息的含义

就视觉而言，服装是一种象征符号，它的意义可以从两个角度进行分析：宏观的社会互动角度和微观的人际互动角度。这两者既有区别，又相互联系。对于前者来说，作为象征符号的服装无疑与它的社会功能密切相关，其意义属于特定的时代社会背景，是相对稳定的。而后者的意义属于特定情境，是即时性的，随着时间、地点、场合、对象等因素的变化而变化。综合来看，服装的社会文化意义是它在人际交往中产生意义的基础，并由此指导着人们的着装行为。而服装在人际互动中产生的意义，反过来，有可能修正其社会文化意义，由此成为新意义的来源。

具体来看，在人际沟通中，服装表达了人们是什么，以及他们想成为什么样的人；它向与之交往的他人，展示出一种可能的关系。将服装视为符号，意味着人们通过服装的选择和穿着，有意无意地传递着关于自身的信息。这些信息经过对方的解码，产生反馈，进而在你来我往的人际互动中逐渐形成意义。总体来说，服装信息的含义非常丰富，主要包括：

（一）自我同一性

服装与自我认同感有关，即服装是证明自我存在价值的符号。个体通过服装向外展示的形象，与意识中的自我形象是一致的。有研究对个体的服装意识度进行测试，发现自我概念以服装为媒介向他人传递，从他人肯定的反应获得自豪感，同时个体也在同自我对话，通过穿着与自我概念一致的服装而使自我概念得到强化。对于处在"自我同一性危机"的青春期少男少女而言，服装和外观对摆脱危机，确立肯定的自我概念有着重要作用。对服装和外观的强烈关心，对流行的敏感可以说是他们试图将自我的各种面投射到服装，从这种尝试中发现真正的自我。

（二）价值观

服装与个体的价值认同有关，即服装是价值观的符号，它反映了人们的价值取向和生活方式。有研究表明，与过去不同的新奇服装传递着"自由""独创""年轻"等价值观；相反，保守传统的服装则传递的是"大众""顺从""权力"等价值观。而近年流行的 Slogan T 恤更是将个体的信念、主张以直白的形式表达出来。

（三）感情

服装与人的情感、情绪状态有关，即服装是感情的符号。如选择鲜艳明快的服装反映出着装者的愉快心情；身着军服的新兵抑制不住喜悦与自豪之情。服装不仅可以传达情绪，还可以用于改善情绪，如心情沮丧的女孩买新衣服自我安慰。可以说，服装也是人的一种

"表情"，只是不像面部表情那么多变。

（四）态度

服装与人对社会事物的态度有关，即服装是态度的符号。态度是个体对待人或事物的稳定的心理倾向，而透过态度可以推测个体的行为。在这方面，一个人的着装方式反映了他对既有的服装规范的态度：保持一致或是背离。而服装规范是特定时代和文化背景的产物，它与通行的社会规范是一致的。因此，符合服装规范的穿着，意味着着装者对现有社会规范的认同；而奇装异服的背后，反映了着装者试图背离传统的态度。

（五）个性

服装与人的性格倾向有关，即服装是个性的符号。美国北加州大学的一项研究表明，女大学生选择什么样的服装和她们的个性类别相关，"主要为舒适和实用而穿着"的人更自律，独立和善于调和社交关系。而不喜欢在人群中出挑的女生，则更为保守，思想观念也比较传统。可以说，服装发展到今天，不同的样式、色彩、质感等特征已经被人格化了；而服装品牌，也在不遗余力的塑造自身的形象与"个性"。

（六）状态

服装反映出个体的状态，并随着状态（出生、入学、毕业、工作、结婚等）的变化而改变，即服装是标示个体状态的符号。在现代社会，即使一天当中，人们也会为了适应不同场合的需要，而更换服装。这一行为，意味着个体从一种状态向另一种状态的切换。具体说来，服装至少在以下几个方面提供了对特定状况进行解释的线索。

（1）服装反映出特定状态下，交往双方对彼此的重视程度。服装本身有正式与休闲的区别，加上整齐干净程度，以及搭配妆容发型等因素，透露出着装者对彼此关系与交往的重视与否。

（2）服装反映出特定状态下的人际关系，如下属的服装通常不能在价格、品质等方面超过上级。

（3）服装反映出特定状态下的独特性或亲密度，如身着近似服装的年轻伙伴。

（4）服装反映出情境和场合的重要性，如就职面试的穿着，反映了一个人对这次面试的重视程度。

（5）服装反映出特定状态下，某些行为发生的可能性，例如，一般情况下，我们很少怀疑一个衣冠楚楚的人会有偷盗之类的行为。

如上所述，作为象征符号的服装，在人际沟通中传递着各种信息，在人际互动中起到重要的作用，着装者通过服装意义的传达，增强了人与人之间的相互联系与关系。

三、印象管理和服装

上一章从外观知觉的角度讲述了服装与印象形成。而在外观沟通的过程中，个体除了知觉他人的外观信息进行解读外，也可以利用服装来进行外观管理与印象操作。

（一）印象管理的概念

美国着装顾问威廉·索尔比（William Leo Thourlby）著有《风度何来》（*You Are What You Wear：The Key to Business Success*）一书。他在书中提出，人也是产品，需要通过包装来

赢得他人的注意、信任与尊重。在这样一个"第一印象"决定沟通能否成功的时代，衣着是否得体，外观与内在气质是否一致，会影响个人与公司业务的发展。因此，每个人都要学习如何通过包装，来实施印象管理。

具体来看，印象管理又叫印象操作，它是个体有意识地进行自我形象的控制，以一定的方式去影响他人，使他人对自己的印象朝着个体期待的方向发展。印象管理既是个体适应社会的一种方式，也是个体的自我表现方式。印象管理的手段很多，如语言、表情、动作等，而外观管理作为印象管理的重要组成部分，主要是运用服装、化妆、发型等塑造外观的手段，利用外观特有的象征意义，去影响他人的对个体的印象。

（二）印象管理的策略

印象管理与印象形成可以看作是同一现象的两个方面。在社会互动中，双方都在彼此观察、评价，因此印象管理也是一种社交技巧，其常见的策略，主要有：

1. 按社会常模管理自己

社会常模（Social Norms）即正常人符合社会准则的心理与行为。按社会常模来进行外观管理，就是穿着符合社会准则，大众标准的服装。

例如，2011年7月19日下午，新闻集团首席执行官，传媒大亨鲁伯特·默多克和次子詹姆斯在伦敦出席英国议会就《世界新闻报》"窃听门"丑闻举行的听证会。当天，默多克父子二人都穿着深蓝色的西装，打着深蓝色领带，深蓝色是在英国最受认可、容易产生好感的传统颜色。

2. 隐藏自我、抬高自我与突出自我

服装作为一种自我展示的手段，暴露了穿着者的诸多个人信息，如个性、年龄、性别与性取向、政治背景、经济状况、文化水平、价值观念、审美品位、情绪状态、兴趣爱好、创意能力、权威性和自信水平、民族和信仰……而个体为使他人对自己产生良好印象，建立和谐的人际关系，有时需要把真实的自我隐藏起来。例如，一个富二代的大学毕业生，他进入一家公司，从基层员工开始，为了不让同事们知道自己的家庭背景，他会选择与同事们相似的，价格适中的服装，而不会穿着一身名牌去上班。

除了隐藏自我，很多时候，为了营造良好的形象，个体还会自我抬高。比如，一家小公司的老板，开豪车、穿戴名牌，希望给别人留下一个实力雄厚的印象，以增加合作机会。另外，在很多场合下，个体为了吸引注意，给他人留下独特的印象，能够从众人中脱颖而出，还会采取突出自我的手段来进行印象管理。通常，突出自我是反常模管理，即反其道而行之；或者运用廓形、色彩、图案等服装元素的创新，与他人区别开来。如2015年，女星张馨予身穿胡社光设计制作的礼服亮相戛纳电影节的红毯，大面积红绿配色的东北传统图案，在众多优雅的礼服面前形成强烈的反差，也由此给她带来极高的关注度。虽然对她这次着装行为的评价褒贬不一，但她的知名度迅速蹿升，一度占据了微博热搜，比起其他女星，她这次的造型令人印象深刻。

3. 按社会期待管理自己

按社会期待就是要符合社会对角色的期待，根据个体的社会角色来进行印象管理。每天，个体都面临着服装的选择，而这与他接下来的活动计划密切相关。试想一个年轻人，

接到了某公司的面试通知，如果他非常重视这次应聘，就应该认真准备，不仅是面试的内容，也包括外表。尽管面试时，他显得有点紧张，但在别人看来，他却像个年轻有为的经理，干净整齐的外表，上衣和领带都是老式的，手里还提个公文包。显然，这位年轻人求职面试时的衣着打扮是经过认真选择的，他试图模拟入职后的着装，希望给主考官留下成熟、能干的印象。

4. 投其所好

个体为了得到他人的好评，给人留下良好印象，采取投其所好的方式来进行印象管理。最典型的现象，就是女为悦己者容，即不是按个人喜好来装扮自己，而是根据对方的喜好来穿着服装。事实上，异性吸引本身也是服装的一大功能，而在相互吸引的过程中，男女双方不仅是自我展示，也会站在对方的立场上，按照对方的喜好来穿着，希望能打动对方。

综合来看，成功的印象管理，是以正确理解情境、他人和自身的状态以及所要承担的社会角色为基础的。

(三) 外观管理的限制

尽管随着经济收入的增加和教育水平的提高，现代社会出现了时尚大众化的趋势，但是在利用服装进行外观管理的过程中，依然存在若干因素的制约。

首先是"经济条件的制约"。对于尚不富裕的工薪阶层来说，昂贵的名牌服装只能是可求而不可得。因此，"名牌的显示"便受到了限制。

其次是"社会教养的制约"，也就是所谓的"修养的制约"。实际上人们要想模仿其他社会阶层的生活方式是困难的。常常可以见到有人西服革履，衣冠楚楚，但却随地吐痰或满嘴脏话，或行为举止欠佳，所以"得体"不仅指穿着，更指穿着与行为的相互协调一致，这得益于这个人长期的"修养"，非一朝一夕可得。

最后是"身体状况的制约"。人的外观不仅是服装，而且还通过手、脸、身体等反映出来。而后者与一个人的居住条件、食物、工作等有密切关系。无论一个人如何美容，也不可能完全掩盖长年体力劳动造成的皱纹、老茧、暴起的肌肉等。可以想见，同样是黑皮肤，日光浴的黑皮肤与农妇在田间劳动晒出的黑皮肤恐怕不同吧。

以上限制因素说明，如果不注意地使用象征符号来表现自己或印象管理，效果可能会适得其反。也就是说，当我们利用衣着服饰的象征作用表现自己时，应注意衣着外观和行为举止的协调一致。

思考题

1. 布鲁默的集体选择理论有哪些主张？你是否赞同他的观点？
2. 外观信息有哪些特点？
3. 服装在人际沟通中有哪些功能？
4. 什么是印象管理？有哪些印象管理的策略？
5. 利用服装的印象管理受哪些因素的制约？

第六章　群体行为和服装

本章提要

　　本章主要从群体层面探讨个体的服装行为如何受到群体影响，以及人们如何把服装当作群体表达的工具。第一节，主要对群体的概念、特征及其分类进行了基本的梳理，对几种群体影响进行了讨论。第二节到第四节分别从模仿、从众、参照群体三个角度，对群体行为与服装进行了讨论；每一节都是从概念和相关理论、研究成果的梳理开始，再围绕服装，进行延伸。最后，在第五节，以组织的概念为出发点，对于组织群体与服装，特别是制服这一特殊着装现象进行了专门的讨论。

>>> 开篇案例

　　2017年，由爱奇艺投资上亿资金自制的网络音乐选秀节目《中国有嘻哈》异军突起，节目嘉宾一句"你有freestyle么？"不仅让"Freestyle"成为热词，而且将原本属于小众风格，代表亚文化群体的嘻哈服饰（Hip-Hop Fashion）推向前台。在节目中，有位选手因为"商务范"的穿着而被现场嘉宾问道"你为什么穿得那么不Hip-Hop"。的确，他在"Rapper"中显得有些格格不入，而这恰恰说明，嘻哈群体已经形成了颇具识别性的群体外观。

　　具体来看嘻哈服饰，其首要特色便是Oversize（大码）。这也是嘻哈风格又被称为"Big Fashion"的原因。最初，由于美国黑人青年的经济条件有限，一件衣服可能兄弟姐妹很多人穿，所以嘻哈风格中的牛仔裤、T恤、卫衣等主要服饰，不仅中性，而且号型普遍偏大。而如今，这种宽大、松垮的造型风格则成为嘻哈青年追求自由，不喜欢束缚的一种象征，甚至还一度流行"The baggier the better."（越大越潮）的说法。

　　其次，运动装也是嘻哈的标配，由于嘻哈文化中包含多种街头运动，如街头篮球、滑板、街舞、跑酷，所以嘻哈服饰大多采用了便于活动的运动装元素，如常见的棒球帽、棒球夹克、帽衫、卫衣、运动鞋、滑板鞋等。而许多运动品牌也积极加入到这股风潮中，将自己与嘻哈文化联系起来。

　　除了这些宽松、运动的元素，嘻哈服饰中也包含相对合体的牛仔服，但是一般都有磨毛做旧效果，在膝盖或其他部位有补丁或窟窿，这些被统称为破洞牛仔（Rapped Jeans）。此外，户外服饰也受到嘻哈群体的欢迎，但一般他们不会穿着全套的户外服装，而是选择户外上衣：冲锋衣，搭配登山鞋/靴。

　　至于发型和配饰，男士以寸头和源于非洲文化的脏辫（Dreadlocks）为主，而配饰除了棒球帽，还有头巾、墨镜和夸张的饰品。其中，嘻哈元素的饰品里，最常见的是浮夸的金链子、金表、夸张的戒指。这些是早期成名的嘻哈歌手用来炫耀的资本，而如今，有人把它解读为一种态度。金链子始终象征着财富，对应的是人的欲望和本性。"Rapper"们把很粗很长的金项链戴在胸前最显眼的位置，仿佛是在告诉人们，坦然面对贪婪和欲望，炫耀的本性不需要遮遮掩掩，或许这就是嘻哈一族们奉为圭臬的所谓真实（Keep it Real）。

　　服装所表达的社会意义不是凭空衍生出来的。多数情况下，意义是由群体共享的。特别是，当人们把服装当作群体标识的工具，或是个体利用服装来表达想要归属于某个群体的时候，服装所指涉的群体价值和群体规范，表现得尤为明显。可以说，群体介于个人偏好与社会期望之间，而外观沟通不仅是个体之间的符号互动，亦是群体沟通协调的结果。

第一节　群体和群体影响

　　古希腊哲人亚里士多德曾经说过，人是群居动物，社会群体生活是人最基本的存在形式。在日常生活中，每个人都归属于一定的群体，个体的认知、态度和行为都不同程度地受到群体的影响。

一、关于群体

　　群体对个体产生影响，它不仅共享了意义，也是市场细分策略的基础，为此，我们首先来看群体的概念、特征及其分类。

（一）群体的概念

　　群体（Group）也称团体，它是由两个或两个以上相互作用的个体组成的集合。个体之间的相互影响，是构成群体的必要条件。个体之间如果没有互动，人数再多，也不能称为群体。所以说，群体就是具有共同特征（如规范、价值观、信念等），或是为了共同的利益、目标而组织起来的个体的集合。每个人在群体中履行自己的角色义务和权利，群体成员之间，存在着隐含的或明确的关系，其行为是相互依赖，相互影响的。

（二）群体的特征

　　群体区别于个体，不只是数量上的变化。具体说来，群体具有以下三个特征：

　　（1）构成群体的重点不在于数量，而在于群体的共同性。共同性是构成群体的基础，它可以是共同的利益、目标，为实现目标，群体往往会制定一系列的规范。共同性也可以是共同的文化、信念，如一些群体会发展出独特的亚文化，形成一套属于自己群体的价值观、态度倾向和行为方式。

　　（2）一盘散沙不是群体，群体是组织化的人群，不论是正式群体还是非正式群体，群体都具有一定的结构，每个成员在群体中都有自己的位置，享有一定的权利，履行着相应的义务。

　　（3）群体成员在心理上形成一定的依存关系和共同感，由于彼此之间相互作用、相互影响，群体具有系统性与复杂性，能够发挥出 1+1>2 的效应。

二、群体的类型

群体在规模、性质、利益关系等方面存在不同，营销者通常采用四个标准来评价群体：成员资格、社会联系强度、接触类型和吸引力。不同类型的群体以不同的方式影响着个人的行为和价值取向。

具体说来，正式群体如军队、企业、学校等，是组织化的，人们有共同的利益和目标，成员有明确的分工和结构，各自承担不同角色，其权利、责任、义务都很清晰。通常，正式群体都是次级群体，次级群体是按照一定的规范建立起来的、有明确社会结构的群体。次级群体的规模一般比较大，其运转基础是社会角色关系。

而与次级群体相对应的，是初级群体，它是基于自然的人际交往而形成的群体，以亲缘血缘，共同的兴趣爱好、生活方式、价值观或相似的经历等特征组织起来。一般说来，初级群体都是非正式群体，其运转基础是人与人之间的情感联系，没有严格的群体规范和规定性的角色关系。

比较而言，家庭、朋友、同事这类初级群体，与个体的直接接触多，其关系更为密切，互动更为频繁，对个体的影响也更大。特别是以婚姻和血缘关系建立起来的家庭，这是最常见的，最有影响力的初级群体。而次级群体因为比较正式，群体内的互动相对少一些，对个体的影响也因此减弱。但是，从另一个角度来看，个体在次级群体中大多是以正式的社会身份出现，这是构成其社会同一性（Social Identity）的核心部分。因此次级群体能够对个体的自我同一性（Ego Identity）产生重要影响。

今天，互联网的飞速发展，造就出成千上万个虚拟社区，群体的组合，超越了年龄、地域、族群等传统指标。喜爱同一个偶像，使用着相同的品牌，这些都可以把个体联结到一起。人们在网络社区中，分享着信息和个人体验，共享着群体的价值与观念。可以说，互联网客观上促进了群体的发展。而不论是虚拟社区还是现实中的群体，它们对个体的影响始终存在。

三、群体影响

服装的购买与穿着，既是消费者的一种自我表达，亦反映出外界对他的影响。这种影响，包含了他人实际在场、想象在场和隐含在场。事实上，他人在场问题也是社会心理学最基本的问题之一，由此形成的群体影响，主要包含社会促进、社会抑制、社会惰化、去个体化。

（一）社会促进

社会促进（Social Facilitation）又译为社会助长，它是指个体在完成某项活动时，由于他人在场而提高了绩效的现象。一个多世纪前，美国心理学家特利普里特（Norman Triplett）进行了首例社会心理学实验研究，并据此提出他人在场有助于个体释放潜能的论断。1924年，被誉为实验心理学之父的奥尔波特（Floyd Allport）在哈佛大学进行了一系列有关他人在场对个体绩效影响的研究，并由此提出了社会促进的概念。

综合此后诸多学者对社会促进的研究，可以将其总结为两种效应：结伴效应与观众效应。所谓结伴效应，就是他人在场增加了互相模仿的机会和竞争的动机，减少了单调的感觉以及由于孤独而造成的心理疲劳。而观众效应，则是指个体感到某种社会比较的压力；增强了被他人评价的意识，提高了个体的兴奋水平，从而提高了工作或活动效率。

（二）社会抑制

社会抑制（Social Inhibition）又译为社会干扰，是指个体在完成某项活动时，由于他人在场而降低了绩效的现象。对于这种与社会促进截然相反的情况，美国心理学家扎荣茨（Robert Zajonc）利用"优势反应强化说"将这两个看似矛盾的说法融合到一起。具体说来，优势反应强化说指出，个体会因他人在场而被唤起、激活，动机水平提高，由此促进了他的优势反应。通常，那些简单任务或是已经学习和掌握得相当熟练的活动会由此提高绩效；而复杂任务或不够熟练的活动，则会强化错误，由此降低绩效。

（三）社会惰化

社会惰化（Social loafing）又译为社会懈怠、社会逍遥，它是指群体共同完成一件任务时，个人所付出的努力比单独完成时偏少的现象。一般来说，个体在群体活动中，责任意识降低，被评价的焦虑减弱，付出努力的水平都会下降；群体规模越大，社会惰化现象越严重。这就像三个和尚的故事一样，大锅饭助长了社会惰化。而要减少社会惰化，就要尽可能将个体在群体活动中的责任和成果量化；同时，应加强群体之间的关系、信任和团队精神；以群体成功为目标引导，提升任务的挑战性、吸引力与号召力，激发个体的卷入水平。

（四）去个体化

去个体化（Deindividuated），是一种自我意识下降，自我评价和自我控制能力降低的状态。社会促进表明，群体能产生一种兴奋感，引发人们的唤起状态。而社会惰化也表明，群体分散了责任，降低了个体对社会评价的关注。因此，当个体身份隐匿，如穿着一模一样、难以辨识的服装；戴面具、头巾或进行涂色等伪装，在网络上匿名发表言论等时候，人们的自我察觉和约束减弱，群体意识增强，更容易对情境线索做出回应。

菲利普·津巴多（Philip George Zimbardo）的实验证实了这一点。他让纽约大学的一群女学生穿上统一的白色衣服，带上面罩，这和三K党成员的装扮非常相似。他以编号来称呼这些女生，使其本来面貌和身份变得十分模糊。在实验室，这些女生接受任务，对几个无辜的女生实施电击。结果发现，这些平日文静可爱的女学生此时都表现得很残忍，尽管她们目睹了受电击者的痛苦，但仍然坚持实施电击；而且选用的功率比一般被试者（未穿统一服装，身上贴着名字标签的非匿名者）高；持续的时间也长一倍。

统一的服装使个体淹没于群体之中，丧失了个性。群体规模也会对去个体化现象产生影响，研究表明，群体规模越大，成员越有可能在群体情境下，失去自我知觉能力。所谓法不责众，从轻微的失态到冲动型的自我满足乃至破坏性的社会暴力，去个体化使人们在群体中失去自我意识，做出一些单独一个人时不会做的事情。

第二节 模仿行为和服装

前面对群体和群体影响进行了基本的梳理，接下来就与服装密切相关的几种群体行为展开具体的讨论，主要涉及模仿、从众与参照群体三个层面。

一、模仿的概念

德国著名哲学家康德曾经说过："在自己的举止行为中，同比自己重要的人进行比较（儿童同大人比较，身份低的人同身份高的人比较），这种模仿的方法是人类的天性。"这一点，可以说，在人类的服装行为中，表现得尤其突出。

所谓模仿，是在没有外在压力的情况下，个体受他人影响，仿照他人，使自己的行为与他人相同或相似的现象。作为一种重要的人类行为，模仿是人们相互影响的一种方式；它可以协调个体与个体、个体与群体之间的关系。模仿具有社会适应性，在个体发展的早期，模仿的适应作用表现得尤其明显：正是模仿行为帮助个体适应他所面临的各种情境。同时，模仿也使人们在意识观念和行为上与他人保持一致，促成群体的形成，增进群体的凝聚力。正如法国社会心理学家塔尔德（Jean Gabriel Tarde）在其经典著作《模仿律》中所提出的，模仿是先天的，是我们生物特征的一部分。其他生物的相似性来自遗传，而人类则通过模仿达成一致的行为，构建社会相似性。

同时，模仿也是一个传播过程，它是社会进步的根源，对于人类的社会生活具有非常重大的意义。模仿是个体反映与再现他人行为最简单的形式，它既是一种学习机制，也是一种创新机制。正如塔尔德所言，"一切事物不是发明，就是模仿"，模仿是学习的基础，创造的前提条件，为创新提供必要的积累。从牙牙学语到蹒跚学步，模仿是人类传承文明与技艺的基本手段，也是人类社会得以成立的基本条件之一。

二、模仿的类型

模仿是一种普遍的人类行为。它可以分为有意模仿和无意模仿两大类。有意模仿是模仿者主动地、有目地模仿他人的行为。即使不了解他人行为的真正意义，进行有意模仿的个体，还是认为模仿别人能获得好处，如东施效颦的典故。至于无意模仿，并非绝对的无意识，只是意识程度相对比较低。

在《模仿律》一书中，塔尔德对模仿这一人类的本能行为进行了细分，如风俗模仿与时尚模仿，同感模仿与服从模仿，感知模仿与教育模仿，有意模仿与无意识模仿……这其中，他特别强调了无意识的模仿；同时，还提出了反模仿和非模仿的说法，认为亦步亦趋是一种模仿，反其道而行之也是一种模仿。当人们不虚心向别人学习或没有能力搞创新的时候，会出现反模仿（Counter-Imitation）的行为。而非模仿（Non-Imitation）则是无模仿，它并非简单的否定事实，而是由于没有社会接触而无法模仿。塔尔德认为，通常，纵向的非模仿是斩断传统，而横向的非模仿则是拒绝屈从于外来压力。

所谓见好思齐，不论模仿行为是有意还是无意，其结果是否得当，它都是推动个体成长和社会发展的基本动力。不过，不同时代的标准不同，模仿的对象也因人而异。

三、模仿行为与服装

塔尔德在《模仿律》中提出了三点：下降律、几何级数律、先内后外律，并据此来分析人们的着装行为：

(一) 下降律

塔尔德提出，社会下层人士具有模仿社会上层人士的倾向。纵观服装史，这种自上而下的模仿现象，在古代和近代社会中表现得尤为突出。一方面，处于社会上层的人们为了显示自我，不断翻新式样，引领潮流。另一方面，处于社会下层的人们不甘居于人后，通过模仿来将自己伪装成社会上层，试图混淆上下层的界限；或者至少可以使自己优于同类。今天，社会虽然不再像过去那样等级森严，社会阶层划分也没有那么泾渭分明，但服装还是标识人们身份地位的重要手段。因此，这种下降律仍然主导着人们的模仿行为，明星和名流吸引着大众的眼球，成为人们效仿的对象；在公司里，领导的着装则成为下属员工模仿的范本。

(二) 几何级数律

塔尔德指出，模仿一旦开始，便以几何级数的速度增长。几何级数 (Geometric Series/Progression) 本是数学名词，它被广泛应用于物理学、生物学、经济学、计算机科学等领域。几何级数的增长，就是 A 的 n 次幂的增长，类似于通常所说的"翻番"。与算术级数的增长保持稳定缓慢的节奏不同，几何级数的增长初期不是很明显；但是几轮过后，越来越显著。对于服装模仿行为来说，几何级数的增长，意味着模仿行为的发生，也有先慢后快的特点；一旦经过某个拐点，模仿行为就会出现大面积快速扩散的现象。

(三) 先内后外律

塔尔德指出，个体对本土文化及其行为方式的模仿与选择，总是优于外域文化及其行为方式。同时，任何模仿行为都是先有内在的观念上的模仿，后有外在的物质层面的行为。根据塔尔德的分析，15 世纪的意大利服装和 16 世纪的西班牙时装都曾在法国一度流行，在此之前，意大利的文学艺术乃至宗教和西班牙的文学都已先行进入法国。因此，在模仿行为中，总是思想和目的在前，表达和手段在后。就像儿童先学会听懂成人的语言，而后学会说话一样，想要引发服装的模仿行为，必须要先行开展观念的推广。

第三节 从众行为和服装

群体是由不同个体组成的，但是他们的行为常常表现出一致性。除了前一节提到的模仿，从众也是一种群体影响，是促成这种群体一致性的重要机制。

一、关于从众

与模仿不同，从众是在一定的外界压力下产生的趋同行为。

(一) 从众的概念

所谓从众 (Conformity)，是指个体受到群体影响，做出行为或信念的改变。它是个体在实际存在的或假想存在的群体压力下，为符合公众舆论，与群体中的多数人保持一致，而改变自己的认知、判断、信念、态度、意见与行为。

从众有积极的一面，它促进社会形成共同规范、价值观，保障社会功能的执行，延续文化的传承；对个体来说，它具有社会适应的重要意义；而对群体来说，它有助于完成群体目标。当然，从众也有消极的一面，抹杀个性，扼杀独立思考能力，甚至出现法不责众效应，助长不良社会风气。

（二）从众的形式

从众行为十分普遍，通常说的"随大流"，就是一种典型的从众现象。它既可以是临时性的，对群体中占优势的态度、行为的采纳，或是在现场对多数人意见的赞同；也可以是长期性的，对占优势的观念与行为方式的接受。

从众可以表现为许多形式，如顺从（Compliance）。一个人出门时穿西装打领带，尽管他自己并不喜欢这样，但是他会顺从外界对他的期望或要求，以此获得奖励或避免惩罚。如果这是由一个明确的命令引起的，如一个人的上司要求他明天必须穿正装，他为此穿上西装打了领带，这种行为被称为服从（Obedience）。而当一个人真诚的，发自内心的认同群体的观点与行为，并因此与其保持一致，这种从众叫作接纳（Acceptance）。比较而言，身处群体之中与独立于群体之外的信念、行为是否一致，是判断从众的关键。

此外，也有研究者将从众分为真从众（表里一致）、权宜从众（内心并不认同，但外在行为与群体一致）和反从众（内心与群体一致，但行为不同）三种类型。

二、有关从众的实验研究

心理学界曾经做过许多关于从众的研究，其中最著名的是谢里夫的规范形成研究和阿希的群体压力研究，其中阿希的试验程序后来成为许多社会心理学实验的标准程序。尽管这两个实验都没有涉及明显的压力——既无"团队合作"的奖励，也无个体化的惩罚，但实验中的被试者都表现出显著的从众行为。

（一）谢里夫的规范形成研究

最早进行从众实验的，是心理学家 M. 谢里夫（M. Sherif），他在 1935 年利用静止光点进行了"游动错觉"的实验。他让被试者在一个黑暗的房间里，估计静止光点的"移动"距离。由于缺乏参考标准，个体在单独进行测试的时候，给出的估计值相差很大。转天，他再让三名被试者一起进入黑暗房间，面对同一光点，要求他们分别说出自己的估计。在接下来的两天里，重复这样的实验。谢里夫发现，被试者开始相互影响，他们的意见逐渐集中，直到建立一个共同的范围。所谓"正确"答案的群体规范由此产生，个体受到暗示，每个被试者都以此作为自己预估的基准。

（二）阿希的群体压力研究

1952 年，美国心理学家所罗门·阿希（Solomon Asch）进一步开展了关于知觉方面的从众实验，探讨个体在有足够的理智相信自己的知觉时，是否会发生从众行为（图 6-1）。在参与实验的 7 名被试者中，只有一名真被试坐在第 6 的位置，其他都是由实验助手担任的假被试。在比较线段长短的问题中，前面两轮都是全体一致的正确。但是在第三轮，尽管正确答案显而易见，但是前 5 位假被试都给出了一致的错误答案。研究发现，这些单独回答时正确率 99% 的真被试，在群体中，有四分之三的人至少有过一次从众行为，跟随了假被试，选择了错误的答案。而总体上，则有 37% 的回答是从众的错误答案。

图 6-1 阿希的从众实验

三、关于从众行为的成因分析

阿希在实验结束后，对被试者进行了个别访谈，他将从众的原因，归纳为三种类型：1. 知觉歪曲，即被试者确实在观察时发生了错误。2. 判断歪曲，即被试者的知觉是正确的，但是认为多数人的选择可能更正确些。3. 行为歪曲，即被试者明明知道他人的反应是错误的，但自己还是跟着做出错误的反应。

上述归纳是相对表层的原因，后续研究者在此基础上，从深层的动力与动机角度，对从众的原因进行了探讨。

（一）群体压力

群体压力是在群体中与多数人持不同意见的个体所感受到的一种心理状态。尽管群体压力没有强制执行的性质，但它有时候比权威命令还有效力，是触发从众行为的直接原因。美国心理学家莫顿·多伊奇和哈罗德·杰勒德（Morton Deutsch & Harold Gerard，1955）认为，人们屈从于群体压力，主要源于两种影响：信息影响（Information Influence，又可称为信息上的压力）和规范影响（Mormative Influence，又可称为规范性压力）。比较而言，规范影响来自于人们希望获得别人的接纳，因此，对个人社会形象的关注以及在公开场合做出反应，是个体受到规范影响产生从众行为的重要原因。而信息影响来自于其他人为自己提供有益的信息，当个体希望自己能正确行事，或遇到难以决策的任务时，信息影响更容易发挥作用。

（二）从众的动机

从动机角度研究从众行为，将从众的原因，总结为以下三点：

1. 寻求行为参照

在许多情境中，个体由于缺乏知识或是不熟悉情况，必须要从其他途径获得信息，多数人的行为，成为个体的参考系统。在零售行业，雇佣"托儿"进行消费引导，正是利用了人们的这种心理。

2. 对偏离的恐惧

任何群体均有维持一致性的显著倾向和相关的执行机制，那些与群体保持一致，遵守规范，合乎群体期待的成员会受到群体的接纳、赞许和优待；反之，则会受到群体的厌弃、拒绝和制裁。由此，偏离群体的个体，会产生焦虑和压力。个体的从众性越强，产生的偏离焦虑越大，也就越不容易偏离群体。

3. 人际适应

人们普遍期望在群体中获得认可，维持与他人的良好人际关系。因此，个体有时候会出于人际适应的动机，表现出从众行为，这种情况的从众行为，大多属于权益从众。

四、影响从众的因素

影响从众的因素是多方面的，大体上可以分为群体因素、个体因素和情境因素。

（一）群体因素

研究发现，如果群体由 3 个或更多个体组成，凝聚力强，意见一致且地位较高的话，那么从众的程度是最高的。具体说来，群体因素主要表现为：

1. 群体规模

通常认为，对抗多数人比对抗少数人更为困难，所以群体规模越大越容易引发从众行为。但是，这种说法并不绝对。根据阿希和其他研究者的实验，3~5 人规模的群体最容易产生从众行为。当群体的人数增加到 5 人以上时，从众行为会逐渐减少。此外，两个三人组引发的从众比例要比一个六人组高，多个小群体的一致意见会使某个观点更可信，更容易引发从众行为。

2. 一致性

一般来说，群体规范性越强，群体内成员的一致性越高，群体的压力也就越大，个体越容易发生从众行为。反过来，如果群体内出现异议，破坏了一致性，它也会降低从众行为发生的比率。观察到其他人持有异议，即使这种异议是错误的，也会增加个体的独立性。

3. 凝聚力

群体的凝聚力（Cohesive）是指群体对其成员的吸引水平以及成员之间的吸引水平。一般而言，群体的凝聚力越强，成员的认同感越高，情感联结也越紧密，在此情形之下，个体越容易产生从众行为。通常，群体外的少数派观点，对个体的影响要小于群体内的少数派观点。

4. 地位与知识

由于地位高的人往往有更大的影响力，人们通常会避免与地位低的人或是受人嘲笑的人一致，而倾向于与地位高、受到尊重的人保持一致。一项对乱穿马路行为的研究表明，乱穿马路的基线比率为 25%，当遵守交通规则的实验者出现时，行人乱穿马路的比率下降到 17%；如果这位实验者衣着整齐，这种示范作用是最佳的。澳大利亚的另一项研究也表明，悉尼的行人更容易服从衣着整齐的调查者，而不是穿着破烂的调查者。此外，由于从众行为常常以群体成员的知识水平作为判断的基准，个人倾向于信任并接受有特长的群体及其成员的影响；因此，成员的特长及知识可靠程度越高，个体越容易发生从众行为。

（二）个体因素

从个体层面来看，从众是个体适应社会的一种方式。一般来说，对于某个问题，个体如果认为自己比群体内的其他人更有信心或者更有能力解决问题，他就不容易产生从众行为，不易屈服于群体的压力。所以，通常认为，从众行为与自信心水平和自我评价呈反向相关。

此外，个体的性别、文化水平、智力等因素对从众行为也有一定的影响，但是目前尚未发现这些因素与从众行为之间存在明显的确定的关系。例如性别差异，传统上认为女性比男性易于从众，由此形成一种性别角色的刻板印象。但是有些研究者发现，如果改变实验材料，采用有利于女性的内容（如服饰、烹调、照料孩子等），女性的从众性反而比男性小。

最后，个体与群体的关系也会不同程度的影响从众行为。通常，个体对群体的贡献越多，对成员身份越重视，就越容易遵循群体规则，发生从众行为。同时，每个人都有树立或提高自己在群体中的形象的需要，这种需要越强烈，个体越容易从众。

（三）情境因素

除了群体因素和个体因素，情境也是影响从众行为的一大因素。

1. 公开与事前发表

研究表明，人在公开场合比私下里更容易发生从众行为。在阿希的实验中，如果被试写下的答案只供研究者看，那么他们就较少受到群体压力的影响。与直面群体相比，在私密空间里，人们更容易坚持自我。此外，如果个体之前在公开场合发表过意见，他就会倾向于坚持到底，即使错误，也很难后退。这一点常常被销售人员利用，如导购的提问，往往鼓励顾客对其所推销的商品做出积极的评价。

2. 文化

从众现象在世界范围都非常普遍，但是它们也会表现出文化和时代的差异。西方社会倡导个人主义，注重个性发展，个体面临的从众压力相对较小。而在崇尚集体主义文化的东方国家，对从众行为给予了更多正面评价，如忍耐、自我控制、成熟的象征、和谐、团队合作……这里的人们也更容易受到他人的影响，表现出更多的从众性。例如，日本就有典型的集体福利和团队忠诚支配个人需要的特点。

五、服装与从众行为

首先，服装的购买与穿着属于模糊的情境，很多人并不清楚什么样式、什么颜色的衣服适合自己，因此这是一个容易产生从众行为的领域。

其次，通过从众行为的着装，可以成就个体的归属感。很多非正式群体都表现出相似的穿着方式，这在青少年中尤为普遍。这是因为给群体成员以明显的标志性服饰，有助于提高群体认同，而群体认同则可以增强个体归属感。

再次，大众形成标准，审美亦如此。心理学的许多标准值、正常值都是以大众平均水平作为基数的；同样的，服装的标准和审美，很多时候，也是由大众主导的。就像名牌是知名度高的品牌，而知名度也是以普罗大众为基数的。所以，追求名牌亦有从众的成分。

最后，在时尚领域，媒体是流行与从众行为的重要推手。传媒经常充当羊群效应的煽动者，传播学理论把这种现象叫作"沉默螺旋效应"，即媒体的发布将一方观点确立为优势观点，持反对意见者会选择不发表意见，进而使舆论裹挟着人们，形成越来越大的沉默的螺旋。对于时尚品牌来说，借助媒体的报道和大量的广告投放，将品牌理念和设计观念树立为占优势地位的观点，有助于引发从众行为。

综合来看，服装作为外显的个人装扮，易受到群体规范和信息影响。一种新样式的流行过程，早期是依靠模仿的力量，被群体中的一部分成员采纳，进而对那些害怕落伍的人，逐渐形成一种群体压力。由于这种群体压力会随着采纳新样式的人数规模而增加，从众行为推动了新样式的扩散，使其最终成为一种流行服装。

第四节　参照群体和服装

美国服装史学家玛里琳·霍恩（Marilyn Horn）指出：如果把"他人"概括为"参照群体"这个更为宽泛的概念，我们将能够理解群体意见对于决定个体服饰行为的影响。本节即是围绕参照群体这一重要概念，展开专门的讨论。

一、参照群体的相关概念

在群体影响中，参照群体与模仿和从众行为密切相关，它发挥了社会暗示的作用。具体来看几个概念：

（一）参照群体

参照群体（Reference Group）是个人在某些特定的情况下，作为其行动向导而使用的群体。它既可以是真实的群体，也可以是虚构的群体，它与个体在价值、理想或者行动方面明显关联。一个人可能是参照群体的成员，也可能不属于参照群体。无论是哪种情况，参照群体的看法和价值观都为评价人们的态度和行为提供了一个比较的标准，它往往被个人视为行动的基础。

（二）向往群体

在参照群体中，个体没有成员资格，非所属，但是渴望加入，期望归属的群体被称为向往群体（Aspirational Group），又叫作积极的参照群体。这其中，向往群体又可分为两类：期望性向往群体和象征性向往群体。前者是个体期望加入，也有可能加入的群体，多数情况下，个体与这类群体有过直接接触，如一位年轻人期望渴望进入公司的管理层，模仿管理层的着装。对于期望性向往群体的模仿，可以激发人们向上攀升的欲望，缩短个体与该群体的差距，增大加入群体的可能性。

而后者，象征性向往群体，则是那些个体虽然羡慕，却不太可能加入其中的群体。个体可能选择与此类群体相联系的服饰或外观，如，球迷选择有自己喜爱的球队的标志的服饰；青少年模仿偶像的服装、发型和动作等。对于象征性向往群体的模仿，主要是补偿作用，通过建立个体与群体的替代性关系，满足人们的情感需要。这一点，在青少年群体中表现得尤其突出，"偶像崇拜"是目前青少年中普遍存在的现象，特别是在社交媒体发达的今天，粉丝的力量不容小觑。

总体来看，向往群体对人们的服装行为有着重要影响，而向往群体本身，也会随着时代变化而变化。

（三）规避群体

规避群体（Avoidance Group）与向往群体相反，是消极参照群体。它是个体持有负面态度，刻意保持距离的群体，又称为背离群体或厌恶群体。正负两种情感，对个体的吸引力迥然不同。个体通过购买向往群体成员使用的产品，来获得该群体实质上的或象征性的成员资格。而通过回避或抵制规避群体成员使用的产品，避免被划入这个群体，甚至与其划清界限。例如，硬朗的男性会拒绝任何女性化的服饰；不愿长大的青少年会刻意回避那些规矩刻板，较为成人化的服装。一般来说，人们与规避群体保持距离的动机要比投靠向往群体的动机更强。

二、参照群体的影响方式

参照群体可以使个体获得有益的知识、获得回报或者避免惩罚，构建、调整和维持自我认同。它至少在三个方面对个人行为产生影响：第一，参照群体向人们展示新的行为和生活方式。第二，参照群体能产生某种令人遵从的压力，影响人们的实际行为方式。第三，参照群体可能影响一个人的态度和自我概念，因为人们通常希望自己能顺应潮流。与从众的原因相似，这三点反映了参照群体对个体行为的三种影响方式：信息性影响、规范性影响和价值表达影响。

（一）信息性影响

当人们缺乏做出决策所必需的信息时，个体把参照群体成员的行为和观念当作潜在的、有用的信息，通过直接咨询或间接观察，来为自己的行为决策提供参考。一般来说，信息性影响的程度取决于个体与群体成员的相似性和群体成员的特长性。相似性越高，群体成员在某领域的专业性越强，对个体的影响也就越大。

从这个角度来看个体的服装行为，如向专业人士寻求有关服装的信息；从那些他认为擅长穿着打扮的朋友、同事、熟人那里获得关于穿着方式的忠告；通过观察参照群体成员的外观，做出服装样式的选择……这些都属于信息性影响。再如，第一次受邀参加某个重要活动的人，会向其他参加过类似活动的人询问穿什么样式的服装比较合适。

（二）规范性影响

又叫功利性影响，人们遵从参照群体的期望，可能是因为参照群体确实控制了奖赏与惩罚，或者参照群体的行为是可见的和已知的，有奖惩的经验可以依循；再或者，则是个体有获得奖赏与逃避惩罚的愿望。而这种奖赏和惩罚可以是有形的，如夸奖、奖金等，也可以是无形的：心理的或社会的，如羡慕的目光、言语的挖苦嘲笑等。

从个体角度来看，着装不只是从个人需要出发，也有一定的社交作用，要照顾他人的感受，为了获得他人的肯定评价，或是避免被他人排斥。如因为害怕嘲笑和批评而不敢穿新潮或者暴露的服装。因此，个体的着装行为常常受到朋友、同事、家庭成员等与他有社会互动关系的周围人的影响。如学生的穿着，受到老师的影响。参照群体跟个体的联系越紧密，服装的社会关注越高，规范性影响就表现的越强烈。如一些正式场合，就提出了比较明确的着装要求。

（三）价值表达影响

又叫认同性影响，这类影响的产生是以个体对群体规范和价值观的内化为前提的。通常，参照群体不仅包含着，而且还在创造着文化内涵（信仰、价值观、生活目标、行为准则、生活方式等），它对个体起到示范作用，并影响着个体对自我概念的构建、调整和维持，即影响人的自我认同感。而个体透过着装行为，向外界展示出他是什么样的人或者希望成为什么样的人；当参照群体的价值观内化为个人的价值观，个体无须外在的压力，就会产生相应的行为。这些行为不仅使他获得自我认同感，而且还有可能帮助他加入到参照群体中，或是融入到相应的亚文化中，与群体成员共享一种价值体系。

三、参照群体的影响力因素

虽然很多人在消费过程中会受到他人的影响，但是多数情况下，人们最基本的购买动机，还是来自于产品本身满足需要的能力。事实上，参照群体对人们的影响力，主要与下列因素相关：

（一）产品因素

通常，在选择不复杂、感知风险低或是在购买之前可以试穿试用的产品时，人们比较少的受到参照群体的影响。此外，产品与群体的相关性越强，个体遵守群体规范的压力越大。尤其是当特定群体有具体的品牌偏好时，如购买哈雷摩托及全套的服装配件，消费者会较多的受到参照群体的影响。因为他们购买的不只是产品或品牌，更是购买一种群体成员的身份，以及适应群体活动情境的装扮。即使是在个人主义盛行的西方社会，这种群体成员的身份消费，依然是很常见的；此时参照群体会对个体消费产生特殊影响。

（二）品类因素

比较而言，有两个品类因素左右着参照群体的影响程度：奢侈品还是必需品、公众消费（即公开可见的消费）还是私人消费（私下隐蔽的消费）。一般来说，必需品的选择性小，参照群体的影响力弱；特别是外显度低的私人必需品，很少有机会被人注意到，也就很难被参照群体的意见所影响。反之，非必需品的购买因个人品位和偏好而异，参照群体的影响力较强。特别是具有社会显著性的公众奢侈品；受到他人的瞩目，可视性越强，外显度越高，参照群体的影响力越大。从这个角度来看，服装产品本身是公开可见的，但是服装品牌的可见性没有那么明显。为此，奢侈品通常会把品牌标识做得很显眼，增强识别性，扩大参照群体的影响力。具体来看这两个维度的作用关系，如下表所示：

表　参照群体对不同品类的影响作用

	必需品	奢侈品（非必需品）
公众的 （公开、可见）	公众必需品 参照群体对产品的影响：弱（－） 参照群体对品牌的影响：强（＋） 实例：男士西装	公众奢侈品 参照群体对产品的影响：强（＋） 参照群体对品牌的影响：强（＋） 实例：高级时装，手袋，名表

续表

	必需品	奢侈品（非必需品）
私人的 （私下、隐蔽）	私人必需品 参照群体对产品的影响：弱（−） 参照群体对品牌的影响：弱（−） 实例：内衣	私人奢侈品 参照群体对产品的影响：强（+） 参照群体对品牌的影响：弱（−） 实例：珠宝

（三）个体因素

一般来说，个体对群体越忠诚，越渴望成为向往群体的一员，参照群体对个体的影响越大。同时，个体在购买不同产品时，表现出不同的自信水平。自信程度高，则参照群体的影响小；反之，自信程度越低，参照群体的影响越大。

四、参照群体与服装行为

由于服装具有外显性，不论是商务人士去赴晚宴，还是高中生去参加一场篮球赛，参照群体的服装，都会对个体的服装行为产生较大的影响。一般来说，参照群体影响服装行为，主要表现在：

（1）参照群体具有规范性影响力，它作为个体行为的参考构架，通过认可或制止的方式来建立标准，个体据此实施着装行为。此外，规范性影响力还表现为一定的标准性，即作为个体自我评价或评价他人的标准，而影响着人们的服装行为。比较而言，青少年群体会更强烈地感受到同龄人的压力，更容易在规范上和认同上受到参照群体的影响。

（2）服装和消费亚文化、群体归属之间存在着一定的关联，不同群体表现出不同的着装特征，如嬉皮士、朋克、哈韩族、哈日族、明星的粉丝群体。作为表达象征意义的手段，参照群体通过标识性的服装提升了群体的认同感，增强了群体的凝聚力和忠诚度。而个体则通过穿着具有明显标识的服装，融入群体，增强归属感。这一点，在青少年中，表现得尤其明显。

（3）向往群体的着装引发个体的模仿行为。一般来说，参照群体具有一定的情境性，而向往群体往往成为模仿的范本。例如，青少年通过模仿明星的着装，来象征性的接近偶像，满足他们渴望与偶像交流的愿望。

第五节　组织群体和服装

组织是社会的基础。在日常生活中，人们隶属于不同的群体，而很多群体都会呈现出某种程度的组织化。本节重点对组织群体和服装，特别是制服展开专门讨论。

一、组织的概念

组织的概念有广义与狭义之分。从广义上看，组织是由诸多要素按照一定方式相互联系起来的系统。从狭义上来说，组织是按照一定的目的、任务和形式编制起来的社会集团；

人们为实现一定的目标，互相协作组合而形成的集体或团体。而从组织行为学的角度来看，作为基本术语，所谓组织（Organization）是指一种社会实体（或称为社会单元），它由两个或两个以上的个体组成，具有明确的组织目标和精心设计的组织结构，以及有意识协调的活动系统，同时它与外部环境保持密切的联系。

二、制服的概念

在有组织的群体中，统一穿着的制服往往发挥了重要作用。制服的概念可以从不同角度来理解。狭义上，制服特指国家权力机关工作人员的统一服装。它由特定的样式、颜色和具有明显标识作用的徽记、肩章、胸卡等组成，如军队、警察的服装。由于这类制服具有明显的权力象征性和威慑力，一般对它的标准和着装都有明确规定。我国自 1986 年以来，多次重申，统一着装的批准权限在国务院。

至于广义上的制服，它包括所有组织或群体的统一样式的服装，如学生的校服、公司的制服等。广义上的制服由群体或组织的制度规定，随工作性质、任务和环境等条件的变化而异，带有一定的强制性。

三、制服的分类及功能

关于制服的分类及功能，社会学家约瑟夫（Joseph，1986）提出，组织间的差异是制服产生的先决条件。事实上，许多组织为了区别于其他组织，通过视觉的方式将自己表现出来，由此采用了制服。可以说，制服是伴随着组织的成熟而形成的。人们为制服引入复杂的符号系统，以此来解释组织的各项要求。而穿着制服的个体，也因此被指定为一组特定的角色集合。制服不仅让外界认出哪些人是组织成员，更促使成员明晰他们的地位、责任和权利。

日本学者高桥根据职业和穿着场合，将制服分成了四种类型：事务工作服、学生服、运动服和各种团体服，他分析了各类服装的功能、设计、目的和效用特点；还将事务工作服又进一步分为"劳动作业服""职业装"（主要指办公室人员的服装）、"服务业人员制服"及"政府工作人员制服"。而另一位日本学者西川则对制服功能的研究成果进行了梳理。他指出，制服是日常生活中穿着最频繁且穿着时间最长的服装，并且个体在穿着制服的同时，要从事各种各样的活动，因此制服同时具有实用性功能和心理-社会功能。

（一）制服的实用功能

第一，制服应易于穿着，优良的服用性和生理的舒适性是制服的重要功能。第二，制服应易于活动，特别是从事体力劳动的人和运动员。第三，制服应具有安全和卫生功能。第四，制服应便于保养洗涤，具有耐用性。从经济的角度来看，人们不可能拥有数量太多的制服，为便于替换，易于洗涤对于制服来说，也很重要；而结实耐用则对劳动作业环境比较特殊的制服提出了更高的要求。

（二）制服的心理—社会功能

将"标识性"（与其他组织或群体的区别）与"统一性"（组织成员统一着装）视为制服的固有特性，西川由此提出了制服的心理—社会功能分析模式。如图 6-2 所示，他将制服的心理—社会功能拆分为一次功能（初级功能）和二次功能（次级功能）。一次功能是由固有特性直接导入的功能；二次功能则是由一次功能派生出的功能，在许多情况下伴随着更具体的行动。

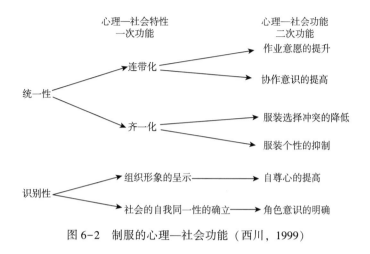

图 6-2　制服的心理—社会功能（西川，1999）

1. 统一性功能及其派生

与制服的统一性直接联系的一次功能有"连带化"和"齐一化"。连带化是指组织成员因穿着统一的制服而强化了"我们"或伙伴意识，起到了增强组织内部团结的作用。齐一化是指当所有成员都穿着组织规定的统一制服，就会形成一种社会压力，对着装者的行为产生影响。如果齐一化功能发挥充分，制服能起到严明组织纪律的作用。

连带化和齐一化这两个一次功能进一步派生出四个二次功能。从连带化功能来看，如果穿着统一的制服提高了组织成员的连带化意识，那么成员的个体作业意愿会进一步得到提高，且与其他成员的协作意识也能得到加强。由此，强化了连带感和伙伴意识的组织，其成员相互协作，彼此的依存性得到提升。

而齐一化功能则派生出"降低服装选择的冲突"和"抑制个性服装"的功能。一方面，由于必须穿着规定的制服，消除了选择的烦恼。内野对高中生的调查发现，穿着制服的高中生中，有10%的人认为"最好有制服"。其中，第一个理由就是"每天不必为穿什么服装烦恼"。而另一方面，制服限制了对自由着装的选择，"对利用服装表现个性的想法有抑制作用"，即不能通过服装来表现自己。同样是内野的调查，赞成服装自由化的学生中，85%认为"没有制服也可以"，其主要理由是"着装应该是自由的"。这意味着，齐一化功能带来两个相互对立的二次功能。

2. 标识性功能及其派生

与制服的标识性直接相关的一次功能有"组织形象的呈现"和"社会的自我同一性的确立"。穿着不同的制服，能使个体清楚地意识到自己所属的组织与其他组织的不同，在特定情境下，提高着装者的组织归属意识。当制服向外界展示出积极的组织形象，将进一步提升个体作为组织一员的自觉意识，如穿着重点学校校服的学生会对自己的学校产生自豪感。反之，如果制服的标识性与消极的组织形象相关联，则有可能会降低组织成员的自尊感。这意味着，由制服产生的自尊心的提升与降低和组织形象的评价有关。

至于社会的自我同一性，也就是一个人确认自我社会价值的意识，它受到参照群体、人际关系、社会角色等多重维度的影响。通常，穿着制服能让人确认自己的职业，并理解其工作的社会意义，明确自己的职责。如在某个危险场合，如果有穿着警服的人在场，人们便会对他产生期待；而个体由于身着警服，也会意识到自己的角色，更有可能挺身而出，化解危险。

综合来看，西川的梳理总结和分析框架，为探讨制服的功能，特别是制服的心理—社会功能提供了参照。而所罗门（Solomon）的研究指出，制服具有减少角色混乱、保持对群体的忠诚；群体成员相互认同；促进相关成员间的竞争等心理—社会功能。另有日本学者神山进指出，统一的制服对集团成员既有积极的作用，也有消极的作用。积极的作用，例如，可以节约那些花费在服装上的精力（包括心理的、社会的、经济的精力）；可以强化对集团的归属感、团结心和忠诚度。而消极的作用，例如，统一的服装使着装者处于"匿名"状态，有可能减弱个体对自我行动的控制。另外，统一的服装，常常难以满足人们对美的追求，给穿着者以心理上的单调感和重压感。

四、制服与组织形象

通常，组织文化借助组织的外观管理得以表达，不同的组织，会依照它们的文化和现实，利用各自不同的方式创建和完善组织外观。

（一）经济性组织

这类组织从事产品的制造、分销与服务，以金钱作为主要的回报。对他们来说，外观管理和公司形象是很重要的问题，其利润空间会受到第一印象的影响，因此要干净、时髦，符合企业形象。而许多企业还会根据自己的经营哲学和历史，产生各种不同的组织文化。正如消费心理学家所罗门（Solomon）所指出的，经济性组织中的制服不仅影响到它的员工，也影响到它的顾客。制服不仅用来提醒员工，注意他们的主要任务，同时又能向顾客表现出一致的形象。

（二）服务性组织

这类组织给用户提供利益或服务，如政府机关等。它不像经济性组织那样过于强调利润动机，也就不像他们那样，把成就穿在外面。整洁、有能力或许是这类组织在进行外观管理时想要表达的重点，其成员也因此受到限制，不能穿着昂贵的服饰来展现自己的财富。保守的形象表征着忠于职守，这类组织的着装要给公众一个朴实的印象，避免油腔滑调的形象。同时，服装还要帮助他们营造一种开放的气氛，根据会面的对象，选择适宜的服装，与公众做公开的沟通。此外，服务性组织的成员还可以利用服装来表现自己的角色，不同的机构，有着不同的制服。

（三）保护性组织

主要是军队、警察、消防员等。这类组织的服装要符合公众的期待，塑造纪律森严、兼具效率与能力的形象。他们的制服是组织的标志和象征，帮助个体确立合法的地位。同时，由于制服隐藏了个体的其他身份，只留下个体在组织里的地位和成员关系，它也压制了个人主义。通常，这类组织的着装有着严格的规定，具有权力象征性和威慑力。

(四) 教育性组织

学校也是经常采用制服的组织，有研究表明，学生穿着统一的制服后，更遵守学校的纪律，校内的秩序和治安都有明显好转；此外，制服还能使学生"自觉参与团体活动""强化伙伴意识"。支持学校采用校服的人，认为统一的校服可以促进教育目标的达成。这主要表现在以下五个方面：①校服可以促使学生遵守纪律并且尊重师长。②校服有助于提高学生的群体意识，增强团队精神和集体荣誉感。③通过一致性外观，模糊学生之间的社会阶级差异。④减轻家庭的经济负担。⑤作为社会团体而引人注目，增强维持学校声誉的信念。

(五) 联合性组织

主要指那些满足个体的社会需求，并且提供成员彼此认同与互动的组织，如各种协会，兴趣群组。在这样的组织中，服装有助于成员的融合。

(六) 宗教性组织

主要是指有集体信仰的组织，这类组织会利用服装来表现宗教理念、推广组织的信仰，在重大仪式活动中充分发挥服装的作用。其神职人员的服装被赋予各种象征意义，当作宗教符号而神圣化、权威化。

思考题

1. 什么是群体，分析你所属的不同群体？
2. 群体影响都有哪些？各举一例。
3. 什么是模仿？你在着装方面，有过什么样的模仿行为？
4. 什么是从众？哪些因素影响了人们的从众行为？
5. 什么是参照群体？向往群体有哪些分类？
6. 参照群体的影响方式和对品类和品牌的影响力因素是怎样的？
7. 制服的心理—社会功能都有哪些？分析一下你穿着制服时的情境和心理？
8. 你如何看待校服？

第七章　服装的流行与传播

本章提要

　　本章主要介绍了流行与服装流行的概念、流行形成的深层心理需求、流行的过程以及影响服装流行的各类因素。第一节从流行的概念出发，探讨了流行与时髦、摩登、时狂等的区别，并总结出流行的类型与主要特征；第二节分析了服装流行的心理机制，探究流行中的个性与从众心理，重点分析了服装流行的五种动机；第三节从个人、群体、社会三个不同层次梳理了流行的产生和演变过程；第四节探讨了现代社会中影响流行的不同因素，包括经济、文化、政治、科技、艺术思潮、生活方式、社会事件等因素。

>>> 开篇案例

　　我们不大能够想象过去的世界，这么迂缓、安静、齐整——在清朝三百年的统治下，女人竟没有什么时装可言！一代又一代的人穿着同样的衣服而不觉得厌烦。开国的时候，因为"男降女不降"，女子的服装还保留着显著的明代遗风。从十七世纪中叶直到十九世纪末，流行着极度宽大的衫裤，有一种四平八稳的沉着气象……

　　第一个严重的变化发生在光绪三十二三年。铁路已经不这么稀罕了，火车开始在中国人的生活里占一重要位置。诸大商港的时新款式迅速地传入内地。衣裤渐渐缩小，"阑干"与阔滚条过了时，单剩下一条极窄的。扁的是"韭菜边"，圆的是"灯果边"，又称"线香滚"。在政治动乱与社会不靖的时期——譬如欧洲的文艺复兴时代——时髦的衣服永远是紧匝在身上，轻捷利落，容许剧烈的活动，在十五世纪的意大利，因为衣裤过于紧小，肘弯膝盖，筋骨接榫处非得开缝不可。中国衣服在革命酝酿期间差一点就胀裂开来了。"小皇帝"登基的时候，祆子套在人身上像刀鞘。

　　中国女人的紧身背心的功用实在奇妙——衣服再紧些，衣服底下的肉体也还不是写实派的作风，看上去不大像个女人而像一缕诗魂。

　　长祆的直线延至膝盖为止，下面虚飘飘垂下两条窄窄的裤管，似脚非脚的金莲抱歉地轻轻踏在地上。铅笔一般瘦的裤脚妙在给人一种伶仃无告的感觉。在中国诗里，"可怜"是"可爱"的代名词。男子向有保护异性的嗜好，而在青黄不接的过渡时代，颠连困苦的生活情形更激动了这种倾向。宽袍大袖的，端凝的妇女现在发现太福相了是不行的，做个薄命的人反倒于她们有利。那又是一个各趋极端的时代。政治与家庭制度的缺点突然被揭穿。年轻的知识阶级仇视着传统的一切，甚至于中国的一切。保守性的方面也因为惊恐的缘故而增强了压力。神经质的论争无日不进行着，在家庭里，在报纸上，在娱乐场所。连涂脂抹粉的文明戏演员，姨太太们的理想恋人，也在戏台上向他的未婚妻借题发挥，讨论时事，声泪俱下。一向心平气和的古国从来没有如此骚动过。在那歇斯底里的气氛里，"元宝领"这东西产生了——高得与鼻尖平行的硬领，像缅甸的一层层叠至尺来高的金属项圈一般，逼迫女人们伸长了脖子。这吓人的衣服与下面的一捻柳腰完全不相称，头重脚轻，无均衡的性质正象征了那个时代。民国初建立，有一时期似乎各方面都有浮面的清明气象。大家都认真相信卢骚的理想化的人权主义。学生们热诚拥护投票制度，非孝，自由恋爱。甚至于纯粹的精神恋爱也有人实验过，但似乎不会成功。时装上也显出空前的天真，轻快，愉悦。"喇叭管袖子"飘飘欲仙，露出一大截玉腕。短袄腰部极为紧小。上层阶级的女人出门系裙，在家里只穿一条齐膝的短裤，丝袜也只到膝为止，裤与袜的交界处偶然也大胆地暴露了膝盖，存心不良的女人往往从袄底垂下挑拨性的长而宽的淡色丝质的裤带，带端飘着排穗。民国初年的时装，大部分的灵感是得自西方的。衣领减低了不算，甚至被蠲免了的时候也有。领口挖成圆形，方形，鸡心形，金刚钻形。白色丝质围巾四季都能用。白丝袜脚跟上的黑绣花，像虫的行列，蠕蠕爬到腿肚子上。交际花与妓女常常有戴平光眼镜以为美的。舶来品不分皂白地被接受，可见一斑。军阀来来去去，马蹄后飞沙走石，跟着他们自己的官员，政府，法律，跌跌绊绊赶上去的时装，也同样的千变万化。短袄的下摆忽而圆，忽而尖，忽而六角形。女人的衣服往常是和珠宝一般，没有年纪的，随时可以变卖，然而在民国的当铺里不复受欢迎了，因为过了时就一文不值。（节选自张爱玲《更衣记》，1943年12月发表于《古今》，略有改动）

《更衣记》中，张爱玲以炉火纯青的独特语言，言简意赅地描述了中国20世纪上半叶的服装流行——衣裤的宽窄，领子的高低，下摆的式样……都被作者寄以对人性的感慨和对时尚的绝妙讥讽。服装流行是一种社会现象，也是一种历史现象，它随着历史的发展变化而不断演变。

可以说，服装流行是流行的典型现象，是人们心理欲望的直接反映，它既是个性追求的结果，又是一种从众现象。本章主要讨论流行的特征、产生和演变过程，以及现代社会与服装流行的关系。

第一节　流行及其特征

一、什么是流行

流行又称时尚，是指一个时期内社会上或某一群体中广为流传的生活方式。它通过
社会成员对某一事物的崇尚和追求，达到身心等多方面的满足。流行的普及性及约束力，虽不及道德规范，但在某一流行所波及的社会成员中，人们所感受的压力足以导致一致性的行为心态。

流行广泛涉及人们生活的各种领域，既可以发生在一些日常生活的最普通领域，如衣着、服饰等方面；也可以发生在社会的接触和活动上，如语言、娱乐等方面；还可以发生

在人们的意识形态活动中，如文艺、宗教、政治等方面。

有一些社会现象看似与一般流行或时尚类似而实际有所区别，如时髦、摩登、时狂等。这些现象与流行有程度、规模、时间上的区别。时髦流行于社会上层极少数人，以极端新奇的方式出现，时间很短。摩登也属于社会上层的流行现象，是比一般流行更优美一些的行为方式和表现方式；时狂则是流行于社会下层的尘俗现象，表现得更剧烈更短暂。

流行是一种社会现象，又是一种历史现象。它的产生和传播只是在人类社会发展到一定阶段，社会内部有了阶级上和身份上的明显区别后，才有可能开始出现。在社会发展的不同阶段，流行具有不同的含义和特征。在原始社会，无所谓流行。在封建社会，流行主要发生在社会上层，近代资本主义社会是一种显示地位和金钱的流行。现代社会的流行不同于以往的流行，是一种大众一时崇尚和追求的行为方式。流行是随着人类历史的发展变化而不断演变的。

二、流行的特征

流行有如下几个主要特征：

（一）新奇性

新奇性是流行现象最为显著的特征。流行的样式即是与传统已有的样式不同的，能够反映和表现时代特点的新奇的样式，是能够满足人们求新、求变欲望的东西。流行的新奇性既有时间的内涵，也有空间的内涵，从时间角度说，流行的新奇性表示和以往不同，和传统习俗不同，即所谓"标新"；而从空间角度说，流行的新奇性表示和他人不同，即所谓"立异"。标新遵循的是"新奇原则"，立异则遵循的是"自我个别化原则"。这也就是后面要谈到的流行的心理机制的一个侧面。

服装流行的新奇性往往表现在色彩、花纹、材料、样式等设计的变化方面，要使人们放弃旧样式采用新的服装样式，必须设计出更新更美的，能引起人们共鸣的东西。

（二）短暂性

流行的第二个特征是时间的相对短暂性，这是由流行的新奇性所决定的。一种新的样式或行为方式的出现，为人们广泛接受而形成一定规模的流行，如果这种样式或行为方式经久不衰就成为一种日常习惯或风俗，从而失去了流行的新奇性，这在服装的流行中较为突出。大多数流行现象可以说是"稍纵即逝""风行一时"。

（三）普及性

这是现代社会流行的一个显著特征，也是流行的外部特征之一。表现为在特定的环境条件下，某一社会阶层或群体的人对某种样式或行为方式的普遍接受和追求。这种接受和追求是通过人们之间的相互模仿和感染形成的。

（四）周期性

从流行的实践过程来看，它有产生、发展、盛行和衰退等不同阶段，具有比较明显的周期规律。这在服装的流行中尤为明显，如裙子的长短、领带的宽窄、裤脚的肥瘦等的交替变化。

总之，新奇性是流行的本质特征，是人们求新、求变心理的直接反映。短暂性和周期性反映了流行的时间特征，是人们求新、求变心理的必然结果。普及性反映了流行的空间特征，是人们趋同和从众心理的外在表现。

三、流行的类型

按流行的形成途径可分为偶发型流行、象征型流行和引导型流行。

（一）偶发型流行

受社会的政治、经济、文化等事件的影响产生的流行现象，常常由突发事件或偶发事件引起，如2001年在上海举行的APEC会议上，各国首脑身着立领、盘扣、对襟为特征的服装，引发了"唐装"的流行。一般来说，这类流行带有突发性，并通常以骤止告终，往往难以预测。

（二）象征型流行

人们的信念、愿望通过追求流行以物化的形式表现出来，具有某种象征意义。如运动服的流行反映了人们追求健康生活的志向；休闲装的流行，反映了人们重视生活质量的深层意识。

（三）引导型流行

在人为力量的推动下设计生产，并投放市场，吸引人们购买使用（包括动用舆论和宣传工具等）而形成的流行，这是现代生活中最普遍的流行现象。

上述三类流行实际上并无明确的界线，常常是互有联系，呈现交错状态，反映了流行现象的多样性与丰富性。

按流行的周期和演变的结果可分为稳定性流行、一过性流行、反复性流行和交替性流行。

（一）稳定性流行

这是指流行的高峰已过，但仍在一定程度上作为生活习惯或消费对象遗留下来的流行现象。如牛仔裤的流行。其演变过程大致为：发生、流行、稳定。如图7-1所示。

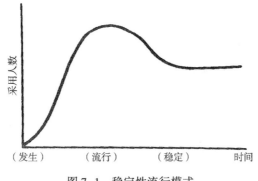

图7-1 稳定性流行模式

（二）一过性流行

这是指短时间的时髦现象，几乎不残留流行的痕迹。这类流行现象最多，大多为流行歌曲、流行游戏和流行语等，诱发因素多为社会的偶发事件。如2000年左右曾流行的厚底

"松糕鞋"，其演变过程就可归纳为发生、流行、消失。如图 7-2 所示。

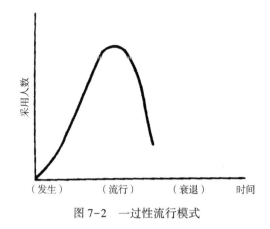

图 7-2　一过性流行模式

（三）反复性流行

这是指时断时续地重复出现的流行现象。反复性流行是基于社会环境和生活意识的需要产生的，其必要条件之一是流行间隔应能产生一定的新鲜感。图 7-3 所示如西方服装史中妇女对裙撑和紧身胸衣的几度依赖和摈弃充分说明了流行的反复性。

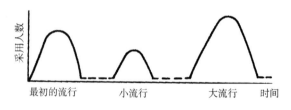

图 7-3　反复性流行模式

（四）交替性流行

这是指具有较为明显的周期性变化的流行现象。这种流行在服装的变化上最为明显。20 世纪的裙子长度由长变短，再由短变长，是这种流行的典型例子。在交替性流行中，人们对于某种流行样式感到"厌倦"，这种心理状态起着重要作用。如图 7-4 所示。

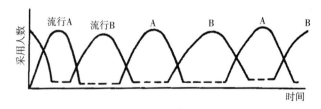

图 7-4　交替性流行模式

第二节　服装流行的心理机制和动机

一、服装流行中的个性与从众

服装流行是一种典型的流行现象，与其他流行现象一样，服装流行的产生与发展也是人们心理欲望的直接反映。服装流行中既有个性追求，自我表现，也有趋同从众，是这两种看似对立的心理相互作用的结果。

首先，流行的产生是个性追求的结果，是人们求新、求异心理的反映。正如有人所说："时尚有权以自己的独出心裁使人感到惊奇，有权嘲笑任何陈旧的传统，影响人们的鉴赏力，形成不断变化的美的信条。"在服装流行中，那些最先身着"奇装异服"的人，实际上表达了他们借助于服装，借助于社会公认和许可的审美手段，在社会认可的准则范围内突出自己形体优点的愿望。社会心理学家沙莲香指出：流行中的个性追求、自我表现是流行的个人机能，它试图通过标新立异，与众不同来提高身价，超然于不如己的人。另外，流行又是一种自我保护，自我防卫，试图用出众而避开和弥补自己的不足。流行的这两种个人机能，好像是不相容的、对立的，实际上是统一的，是一种人格的不同表现，作为个性追求的流行是表现在外的东西，作为自我防卫的流行是藏于内部的东西，是由于自己的某种不足而产生的自卑感、防卫心。因此，对流行的追求又是对自卑的一种克服，是对自卑的一种超越。

其次，从流行的社会机能看，它是个体适应群体或社会生活的一种方式，是一种从众现象。流行不像法律那样具有强制性，但它具有很强的暗示性，对一些人有一种束缚力量，这种力量会转化成一种社会刺激，使一些人产生追随心理。例如，当周围的人开始追随某种新样式的服装时，便会产生这样的暗示，如果不接受这种新样式时，便会受人排斥，为消除这种心理上的不安感，而加入追随流行的行列。服装流行中的从众心理，一方面，反映了人们乞求与优越于己的人在行动上和外表上一致，使自己获得某种精神上的满足。社会下层对社会上层衣着的模仿，现代青年对"参照群体"的向往，而按照"参照群体"的方式行动，如对电影明星的崇拜，导致对其穿着方式的模仿，有一个时期人们对解放军的崇敬，引起绿军装的流行，都是这种情况。另一方面，反映了人们的归属意识。在归属意识的支配下，产生随从群体中大多数人的行为。正是由于这种从众心理的存在，所以流行在个性追求、自我表现的同时，它所具有的"标准化"特征又限制了个性。因此，在流行过程中，无疑也存在一种盲目模仿新奇的东西而失去个人特点的趋势。

最后，从流行过程看，早期阶段反映了个性追求、自我表现的欲望，即个人机能起主导作用。早期阶段的采用者通常被称为流行革新者，他们是社会上的极少数人。研究表明，这类人具有强烈的求新、求异的欲望，性格特点是开朗、活泼，善于交际，有与世俗抗衡的勇气，具有很强的自主能力与好胜心。一般情况下，他们属于经济上比较富裕的年轻人。紧随流行革新者之后是流行指导者，他们的人数比革新者多一些，这类人注重自身的完美形象，常常是人们穿着的模仿对象。他们性格开朗，自信、自爱、自尊心和自我宣传癖很强，对他人有较强的指导欲，喜欢参加社交活动。这类人文化程度和收入都较高，年轻并具有一定社会地位。在流行的高潮阶段，即越来越多的人开始接受新的样式时，流行的社会机能——趋同从众心理开始起主导作用。这一阶段的采用者被称为流行追随者。流行追随者分为早期追随者和后期追随者，他们是流行过程中的大多数人。早期追随者采用流行样式慎重，安全主义倾向明显。他们性格稳重，有较好的自制力和观察力，较成熟，在他人启发下追随他人行为的特征明显。后期追随者在采用流行服装时带有顾虑，顺应潮流的倾向明显，他们性情易变，无主见，自我选择能力差，易接受他人的影响与指导。在流行的衰退阶段，采用流行的人称为流行迟滞者，他们是流行中的少数人，是属于保守和具有传统倾向的人。应该指出的是，在流行过程中，当趋同从众代替了个性表现而占主导地位的时候，流行革新者和指导者可能已放弃了流行样式，而开始寻求新的刺激，以不断满足求心、求异、自我表现的欲望。同时，也预示着新的流行式样将取代过时的流行样式，由此而形成一个又一个的流行浪潮。

二、服装流行的动机

根据以上分析，从流行的个人机能和社会机能看，流行采用的动机主要有以下5种类型。

（一）追求新奇和变化的动机

如前所述，流行的最大魅力在于其样式的新奇性。人们生活在社会中既希望维持现状，有一个相对安定的生活环境，又不满足于每天单调重复的生活，要求有新的刺激和变化。流行可以说是最容易满足这种安定与变化的相反欲求的有效手段。即，大多数流行的新样式比起生活发生根本变化的东西来，不过是外在的表面的变化，起着对单调枯燥的生活给予适度刺激的作用。特别是日复一日地穿着同样的式样，易于产生厌倦心理，因此，服装是对新奇和变化有着更为强烈欲求的领域。人们通过穿着流行的新样式而变换心境，表现与以往不同的新的自我，寻求变化的刺激。人们这种永不厌倦地追求新奇和变化的动机，不仅促进了新产品的开发和新技术的发明，而且也成为推动社会和文化变迁的动力。

（二）追求差异和他人承认的动机

人们或多或少都有在所属的群体或社会中受到他人注目、尊重的愿望。即使是谨慎而不愿"出风头"的人，如果穿着与他人完全相同的服装恐怕也会感到不快。当然，比一般人在地位、财富、权利、容貌等方面优越的人要想显示其优越感，最有效且易于表现的方式便是服饰的利用。过去服饰用于标志等级差异，社会上层的人通过时髦的与众不同的穿着，显示其地位与富有，如西方国家高级时装的出现，最初就是以上层社会的贵妇为主要消费对象的。现代社会衣着服饰更多地用来表现个性和美的魅力，以引人注目和获得赞赏。

（三）从众和适应群体或社会的动机

对于每天生活于群体和社会中的个人来说，被所属群体或希望所属的群体所接受是重要的，要做到这一点，最有效的方法便是遵从群体或社会的规范。前面已经指出，服装作为个人和群体或社会相互作用的媒介，起着重要的作用。服装可用来表达群体成员的亲密感和所属群体的一致性，利用服装而获得群体的认同和归属感，是最简单而有效的方法。

流行虽不具有强制执行的性质，但却是一种无形的压力，当一种样式在群体成员中或社会上广为流行时，便会对个体产生相当大的影响，而"迫使"有些人不得不追随流行。实际上对大多数人来说，无视流行的存在，我行我素地穿着打扮是需要相当勇气的。

（四）自我防卫的动机

一般人对自己的体形和容貌、能力和性格、社会地位和角色等多少都会有一点自卑感，因此无意识当中，人们都有利用自我防卫机制对自卑感进行克服的动机。通过时髦的穿着掩饰自己的不足，是克服自卑感最简单而有效的方法之一。据说西汉末年的王莽，为掩饰自己头秃的不足，经常用头帕包头，就引起了当时男子的竞相模仿。

（五）个性表现和自我实现的动机

每个人都有与他人不同的个性特征，表现自我、表现个性的愿望常常和希望发挥自己的潜能，增加自己的知识能力，发挥美的创造力等自我实现的动机相联系。新的流行样式为人们表现自己的个性，发挥创造性提供了有效的手段。追求个性和自我实现的动机通常是对传统的价值观的反抗和背离。20世纪60年代，超短裙在青年人中间大流行便是有名的例子。

以上，介绍了流行采用的主要动机。这些动机实际上是前面所述的流行中的个性表现和从众心理的进一步展开。通过对流行的心理机制和动机的分析，可对流行的个人机能和社会机能归纳如下：

1. 流行的个人机能

（1）通过采用流行满足各种欲求而获得心理的安定感，如图7-5所示；

（2）通过采用流行给穿着者带来满足感和自我强化；

（3）通过采用流行增强穿着者的人际能力，克服自卑感；

（4）通过采用流行而发现新的自我。

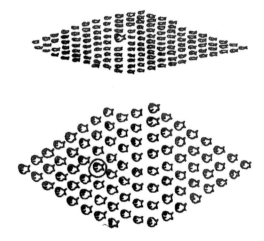

图7-5 流行的采用满足自我显示欲和归属欲

2. 流行的社会机能

（1）流行的"标准化"行为方式为社会带来某种程度的统一性和秩序。服装的流行引起人们穿着方式的"统一性"，结果对服装产生了共同的兴趣和偏好；

（2）流行在某种程度上将社会分成了不同的部分，即流行反映了追求者的兴趣、偏好，同时又将不采用者从中区别了出来。

第三节　流行的产生和演变

一、服装流行的周期性

服装流行从时间维度上看是一个过程。这一过程中包含着不同的状态或阶段。即服装流行是一个从产生、发展、盛行到衰退的动态变化过程。这一过程称为服装流行的生命周期。图7-6所示为服装流行周期的模式图。这是一种理想的状态。实际上的流行，由于多种因素的影响，并不呈现严格的规则性，有些样式流行周期长些，规模大些，有些样式流行周期短些，规模小些。随着现代社会科学技术的加速发展，人们生活方式和价值观念的变化，流行的周期有缩短的趋向。

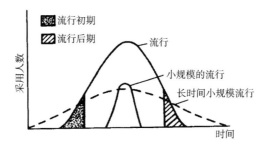

图7-6　服装流行的周期模式

从图7-6的流行周期模式可见，服装流行是渐变的，演进性的。在流行的产生阶段，只有少数人采用新的样式，这就是前面提到的流行革新者。在流行的发展阶段，更多的人开始接受流行样式，这就是流行指导者。他们对流行进入盛行阶段起着推波助澜的作用；在盛行阶段，众多的追随者开始接受流行，使流行样式随处可见，达到顶峰，之后由于新样式的出现和人们的厌倦心理，流行开始衰退。由于服装的样式或种类不同，有些样式最终被淘汰消失，而有些样式却在一定程度上被人们接受，成为日常服装，有些服装样式消失后，过几年、十几年或更长时间还会以新的面目重新出现。这就是流行的循环周期。所谓循环周期是指某种样式的服装两次流行之间所经历的时间。如图7-7所示为20世纪以来裙子长度变化的周期规律。有人对帝国式女装的流行循环周期进行了研究，发现为20年一个周期，如图7-8所示。

日本学者内山生等曾对1950年到1979年近30年裙子长度变化的状况进行了研究，结果发现：①裙长变化缓慢，特别是变短时比变长时的变化速度要慢。变动周期大约是24年；②在一个长周期循环中存在一些短的周期性波动；③裙长的个人差异从1975年起开始扩大。内山生等还对6类28种服装的流行曲线进行了调查，结果发现可将服装的流行分为五种类型。150页表所示为5种类型的流行曲线和相应的服装类型。

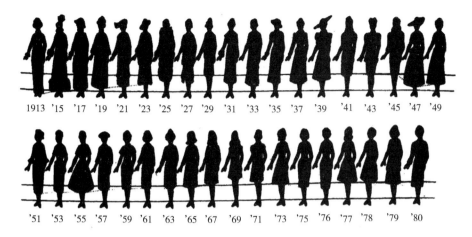

图7-7 裙长的变化周期

图7-8 女装轮廓的变动周期

表　服装流行的类型

	流行曲线类型	服装类型
I 型		超短裙 长裙 大衣的长度 { 长 / 中长 / 短
II 型		褶裙 喇叭裙
III 型		裤子 { 裙裤 / 灯笼裤 / 短裤 立领 高领绒线套衫
IV 型		百褶裙 { 环形 / 箱形 立领和高圆领 以外的所有领型 格纹以外的花纹
V 型	不规则型（无显著特点）	紧身裙、半紧身裙、格纹长裤

二、服装流行的传播过程

流行的传播过程可以从个人、群体、社会三个不同层次进行分析。其中流行的个人到群体过程属于流行的微观过程，流行的社会过程属于流行的宏观过程。

（一）服装流行的个人采用过程

流行的个人采用过程是指个人对流行的知晓、关心、评价、采用、确认效果的心理及行为过程。可用图7-9表示这一过程。

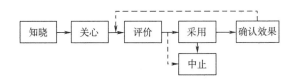

图7-9　流行的个人采用过程图示

知晓也就是流行信息的获得过程。流行信息获得可通过多种途径，主要有人际来源，如亲朋好友；商业来源，如电视广告、展销会、商店陈列等；公众来源，如时装杂志、发布会等。而随着互联网的兴起和快速发展，流行信息的获得途径和方式都发生了很大变化，人们通过互联网可以更快捷、更全面地了解最新的流行时尚，可以通过人际互动产生更广泛的相互影响。

关心也就是对流行样式的了解或认识的过程。这一过程受多种因素的影响，首先是流行样式本身的特点对于个体所具有的价值及意义的大小，如在商店、街头或网络，新颖的裙子会引起年轻姑娘的关注，漂亮的童装可能受到母亲们的注意。其次是当时的情境，如有些人看到人们在争相购买某种商品，便会感到这种商品要么价格便宜，要么流行时髦，再次是个体本身的经验、性格、需要等特点，经验丰富的人认识较全面深刻，自信心强的人，认知过程中不易受他人影响。个体的需要不同常常决定其关注的内容不同。最后，如果同意流行信息来于多种渠道，或流行信息的传播具有某种权威性，也会对个人产生较大影响。

评价也就是对流行的态度形成过程。个体通过对流行样式的各种属性的评价，把握其是否与自己的需要、爱好、兴趣、信念等一致，并预计采用流行后可能带来的各种效果。例如，一个人对一件新款式的衣服，在颜色、做工、价格等方面都很满意，但是否购买或穿着，还要考虑或顾忌别人的看法。对流行样式的各种评价的重要性直接影响态度的形成，面对流行的态度将影响个体采用或不采用的行为倾向。

流行的采用与否除和个体对流行的态度有关外，还受到社会规范或群体规范的约束以及个体对规范服从程度的影响。在穿着上，如果过分时髦，恐受人非议；过分保守，又恐别人瞧不起，即从众和归属意识起着一定作用。

确认采用效果也就是对流行样式的再评价过程。采用流行样式后，采用者将根据预想效果和实际效果是否一致而产生满足或不满足感。预想中采用流行后会受到他人称赞、社会的承认或能满足自我显示欲，实际上也达到了这些目的，则采用者可能是满足的，而实际上如果没有实现预想的效果，则引起不满足，可能会中止采用。中止采用流行样式的原因除实际效果与预想效果不一致外，满足后产生厌倦感并伴随新的流行出现，或流行广泛传播，同一化倾向代替了个性表现也是引起中止采用流行的原因。

（二）流行的群体传播过程

流行的群体传播过程是指在特定社会环境下流行样式从一些人向另一些人的传播扩散过程。通常认为流行的群体传播有三种基本模式，即上传下模式、下传上模式和水平传播模式。如图7-10所示。

图7-10　服装流行的传播模式

上传下模式也称滴下过程（Trickle-down Theory, Drip down Theory），是德国社会学家、新康德派哲学家西梅尔（Georg Simmel），于20世纪初提出一种流行传播理论，指某种新的样式或穿着方式首先产生与社会上层，社会下层的人通过模仿社会上层的行为举止、衣着服饰而形成流行。美国社会学者韦伯伦认为，时尚是社会上层阶级提倡，而社会下层随从的社会现象；社会上层阶级把对金钱和闲暇的占有，把富有作为一种显示自我地位和势力的东西。贵妇人的服装和奢侈是对丈夫经济实力和社会地位的夸耀，是对消费和闲暇的卖弄。流行的上传下模式，一方面反映了社会上层的人为了显示自己的地位优越，而不断在衣着服饰等方面花样翻新；另一方面反映了社会下层的人们不甘居于人后，至少希望优越于同一社会阶层其他人的心理。如在 18 世纪的欧洲，宫廷里的贵族服饰就是依靠一种制作精美的"玩偶"，将流行从上层向下层进行传播。在封建社会和近代资本主义社会，流行的自上而下传播在流行过程中起着重要作用。

下传上模式（Bottom-up Theory，Trickle-up Theory）：是美国社会学家布伦伯格（Blumberg）在研究分析 20 世纪 60 年代以来的美国社会时提出的，是一种逆向传播，即有些样式首先产生于社会下层。在社会下层流行传播，以后逐渐为社会上层所接受而产生流行。典型的如牛仔裤的流行，牛仔裤最早是美国西部矿工的工装裤，后来得到年轻人的欢迎，并逐渐为社会上层的人们所认可和接受。其他如波西米亚风格、印第安风格等服装的流行都兴起于那些并不富有的年轻人，以后才慢慢影响到富有的阶层。

水平传播模式，是美国经济学家 A. 托马斯·金（A. Thomas King）于 1963 年提出，是现代社会流行传播的重要方式。现代社会，等级观念的淡薄，生活水平的提高，服装作为地位的象征已不再具有很大的重要性。有关流行的大量信息通过发达的宣传媒介向社会各个阶层同时传播，因此，人们已不再单纯地模仿某一社会阶层的衣着服饰，也不必盲目追随权贵或富有者，而是选择适合自身特点的穿着方式。水平传播模式是一种多向、交叉的传播过程，是在同类群体内部或之间的横向扩散过程。在多元化社会中，每一社会阶层或群体，都有其被仿效的"领袖"或"领袖群"。例如，在移动互联网时代，随着移动无线网络、智能手机的普及，为"时尚意见领袖"的出现提供了土壤。如自媒体平台中，某一特定群体所推崇的"时尚意见领袖"，其自身所穿的服饰（或推荐的服饰）会快速影响传播至该群体，这种传播模式可能是单纯的以时尚为内容导向，也可能蕴含着经济目的。

以上三种流行模式，与各自的流行环境有着密切的关系，但无论是哪种模式，其过程都是渐变的。正如前面所述，一种新样式的服装首先在流行革新者中产生，他们是流行的创造者或最早采用流行的人，之后通过流行指导者的传播和扩散，被流行追随者模仿和接受，将流行推向高潮，当大多数人开始放弃流行样式时，流行迟滞者才开始采用。

（三）流行的社会辐射过程

流行的社会辐射过程是指流行现象从其发源地向其他地域社会的传播过程。流行的发源地往往是人口集中的文化、政治、经济中心城市。如世界的时装中心主要是巴黎、纽约、东京等大城市。从巴黎等时装中心发布的服装流行信息通过各种传播媒介辐射到世界各地，形成当代的时装潮流。古代的情况也是如此。唐朝大诗人白居易在《时世妆》中记述了这一情况："时世妆，时世妆，出自城市传四方。时世流行无远近，腮不施朱，面无粉。"所不同的是，古代社会由于交通工具和传播媒介不发达，流行从其发源地向其他地域传播，主要靠经商、旅行、战争等方式进行，传播时间较长。而现代社会，电视、通讯、交通的发达，特别是互联网的出现，使流行现象短时间内便可传到世界各地。快时尚品牌的成功某种意义上可以说是与互联网技术的成熟有关。

流行的社会辐射过程具有时间滞后性的特点，也就是一种新的样式或穿着方式，从城市传向农村，从大城市传向中、小城市，从沿海传向内地需要一定的时间，如图 7-11 所示。这是因为，首先，流行信息的传播需要一定的时间；其次，外来的新的东西要为社会承认和接受，需要经过选择和改造，以适应社会的基本特点；最后，对于外来的新样式，社会上的大多数人可能持怀疑、观望或等待的态度，根据社会或其他人的反应，采取相应的行动。但是随着互联网的发展，流行信息加速传播，再加上人口在不同地区间的频繁流动，这种状况正在发生变化。

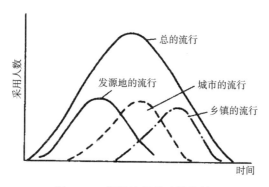

图 7-11　服装流行的地域差异

　　一种新样式能否进入并为某一地域社会所接受，还和该社会的开放程度有关。开放性社会，与外界信息交换频繁，容易接受新的东西。封闭性社会传统习惯制约力强，外来的东西难以进入。

　　综上所述，流行的传播过程实际上可分为宏观过程和微观过程。流行的社会辐射过程为宏观过程，活跃于社会的表层，可通过社会的组织体系加以限制或提倡和引导，如社会可以通过舆论的力量，对某些不健康的流行现象加以摈弃，还可以通过传播媒介大力提倡和引进那些有益于生活和健康的时尚，如健身操、中老年迪斯科、气功等。时装流行趋势的发布实际上也是通过有组织的活动，将社会所提倡的穿着方式告诉人们，以引导人们进行有益的选择和消费。因此，流行的宏观过程在某种程度上，可以通过社会的调节机制来完成。

　　流行的微观过程分为群体传播和个人采用过程两个层次，活跃于社会的深层。前者通过大众传播媒介将个人联系起来，可看作是一种无组织的群体行为；后者通过个人的社会心理活动使个人与他人区别开来或与群体保持一致。一种新的行为方式能否流行开来，在某种程度上取决于流行的微观过程。这是由于大部分流行现象都不会对社会体制产生直接的或明显的作用，而与群体或个人的生活志向有密切关系。

第四节　现代社会和服装流行

　　服装流行是一种复杂的社会现象。现代社会中，影响服装流行的因素是多方面的，社会的经济、文化、政治、科学技术水平、当代艺术思潮，以及人们的生活方式等都会在不同程度上对服装流行的形成、规模和时间长短产生影响。而个人的需要、兴趣、价值观、年龄、社会地位等会影响个人对流行的采用。

一、经济与服装流行

社会的经济状况是影响服装流行的重要因素。一种新的样式能否在社会上广泛流行，首先要求社会具有大量提供该样式的物质能力，其次人们须具备相应的经济能力和闲暇时间，从某种意义上说，流行或时尚实际上追求的是一种"奢侈的"生活方式。所以，一个主要是为了温饱而工作的人是不可能有兴趣关心什么流行的。现代社会由于经济的急速增长，产品的大规模生产和成本降低，人们收入的增加，生活水平和消费水平得到了大幅度提高，这一方面加速了服装流行的节奏，另一方面使得时尚成为一种人们普遍追求的大众化的生活方式。20世纪90年代以来，欧美经济的持续不景气或多或少地影响到时尚领域，设计师们不谋而合地倾向于返璞归真、内衣外穿等风格的设计，人性的回归愈演愈烈，甚至在1993年春夏巴黎的高级成衣发布会上，前卫派设计师简·保罗·戈尔蒂埃（Jean Paul Gaultier）甚至推出了大胆的"全裸女装"。

二、文化与服装流行

任何一种流行现象都是在一定的社会文化背景下产生、发展的。因此，它必然地会受到该社会的道德规范及文化观念的影响和制约。在封闭型社会中，人们过着平静而缺乏变化的生活，传统文化占统治地位，是很难产生流行的。但由于战争或其他方式而引起社会变化和异文化输入时，流行便会随之而起，当今世界大多数国家都实行开放政策，随着不同文化的相互交融，许多场合服装已突破了民族和社会传统、风俗及习惯的界线，出现了国际化的总趋势。

流行追求新奇，追求新的价值取向和价值观念。所以，流行一般是反传统的、逆传统的，是与已有的风俗习惯、行为方式相悖的，有时会被旧的传统观念视为"出风头"或"不守规矩"。比如，20世纪20~30年代妇女解放运动中"短发"的流行，被恪守封建礼教的人视为"不正经"。

进入21世纪以来，随着中国国际地位的日益提高，中国文化以其博大精深的底蕴显示出不凡的魅力。中国人在丰富物质生活的同时，开始了在精神上的文化寻根，表现在服装上就是世纪华服的流行，上至国家领导人，下至普通老百姓都以穿着一件中式服装为骄傲。2014年APEC会议在北京召开，各国领导人所穿的"新中装"，其形为新，其根为中，其魂为礼，更是增强了中国人的文化自信。

三、政治与服装流行

一个国家或社会政治状况和政治制度在一定程度上对服装的流行也有影响。在等级制度森严的封建社会中，流行一般只发生在社会上层，这是因为，一方面统治阶级为了维护其地位与尊严，对不同阶层等级的人的穿着装束和生活方式有着严格的限制，个人自由选择的余地很小；另一方面，除少数统治者外，大多数人的生活极端贫困，没有经济实力追求流行。流行成为大众化的社会现象，只有在人的个性获得解放，人们享有充分自由选择权利的社会中才有可能。

从历史上看，社会动荡和政治变革常常会引起服装的变化。日本服饰评论家大内顺子曾有言道："找一找每五年一变的时装潮流的转折点，就会发现在各个转折点上都有相应的社会事件发生。这些实践也将决定后面几年间的世界政治、经济气候。"如 18 世纪 90 年代法国大革命时期，曾引起长裤的流行，"长裤汉"成为革命者的代称。1911 年我国在孙中山的领导下，推翻清朝的封建统治，建立了资产阶级的共和国。服装也因此发生了革命性的变化，形成中山装、西装、马褂并存的"中西合璧"现象，妇女剪短发、烫发，穿改良旗袍一度流行，我国在 20 世纪 50 年代后风行的列宁装、中山服，以及中国一个时期流行的军便服也显示了政治对服装流行产生的巨大影响，人们政治上的狂热表现，导致穿着上的极端，政治成为一种时尚。如图 7-12 所示。

图 7-12　中国一个时期流行的军便服

战争是政治的特殊表现形式，它对服装流行也有明显影响。为了适应战争环境，服装变得简单实用，色彩暗淡而不引人注目。早在战国时期，为了适应作战的需要，赵武灵王一改商、周的宽衣博带，推出短衣、长裤、军靴的胡服。二次世界大战对欧洲和世界的服装都产生了深远的影响。在战事紧张的环境下，妇女们不需要时髦的服装，而是要求服装必须穿着方便，适合于敏捷的行动，于是拖曳在地的女裙开始缩短到踝部以上几英寸处，而且比较宽松。外衣通常也是宽松的，有时甚至是不匀称、不讲究式样的。

四、科学技术与服装流行

科学技术的发展对人类的衣着具有深远的影响。从人类的历史看，纺纱织布的技术发明给人类衣着带来巨大的变化和飞跃。到了近代，资本主义工业革命带来了科学技术的迅速发展。科学技术的发展首先促使服装从手工缝制走向机器化生产。服装的流行，在手工缝制时代和机器缝制时代有很大不同。一个熟练的手工缝制工人即使缝一件普通的衣服，也需要几天的时间，而采用机器加工速度提高了上百倍，使得大批量的成衣生产成为可能。成衣化生产降低了成本，使得普通中等收入的人，可以花较少的钱就穿得很漂亮，并且还可随时抛弃那些稍稍有点过时的衣服。这样就大大缩短了服装流行的周期。其次，纺织技术的进步和化学纤维的发明，极大地丰富了人们的衣着服饰。应用现代科技，经过纺织染整加工的各种性能复杂的面料以及化学纤维性能的不断改进和品种的增加，不断满足着人们的多种用途和需求。

科学技术是一种加速的推动力，它的发展推动了通讯、交通的发达，缩短了时空距离。人们可以通过电视、广播、报纸、杂志、互联网了解到世界上正在流行的东西，电子商务等的发展使得人们足不出户也能享受到购物的乐趣。但是，当机械的复制品充斥市场时，人们心理上便会产生对手工制品的极度渴求。因而，一些机械生产模仿手工的服饰品应运而生，如在服装上机绣图案、模仿手绘效果的印花布料等，这样既能满足了人们的追求个性的心理，又符合消费社会的要求。

五、艺术思潮与服装流行

每一时代都有反映其时代精神的艺术风格和艺术思潮。每一时代的艺术思潮都在一定程度上影响着该时代的服装风格和人们的穿着方式。无论是哥特式、巴洛克、洛可可、古典主义，还是现代派艺术，其风格和精神内涵无一不反映在人们的衣着服饰上。尤其是到了近代，服装设计师开始有意识地追随和模仿艺术流派及其风格，以丰富的艺术风格和形式，拓展了服装的表达能力。例如，19世纪末和20世纪初西方出现的现代派艺术思潮，具有丰富的想象力，且更加抽象，是一种追求形式感的现代艺术风格，在服装设计上表现出富有现代感的、风格清新的、华丽高贵的、简洁大方的服装式样。

六、生活方式与服装流行

生活方式是指人们在物质消费、精神文化、家庭及日常生活领域中的活动方式。生活方式对服装流行有着多方面的影响。首先，不同的生活空间，即不同的自然环境和社会环境，对人们的穿着方式有一定影响。人们为了生存和进行社会交往，必须使自己的穿着能适应特定的自然条件和社会环境。其次，现代社会中，人们的闲暇时间增加，活动范围扩大，有较多的时间来装扮自己。由于活动范围的扩大，对服装的要求也越来越多样化。因而出现了运动服、休闲服、海滨装、旅游鞋等的流行。最后，生活方式的变化影响着人们生活领域的体验。因而可以说，生活方式的变化也影响着人们穿着观念的更新。

20世纪80年代之后，工业生产带来的负面效应，刺激了人们的环保意识，全球掀起了一股反对过剩消费，反对资源浪费的环保热潮。表现在服装上则是故意对工业化生产的服装进行再造，如面料上留着粗大的针脚，毛衣上故意做出破洞，牛仔裤也在不同的部位进行磨白处理。同时，对环保的重视也引发了服装材料的革命，许多新型纤维被用于服装面料开发，如彩色生态棉等。进入21世纪后，设计师们则更多地从研发面料可持续性、选用环保染色等方式进行实质性的设计变革。中国设计师马可于2006年推出了环保理念的"无用"系列服装（图7-13），并于2016年推出无添加的"真味"食品系列，更是标志着当下对原生态生活方式的推崇。

图 7-13 中国设计师马可创立的"无用"系列服装空间

七、社会事件与服装流行

社会的一些重大事件或偶发事件也常常会成为服装流行的诱发因素。例如，英国王子查尔斯举行婚礼时，戴安娜公主穿了一件黑色的塔夫绸晚礼服，引起了妇女们的追逐模仿，一下子风靡全国，改变了当时的风尚。据说圆领汗衫的外穿流行应归功于英国影星马龙·白兰度，他在影片《欲望号街车》中，穿这种汗衫登上银幕。在他的带动下，汗衫迅速流行全美国，成为最大众化、最经济的服装。20 世纪 50 年代，圆领衫开始印上了鲜艳夺目的图案，结果印有图案的汗衫在市场上被抢购一空。从此，印有各种图案、文字的汗衫风行世界，经久不衰。好莱坞明星对女性时装起了巨大的推动作用。明星时装的仿制品，可以在许多大服装店的"电影部"购买。1934 年在由克拉克·盖博主演的电影《一夜风流》中，由于有法国出生女演员克劳戴特·拷贝特脱去外衣只剩内衣的镜头，在当时就引起了疯狂购买仿制其服装的热潮，如图 7-14 所示。

图 7-14 电影《一夜风流》中女主角的睡衣曾引起仿制狂潮

思考题

1. 什么是流行？流行与时髦、摩登、时狂的区别是什么？
2. 流行有哪些主要特征？
3. 流行有哪些类型？并举例说明。
4. 什么是流行中的个性与从众？
5. 服装流行的心理机制和动机是什么？
6. 举例说明某一服饰流行的周期性规律。
7. 服装流行的传播过程可从几个层次分析？每一层次的特点是什么？
8. 举例说明现代社会中服装流行的影响因素有哪些？

第八章　社会角色和服装

本章提要

　　本章主要从社会化的角度来探讨社会角色与服装。角色理论按照人们所处的社会地位与身份来研究和解释个体的行为及其规律。为此，本章的第一节首先对社会化和社会角色的相关概念、理论进行梳理。第二节以著名心理学家菲利普津巴多的斯坦福实验为出发点，从一般意义上，探讨社会角色与着装行为。从第三节开始，分别聚焦年龄、性别、职业，从不同角度展开社会角色与服装的专题探讨。

>>> 开篇案例

　　2009 年 6 月，为庆祝 JNBY 和速写两个品牌在深圳金光华商场的旗舰店开业，江南布衣举办了一场以 "COVER，我还是我？！" 为主题的静态展。在社交媒体崛起之前，江南布衣的内容输出方式，以题为 *COVER* 的内刊杂志为主；除了服装本身，里面也有关于平面设计、艺术活动、展览等目标消费群体比较关注的内容。而这次与众不同的新店开业展，延续了 COVER 这个主题概念，兼具艺术感与实验性，将品牌美学与人文关怀融入其间，引发社会思考。

　　正如活动文案所说：我们时常在探讨一些穿着问题，比如里和外的搭配，上和下的协调性，配饰和整体的关系……最终我们所说的是人和服装之间，人和空间之间的关系。那么，究竟是服装装扮了人？还是人表达了服装？追溯根源，服装不过是 COVER/遮挡在人身上的一些树叶或动物皮毛，而现在衣服更多的是涵盖了你的文化、思想、观点的身份体现，那么它到底 COVER/掩盖了人的什么？

　　这次主题摄影展的模特，全部来自江南布衣的工厂。随机选出的 50 名一线工人，有男有女，有车位工、熨衣工等不同工种；年龄从 20 出头到 40 多岁。他们首先拍摄一张原始照片，这是他们被挑选出来的时候，自然的着装状态，契合了各自的工作情境与社会角色。而作为对比，他们穿上了 JNBY 女装和速写的品牌男装，经过造型、搭配，再拍摄另一张照片（图 8-1）。

　　两张照片呈现出不同的视觉形象，反差十分明显，它促使人们思考这样一个话题：COVER 我还是我！？可以看出，当服装被置于现实空间，作为一种身体包装，它拥有社会角色与身份塑造的魔力。正如活动的文案所说：在 T 型台上的服装演绎往往是抽离了环境的美化展示，所以只有消除模特的特定身份，纪录日常生活中每一个普通人的着装变化才能凸显服装的实际意义。我们通过这样的变化，试图探究 "我" "服装" 和 "身份" 这三者之间的关系。当你被重新 COVER 以后，你还会是原来的那个你么？

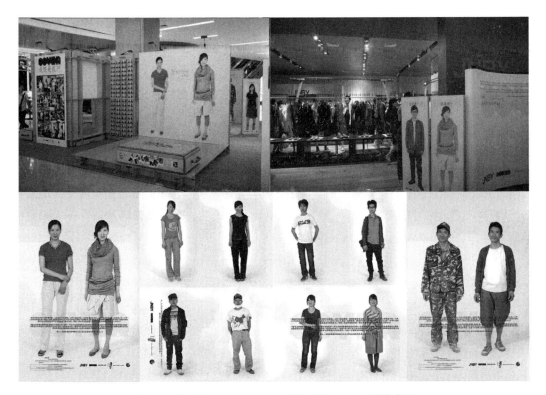

图 8-1　江南布衣"COVER，我还是我？！"主题静态展

　　社会是由一定数量的个人组成的有机整体，个体的着装不可避免地受到社会环境和社会文化的影响与制约。一般来说，个体有多种社会角色，而每种社会角色有对应的行为规范。本章即从社会化与社会角色出发，以社会心理学的相关理论为基础，探讨不同社会角色对服装行为的影响。

第一节　社会化和社会角色

　　社会化是个体由自然人成长为社会人的过程，在这个过程中，个体形成了多重的社会角色，并学会与角色对应的行为规则。本节对社会化和社会角色进行基本梳理与介绍。

一、社会化

　　社会化是个体从生物存在进化到社会存在的过程，正是社会化使个体成为真正意义上的人。

（一）社会化的定义及内涵

　　社会化是指个体学习知识、技能和规范，接受社会教化的过程，或者也可以说是社会将一个"自然人"（或生物人）培养成"社会成员"的过程。通过社会互动，个体学习语言和必要的生存技能，培养社会情感与心理，形成一定的思维与行为方式，塑造适应社会的人格，最终参与社会生活。

与自然界的动物不同，人类有长达十几年的生存依附期，缺少社会本能，依赖文化生存，所以社会化是人类特有的现象。具体来看，社会化的内容，主要包括：语言的社会化、性别的社会化、道德的社会化和政治的社会化。

（二）社会化的主体力量

通常，影响个体社会化的因素，包括遗传因素和社会环境因素，而后者在个体的社会化过程中，起到决定性的作用。具体说来，影响个体社会化的主体力量主要包括：家庭（在个体最初的社会化进程中占据主导地位）、教育机构、同辈群体（Peer Group）和大众媒体。

二、社会角色

社会化过程中的重点之一就是社会角色的获得。"角色"一词源于戏剧，本意是指演员所扮演的剧中人物，20 世纪 20~30 年代，美国的芝加哥学派将其引入社会心理学。

（一）社会角色的概念

社会角色是个人在特定的社会和团体中占有适当的位置，即某种社会地位和身份，以及与此相一致的权利义务的规范、行为方式和相应的心理状态。

角色是在社会互动过程中形成的，米德使用社会角色来说明人际交往中的互动行为模式，这个概念有助于理解个体与社会的关系。事实上，社会角色既包括社会对个体的期待，也包括个体对自己应有行为的认识。它既可以被视为个体在群体或社会中的一种功能，解释人的社会行为的模式；也可将被视为一种人格状态或完整人格的一个侧面。所以说，角色是在互动过程中形成的。

（二）社会角色的分类

按照不同的标准，可以对社会角色进行分类。

1. 先赋角色和成就角色

按照角色的获得方式，可以划分出先赋角色和成就角色。先赋角色又叫归属角色，是建立在先天因素或生理基础上的社会角色，例如，人出生的时候就被赋予了性别、种族、民族等先赋的社会角色。通常，人们会按照自己的先赋角色来着装，如女性穿着带有女性特征的服装。但有时，个体也会选择突破这种先赋角色的限制，如女扮男装、男扮女装或是中性服饰。随着社会与时代的发展，先赋角色的限制正在逐渐减弱，服装的边界感也日渐模糊。

与先赋角色相对应的，是成就角色，又叫自致角色、自获角色，它是通过个人选择与努力而获得的社会角色，如警察、教师等。过去，由于存在等级制度，社会流动性差，人们的许多角色都是由出身决定的先赋角色，而着装也受限于此。随着时代的发展，现代社会的个体可以通过自己的努力，改变出生时的身份和地位，成就角色占据了主导，而服装则帮助个体更好地获得与扮演某种成就角色，体现了个体的自主选择性。

2. 正式角色和非正式角色

按照角色行为的规范化程度，又可以划分出正式角色和非正式角色。正式角色即规定型角色，它的规范化程度比较高，个体的自由度比较小。如法官、警察等职业的制服，着装行为有着明确的规定性，不能按个人喜好自行其是。

不过，现代生活中，多数角色都是非正式角色。非正式角色，又叫开放型角色，是指个人可以根据自己对社会地位、身份以及社会期待的理解，自行决定角色的行为；角色的规范化程度相对较低。从服装的角度来看，非正式角色的着装，自由度比较大，即便受到一定的限制，如办公室的着装，或是出席重要活动、场合时的着装，不能随意穿着，但是它始终没有正式角色那么强的规定性。

3. 自觉角色和不自觉角色

按照角色承担者的心理状态，可以划分出自觉角色和不自觉角色。前者对自己的角色有较为明确的意识，并努力按照社会对角色的期待而行动；后者则是以习惯的方式行动，并未对角色有太多的思考和意识。如当人们比较刻意地去扮演某个角色时，人们会谨慎选择服装，甚至费尽心机想要借助服装进行良好的印象管理。而在没有社交的时候，很多人的着装行为就比较随意，出于习惯或是方便，不假思索的选择服装。

第二节　社会角色和服装

着装是人类特有的行为，人生的绝大部分时间是着装状态，所以服装是一种重要的社会化手段和情境因素。而本节将进一步探讨社会角色与服装。

一、"斯坦福实验"的启示

美国著名心理学家菲利普·津巴多（Philip Zimbardo）在 20 世纪 70 年代主持了一场充满争议的实验。1971 年，实验团队先在报纸上刊登广告，以 15 美元的标准有偿招募大学生被试。随后，这些在前期心理测试中并无明显智力、品格差异的学生被随机分成两组，一组扮演狱警，一组扮演犯人。为了获得更加真实的效果，实验动用了警车，将扮演犯人的学生，从家中带走。而关押这些"犯人"的模拟监狱，就建在斯坦福大学的心理学实验室内，这项实验也因此被称为"斯坦福实验"（Stanford Prison Experiment）。

一开始，扮演狱警的大学生都穿上了卡其制服，戴上反光的太阳眼镜，并配备了象征权力的警棍、警哨和手铐。而扮演犯人的学生则穿上了胸前和后背印有数字编号的棉制囚服，头戴囚帽，脚穿塑料拖鞋，并拴上铁链。实验规定，在最低限度的饮食和医学护理之外，狱警可以采取各种方法来维持监狱的秩序，但绝对不可以打人。

这项实验本来计划进行两周，但六天后就不得不终止。因为随着实验的进行，扮演"狱警"和"犯人"的两组同学，他们的行为发生了令人吃惊的变化。扮成狱警的一方表现出很强的暴力性和攻击性，他们使用粗野的语言命令犯人，侮辱、威胁他们；限制囚犯的食物供给和休息时间；采取关禁闭；体罚俯卧撑；不准刷牙、不准上厕所；空手清洗马桶（不舒服或耻辱感）；脱光囚犯的衣服（剥夺自尊感）等手段来维持所谓的秩序。而扮演囚犯的一方似乎忘了他们只不过是在进行一项心理实验，有些人服从、接受，开始暗自悲伤，出现抑郁征兆；有些人愤怒，表现出强烈的情绪起伏；有些人被动地与狱警对抗，有些人甚至想到要逃狱，局面变得无法控制。

2007 年，菲利普·津巴多详细回忆了实验的经历，写作了《路西法效应》一书。他认为，角色其实决定了我们生活中大部分的态度及行为，在日常生活中，人们也常常受到社会角色的规范与束缚，努力地想要去扮演自己所认定的角色。去个性化、服从威权、群体认同情境下个体的异化是几个主要的原因，而情境可能超出个体特质，成为引发恶的行径的决定性力量。

事实上，在这一实验中，值得关注的情境因素，正是扮演犯人和狱警的服装。这些在智力和品格方面并无差异的学生，因为着装的不同，形成了权力的分化。服装犹如一道分界线，在外观上形成可辨识的差异，进而影响到他们的行为，使他们对外展示"狱警"和"犯人"的形象，对内产生符合角色的行为。

二、社会角色的行为模式

上述实验研究令人们进一步认识了社会角色的重要性。而社会角色的行为模式既取决于个体所处的社会地位的性质，又受到个体的心理特征和主观表演能力的影响。具体说来，角色的行为模式，主要包括角色学习、角色期待和角色扮演三个部分。

(一) 角色学习

角色学习是个体对角色的认识和理解，它是角色扮演的前提和基础，主要包括角色观念的形成和角色技能的培养。角色观念是个体在特定的社会关系中，对所要承担的角色的认知、态度和情感的总和，如明确所应履行的权利、义务以及应具有的角色行为和形象。而角色技能，则主要是承担相应角色所需要的思想品格、技术能力。角色学习是综合性的学习，既包括对角色本身的认识，又包含与他人的互动。它是一个持续的过程，在社会互动中，需要不断适应新的变化与要求。

(二) 角色期待

角色期待是社会公众对特定角色的行为方式的期望和要求，它是一种推动力，可以促进个体的角色行为。而个体要承担一个社会角色，必须要对角色期待有一定的理解，知道它对应的行为模式。如果个体偏离角色期待，可能导致他人的反对或排斥。

在角色期待的作用下，个体有时会表现出高于日常水平的行为，这被称为期待效应，又称"罗森塔尔效应"。罗森塔尔（Robert Rosenthal）是美国著名的心理学家，他经过实验，发现人际期望有一种自我实现的效果。即他人对个体行为的期望，将导致该期望成为现实。罗森塔尔借用希腊神话的典故，把他的研究发现称为"皮格马利翁效应"。皮克马利翁原是希腊神话中的人物，他用象牙精心雕刻了一个少女的形象。他对这个雕像倾注了自己全部的心血和感情，最后感动上天，使雕像获得了生命。像这种由于他人的期望，使个体行为发生与期望趋于一致的变化，又被称为"皮格马利翁效应"。

(三) 角色扮演

角色扮演，又称角色实践，是个体在角色学习的基础上，按照角色期待在社会生活中表现其角色的实践行为。美国著名的心理学家，符号互动理论的奠基人米德（George Herbert Mead）曾对角色扮演进行过深入的研究。他认为，角色扮演是人际互动得以进行的基本条件，人与人之间能够产生互动，是因为人们能够辨认和理解他人所使用的符号的意义，并透过角色预知对方的反应。米德将这种洞悉他人态度和行为意向的能力称为"心灵"。他认为，在心灵基础上发展起来的自我，能够传递对角色期望的认识，是能否成功进行角色扮演的关键。

可以说，在一定程度上，角色扮演的技巧取决于人们在互动中的自我形象。米德把这种在互动中形成，又反过来影响人际互动的自我形象，称为"角色意识"。他还强调指出，正如人们能够用符号表示环境中的其他成员一样，人们也能用符号表示自己，在互动中不断发展自我形象。正是这种自我，左右着个体的角色扮演，在米德看来，不仅心灵和自我是人们互动的产物，社会结构本身也是人们互动和角色扮演的产物。

三、服装在社会角色扮演中的作用

如前所述，服装是重要的情境因素，它在社会角色扮演过程中承担了非常重要的作用：它一方面向外明示个体的角色，在社会互动中帮助双方以角色来理解彼此的行为；另一方面，它对内产生心理暗示，令社会角色与自我意识产生关联，促进自我社会角色的同一性。

（一）角色的获得

利用服装，帮助个体获得角色，通常有三种途径：第一是识别，当我们对即将承担的角色没有把握时，可以对相关人士的外观进行了解，通过学习和模仿，帮助自己进入角色。第二是强化，即通过别人的反应，加深对角色的学习和理解，由此将角色意识融入自我意识。如一位年轻女性，当她富有女性意味的着装受到旁人赞扬时，会加强她对此类女性化着装风格的选择，强化自己的女性意识。三是指导，特别是职业角色的获得，如一些公司会对成员有一定的外观要求甚至统一的着装规定，将着装作为工作考核与评价的一部分。又如军警、空乘人员的服装，都受到相关组织规定的指导。

（二）角色意识

着装不仅是角色意识的外化，它也和个体的自我意识相关联。例如，某人要参加一个对着装有一定要求的社会活动，但是他不愿盲从，更倾向于借助服装表现自我意识和个性；而其他人对此也有期望，权衡的结果，他选择了更为个性化的着装。对此，我们将与角色密切联系的着装观念，称为角色皈依；反之，与角色不符的着装观念，称为角色距离。再如，一位年轻的女军人，剪了短发，穿上了新发的军装，精神抖擞，英姿飒爽。但是，在休息时间，她可能更想穿漂亮的连衣裙，她的内心与军人身份保持了距离感，没有将自己局限于军人角色的扮演。

（三）角色冲突

符合角色期待的着装，在社会生活，家庭生活中都利于沟通，便于建立融洽的关系。但是个体的角色扮演受到多种因素的影响，当人们在承担角色过程中遇到问题和障碍，产生矛盾和冲突，就会出现角色失调。角色失调主要有角色冲突、角色不清、角色中断和角色失败等情况，在此主要围绕服装与角色冲突进行重点分析。

具体说来，角色冲突是指占有一定社会地位的个体与不相符的角色期望发生冲突的情况，即角色扮演者在心理上、行为上的不适应、不协调的状态。角色冲突可以细分为角色间冲突和角色内冲突。

1. 角色间冲突

每个人在社会上都扮演着多种角色。通常，角色不是孤立存在的，它们之间相互联系、相互依存，形成角色集。个体在不同条件下的不同角色，如果不能相容，就有可能产生冲突，使个体在心理上处于矛盾状态，体验到一种焦虑情绪，即角色间冲突。从服装的角度来看，角色间冲突，主要是不同角色对于个体的时间、精力等要素的零和博弈；表现在服装上，主要是风格、适用场景、功能性的不同需求。对于个体来说，要调和角色间冲突，可能需要准备完全不同的服装，并在其中来回切换。

2. 角色内冲突

至于角色内冲突，主要是由于角色互动对象对同一个角色抱有矛盾的角色期望而引起的冲突，冲突可能来自同一类型的角色互动对象，也可能来自不同类型的角色互动对象。由于个体的价值观，审美观等存在差异，对同一角色的理解以及相应的角色扮演，可能千差万别。即使是同一个人，也可能会因时间、地点和心情不同等原因，对同一个角色产生不同的期待和行为模式。因此，角色内冲突反映出角色的情境性和个体差异性，所谓众口难调，服装本身也是角色内冲突的一种反应。而要减少这种冲突，就要提高服装的适应性与兼容性。

3. 角色冲突的缓解

无论哪种类型的角色冲突，都会妨碍人们的正常生活，使冲突中的个体处于焦虑不安的状态。为缓解角色冲突，心理学家提出了一些方法：

（1）角色规范化：社会群体或组织对角色提出比较明确的行为模式的要求，能够促使个体按照规范去履行角色期待。如一些公司和企业也对员工提出明确的着装要求，有利于员工选择适宜的服装，穿着得体。

（2）角色合并法：遇到角色间冲突，可以尝试合并角色。如设计师经常推出可穿脱组合的服装，通过简单地改变，帮助消费者快速换装，切换角色和场景，解决冲突。

（3）角色层次法：当角色间冲突无法进行角色合并的时候，可以对相互冲突的角色进行"价值"分层，即按照重要程度进行排列，将最有价值的角色放在首位。然后，再根据个人需要和他人期待进行取舍。角色层次法的实施，在于角色平衡，弹性解决冲突。

综合来看，随着外部环境和人际关系的变化，社会角色不是一成不变的。个体不仅要根据不同角色调整着装行为，还要适应角色本身的时代变化与社会情境性。

第三节　年龄角色和服装

年龄角色是先赋的，人们无法改变它。不过，它对个体着装行为的影响，不像性别角色那样强烈，人们经常超越年龄角色去选择服装。一般来说，年龄相近的人有一些相似的服装行为偏好，具备一定的辨识性。

一、儿童角色与服装

婴幼儿时期，个体会经历第一反抗期，自我意识第一次觉醒，往往通过日常生活中的主动选择，如决定自己穿什么来表现这种自我意识。这一阶段，女孩一般恋父仿母，男孩恋母仿父；通过模仿，表达最初的、简单的服装与性别角色意识。由于儿童期大多是被动着装，个体受家庭生活模式的影响，其监护人，一般是母亲的个人偏好往往起到决定作用。不过，随着时代的发展，现代父母更开放包容，也给予儿童在着装上的更多自由选择。

同时，儿童的着装也是其地位的可靠反映。居住在热带地区的原始人，小孩总是赤身裸体，偶尔也戴项链、围腰布，性成熟期才开始注重装饰。从儿童向成人过渡时，要通过仪式给予标记，采取涂色、文身、划痕等手段给予新的地位的象征。而伴随着生活水平的提高，儿童的地位也在增强，受到社会各界的普遍重视和爱护。很多父母通过对子女的精心打扮来表达自己的爱心和经济能力。特别是我国的独生子女，受到来自家庭和社会的多方面关注。在此情境下，童装也日益成为时装的一个组成部分。不仅设计、面料和做工都日渐讲究，原有的以童装品牌为主的市场格局，也被众多新进品牌打破。奢侈品品牌，快时尚品牌，运动品牌等纷纷推出童装产品线，有的价格之昂贵甚至高于成人服装。而在儿童阶段，个体对商业宣传的"免疫力"比较低，卡通形象和广告都会对他们的着装行为产生较强的影响。

此外，关于儿童角色与服装，一种儿童服装成人化的现象也长期引发社会的广泛关注。实际上，从中世纪到 18 世纪，欧洲就曾经出现过儿童的服装完全是父母服装翻版的现象，如用花边、化妆品和首饰打扮他们，很小的女孩也穿紧身胸衣、长裙等，男孩也被打扮得十分愚蠢可笑，这在外国服装史上被称为"小大人"。不仅在衣着上与成人雷同，在生活方式和社交活动方面也仿效成人。这种畸形现象，引起当时教育家和哲学家们的反对，提出"具有强壮的体魄才有健康的思想"，为保障儿童的身心健康，必须改革童装，使其不受约束，趋向实用与舒适。

不过，也有社会学者分析这种"小大人"现象的积极含义，如把成人服装中的某些特点用于童装，可以使儿童获得一种与成人平等的感觉，意识到自己也像成人一样生活，由此产生自主感与满足感。同时，父母通过子女的衣着表现他们对孩子的重视；表明他们能给年幼的家庭成员提供优厚的物质供应，以此向社会显示其经济实力，使儿童获得安全感和优越感。

二、青少年角色与服装

进入少年阶段，个体接受教育，参加社会活动，开始有服装消费的欲望，但是经济上还不独立，其消费行为主要受家庭支配。这一阶段的个体常常把服装看作是获取他人认可和赞赏的方式，因此追求服装的一致性。

随着青春期的到来，个体的生理和心理迅速发生变化，开始进入第二反抗期。一方面身体发育，出现第二性征，智力方面，记忆容量达到最高峰，抽象思维能力迅猛发展。另一方面，身心发展不平衡，自我认知超前，而长辈的认识往往滞后，介于成人感和半成熟状态之间。

美国心理学家和教育家斯坦利·霍尔（Stanly Hall）在他 1904 年的著作《青春期》一书中，第一次从学术的角度对这个年龄阶段进行了深入探讨，并提出了青春期的概念。他认为青春期是一个情绪躁动和叛逆的时期，渴求强烈的情感和新鲜的感觉；对自我和环境的意识大幅度提升；对事物的感受更加敏锐，在感官上有自己的追求。由于青春期的自我意识走向了批评和自我批评，而日渐增强的逻辑推理能力放大了个体对情境的敏感性，青春期也是容易产生抑郁的阶段，如怀疑自己被社会排斥，不能克服的性格缺点，以及幻想没有希望的爱情……不过，霍尔对青春期总体持乐观态度。他认为青春期是一次新生，个体在此阶段孕育了更高级、更复杂的人类特质。

此外，除了自我意识高涨，强烈关注自我，特别是自己的外貌和体征。青春期也是个体密切发展同伴关系（Peer Group），追求群体认同，模仿追星的高峰期。这一阶段，个体希望得到的承认和赞赏，不再是孩童时代来自成年长者的评价，而是来自同龄的伙伴。总体来看，青少年的着装并不愿偏离周围的同学和伙伴，加上国内的学校普遍要求穿着校服，甚至对发型也有严格要求，所以服装依然以一致性为主。不过，青春期的个体也有较强的自我表现需求，在外观方面，利用鞋子吸引关注成为一种常见的手段。

三、青年角色与服装

青年是服装意识形成的关键阶段，具有很强的可塑性。这一时期的个体，求知欲旺盛，精力充沛，对流行极为敏感。大众媒体以及新近的社交媒体上关于时尚与流行趋势的信息都会对他们产生作用。比起青春期，青年期的个体主要以自己为兴趣中心，认为尊重自己的选择和想法是最重要的。在服装的选购上，他们往往不太注重舒适，追求在时髦的装束中得到个人欲望的满足，以服装作为表现个性的手段。而进入社会开始工作以后，个体不仅在经济上有能力支配自己的着装，更有实力追逐时尚；而工作也为他们带来新的社交和品位。由此，青年成为服装消费市场上最重要的一股力量。

事实上，青年不仅是服装消费的主力，也是时尚潮流的主导。这既和其年龄角色所具有的心理特点、生活方式相关，亦和其在人口结构中的占比密不可分。20 世纪 60 年代，战后婴儿潮一代逐渐成年，此时年轻人在总人口中的比重较大，如美国有半数人口在 25 岁以下，而法国则有三分之一的人口在 20 岁以下。这些在经济上日渐独立的年轻人，工资比战前大约高出 50%，有能力支付他们所向往的生活方式和服装。由此，不仅造就庞大的青年服装消费市场，而且以青年文化引领潮流，结合音乐、艺术的表现元素，以反传统、反体制、反流行的价值观，形成一股强烈的"青年风暴"（Youthquake）。

可以说，在青年的服装行为中，既彼此模仿，追逐潮流；又喜欢标新立异，反抗传统的着装与习俗。对于青年而言，希望与他人一致的"从众"原则和希望社会对其特殊性有所认可的"求异"原则常常混杂在一起，以不同的形式和深度影响着他们的自我表现和服装行为，也由此推动了潮流的发展。

事实上，由于青年阶段尚未形成稳定的服装偏好，个体的兴趣时常发生变化，同时不喜欢重复前人，青年的社会角色带有鲜明的时代特征。例如，20 世纪 60 年代的嬉皮士（Hippie）、70 年代的朋克（Punk）、80 年代的雅皮士（Yuppie）、90 年代末的波波族（Bo-Bo）。可以说，青年角色在不同的时代有着不同的社会化历程和扮演角色的方式。而这些独具时代特色的创新，不仅改变了时装的样貌，还不断地把时装推向极端；而且其影响力也辐射到各年龄层，拓展了整个社会的服装多样性与宽容度。例如，迷你裙流行的时候，年轻女性的裙子越来越短，而中年女性虽然不会穿着那么短的裙子，但是她们的裙长也受到影响，比之前缩短了。

所以说，年轻人创造了新的时尚流行。由于物质生活日趋丰富，他们能够按照自己的意愿和能力去选择。社会对于年轻人的不同生活方式、思想观念、消费层次和个性特征变得更加宽容，行为规范（包括着装模式）有了更大的自由度和现代感。这方面，西方有媒体甚至认为中国的年轻人在财富、文化和自我形象塑造方面，比欧美更为突出。

最后，随着年龄的增长，进入青年期后半段，个体逐渐发生注意力的转移，除了工作成为一大重心，经历恋爱、婚姻、组建家庭，特别是有了孩子以后，他们也会面临许多实际的生活问题，对时尚的关注度随生活方式而变化。同时，伴随消费能力的提升，个体的服装行为日益受到社会地位、身份的影响，开始讲究价值，注重质量。最终，经历各种尝试，找到适合自己的风格甚至品牌，在青年阶段，逐渐形成比较稳定的服装消费价值观和消费意识。

四、中年角色与服装

进入中年以后，多数个体进入到相对稳定的状态，其服装行为更加成熟，大多为社会角色而穿着，注重与各自的社会身份相适应。中年也是男女差异、年龄差异显现的重要阶段。心理年龄成为影响着装的重要因素，中年角色呈现两极分化。一部分人不再注重外表，以实用和性价比为选择标准，理性购买。而另一部分人，向往年轻，继续追赶潮流，试图抓住青春的尾巴。这部分人大多经济条件良好，服装消费的购买意愿和购买力都很强，是高端品牌瞄准的人群。

对比一些同龄的明星，一部分人可能呈现出中老年的样貌；而另一部分人则保持着青年人的状态。从社会角度来看，中年阶段，一边是工作生活压力大，过劳、早衰、中年危机；另一边是整容、美容、化妆技术日益发达带动的"装嫩""逆生长"现象。可以说，中年角色是最容易混淆的，其生理年龄不易辨认，心理年龄成为重要的因素。

五、老年角色与服装

衰老是自然规律，老年也是人生的必经阶段。随着年龄的增长，个体的听觉视力记忆力下降、味觉嗅觉钝化、动作协调性降低，面临身体各器官功能的衰退老化。传统观点认为，老年阶段，个体由于生理上的各种退行性变化，社交圈和注意力都处于收缩状态，在着装上也倾向于保守，喜欢传统服饰，偏爱深色、灰色或黑色，装饰也相应减少。但是，也有一些反传统的老人，面对衰老，不愿臣服，反而表现出一种张扬。

例如，20世纪初，欧洲就曾经用"老年花花公子"来形容那些不愿承认自己年龄的老年男子。他们拒绝传统老年男性的旧式西装，而是喜欢穿彩色西装、花衬衫，赶时髦的兴致有时甚至超过年轻人。而中国自清代小说《镜花缘》以来，也流传着老来俏这样的说法。分析起来，这主要是源自两种心理，一方面是对抗衰老，保持体形和年轻的心态，穿着时髦的服装，可以使人看起来比实际年龄小。同时，这些俏丽的服装也可以调和心境，表现个体的生命力。而另一方面，则是补偿心理，所谓夕阳无限好，此时不俏何时俏，老年人为了追回失去的青春，抓住生命中最后的机会，努力绽放自我。

对此，美国心理学家斯坦利·霍尔（Granville Stanley Hall）在其经典著作《衰老》一书中，提出了发展的老年观。事实上，写作此书时，霍尔已经 78 岁了，这也是从心理学角度第一次对老年人进行大规模的研究。此后，德国心理学家巴尔特斯（Paul Baltes）进一步明确了毕生发展观（Life-span Development），提出心理发展贯穿了人的一生，它由生长和衰退两个方面构成，年龄并非影响心理发展的唯一要素，老年阶段也不是一味地衰退。它一方面和前几个阶段保持了发展的连续性，另一方面也与时俱进，有这个阶段的增长特点。

综合来看，随着生活水平的提高和医疗技术手段的进步，人类的平均寿命不断延长，生存质量显著提高，老年人也不再拘泥于过去的刻板印象，其服装服饰呈现出多元化的样态。同时，社会对老年人也有一种宽容的新态度，只要他/她身体力所能及，可以像年轻人一样休闲娱乐、梳妆打扮，不存在为老不尊的问题。所以，当下的老年人，在服装上表现出更多的自主性，特别是那些有一定经济能力，身体状态保持较好的老年人，带动了一股强劲的"银发经济潮"。

总体来看，服装对年龄角色的不同期待，在不断地打破原有的规范。而人在不同年龄阶段所表现出来的着装行为，除了受生理和心理的制约外，在相当大的程度上，还取决于个体所处的社会历史时期，以及他们的社会地位和经济能力。

第四节　性别角色和服装

性别角色（Gender Role，又称 Sex Role）的概念最早是由美国心理学家约翰·玛尼（John William Money）于 1955 年提出来的。他在研究双性人的过程中，运用性别角色一词来形容个体在没有明确的生物性别的情况下，用来表达各自性别身份时所采取的一系列行为方式。

在影响个体行为的各种角色因素中，性别角色可能是最具普遍意义的一个。它是在人类性别差异基础上形成的社会角色，也是被特定文化所认同的适合于两性的行为系统及其态度和情感。它不仅是社会化的重要内容，也是角色理论研究的重点，更是与个体服装行为高度相关的一个因素。事实上，服装不仅是塑造性别角色的重要手段，服装行为亦是性别角色社会化的重要内容。

古往今来，不同国家、社会几乎都赋予男性和女性以不同的角色期待，由此形成两性在着装行为和规范方面的不同。不过，在古代，男女服装并没有不同的标准；在许多原始部落中，男人远比女人讲究打扮。历史上，也曾出现过男子服饰的奢侈华丽远远超过女性服饰的现象。因此，要理解性别角色，就要超越表面的生理差异，结合时代背景与社会文化，从生理特征、心理特征和社会属性等多个方面进行分析，由此才能对服装与性别角色的关系形成比较系统的认识。

一、两性特征差异与服装

两性的特征差异是形成性别角色的基础，它包含生理特征差异与心理特征差异。

（一）两性的生理特征差异与服装

生理特征差异是两性在生物学意义上的差别，染色体的不同决定了男女的性别差异。首先，在身体构造和生理特点上，两性的区别不仅表现在不同生殖系统的第一性征，而且随着年龄的增长到青春期后，这种差异也表现在第二性征方面。如男性身材高大，骨骼粗壮，肩膀宽阔，骨盆狭小，生胡须；而女性相对身材娇小，骨架细巧，肩膀较窄，脂肪丰满，胸、腰、臀部曲线起伏，皮肤细腻等。正是由于男女两性在外观上存在显著的特征差异，使服装具有不同的表现领域和美感体验。

此外，两性的生理差异还表现在感觉水平上，主要是视觉和触觉不同。女性的视觉一般比男性敏感，如能比男性更多地区别形态和色彩差异，从而对服装产生更浓烈的兴趣。这也是女性比男性更热衷服装的款式，对流行色更为在意的潜在因素。另外，女性的触觉敏感度也比男性高，对皮肤的刺激反应、触觉感通常比男性强烈。因此服装设计与营销，常把面料的柔软轻薄作为女性服装的特质，认为这样能更好地满足女性，提升触觉的愉悦感。

不过，随着时代的发展，两性在外观方面的生理特征差异有日渐模糊的趋势。近代以来，体力劳动者在社会中的比重逐渐减少，且地位不高，这使得肌肉健硕的男性形象不再成为优质男性遗传基因的必要条件和代表。而从农业社会到工业社会再到后工业化社会，人类进入信息时代，男女在体能体格上的差异也有所减弱，由此带来中性风潮（Unisex，又称无性别服装）愈演愈烈。

（二）两性的心理特征差异与服装

与上文提到的两性在感觉水平方面存在的差异相似，心理特征差异往往也是以生理特征差异为基础的。美国得克萨斯大学心理学家兰格伊斯（Judith Langlois）等人曾经探讨了人类的形体美感是社会审美、文化熏陶的结果，还是具有先天的视觉本能。她们通过实验发现：儿童最初发生兴趣的是曲线，而不是直线，从而提出对曲线感兴趣是人类的一种潜在心理，具有先天性。而斯坦福大学有研究表明，女性喜欢穿着透、露的服装，因为女性本身具有曲线美，且常常将这种曲线美作为一种美的自炫。

近期的神经生物学和演化心理学研究也提供了一些支持性的观点。如台湾认知神经学者洪兰指出，男性和女性的大脑存在若干差异。女性的胼胝体（联结左脑和右脑的桥）更厚，而男性比较薄，因此女性会把她的情绪用语言的方式表达出来。大脑中的视觉皮层部分，女性处理颜色的区域强，而男性处理距离和方位的区域比较强。此外，男性和女性在情绪处理方面，由于血清素、荷尔蒙等激素水平的不同，也存在明显的差异。总体比较，男性前脑到后脑的联络比较密；而女性左脑到右脑的联络比较密。男性注重整体，其思维更加聚焦，更为理性；而女性更注重细节，其决策更容易受到潜意识的影响。

从服装的角度来看，这种基于两性生理差异的心理差异，表现为思维方式、价值观和心理稳定性等方面的差异。如女性比较倾向于形象思维，注重服装款式的变化，更容易发生冲动型购买；而男性比较注重抽象思维，大多崇尚线条简洁的服装，购买时更在意品牌，计划性也更强。这一点，苏联圣彼得堡大学社会心理学实验室曾对600幅儿童绘画进行研究，发现男孩子画人物时总是精心描绘面貌，而女孩子总是精心描绘服装、发式等。

不过，美国心理学家麦科比（Eleanor E. Maccoby）和杰克林（Carol N. Jacklin）的研究并不十分支持这种所谓男女有别的观点。在她们在合著的《性别差异心理学》（*The psychology of sex differences*）一书中，经过几千例的研究，对人们历来公认的50项男女之间的心理差异进行了检验。结果发现，可以完全证实的差异只有4项，不足以肯定的6项，其他40项是缺乏或者根本没有科学根据的。这说明，男女之间的心理有一定的差异，但是不像生理特征差异那么明显。

事实上，诸如女性较重视自身的形体以及服装所产生的对自我魅力的增强效果，更重视他人意见；男性注重自我价值在工作能力方面的体现，为工作而选择服装的情况更多，对待社会和生活有较多的自主性，在心理上较少受时装流行变化的影响等说法，从特征差异的角度来看，是基于一定生物学基础的心理差异；但是从社会因素来看，它们也可能是源自性别角色的差异。就像普遍认为女性与流行和美有紧密关联，而社会常常鼓励女性注重外表，甚至将美貌视为自己的责任；反之，若男性过分注重外观和服装，则会被人取笑，心理特征差异的背后，往往渗透了社会性的影响因素。

二、性别特质差异与服装

性别特质是性别角色研究的核心之一，它本质上是一种关于性别的刻板印象。历史的角度来看，世界上大多数社会都有典型的男性和女性服装。一般认为，女性柔弱、丰满、文雅、温和，其服饰是色彩丰富、精致和富于装饰的；而男性则是刚强果断、矫健有力，其服装是暗淡、乏味，不引人注目的。这即是通常所形容的，女性的阴柔之美，男性的阳刚之美。许多社会甚至还更进一步，认为只有女性崇尚时装，而男性因此笑话女性，指责这是女性的弱点之一，称她们为"软弱的性别"，把戴首饰、用化妆品，穿色彩鲜艳和装饰繁多的服装视为女人腔。而实际上，性别特质是一个复杂且随时代发展不断变化的主题。

（一）男性气质与女性气质

男性气质和女性气质是两性的个性差异。所谓男性气质（Masculinity，又写作 Manhood 或 Manliness）与女性气质（Femininy，又写作 Girlishness，Womanliiness 或 Womanhood）即一系列与性别相关联的人格特质。尽管性别特质对于个体而言，存在各种例外，且它在不同社会文化环境下会有所变化，学者们还是总结出一些具有普适性的特质。表8-1、表8-2即是结合了威廉姆与班尼特（Williams & Bennett，1975）、高夫与海伯伦（Gough & Heibrun，1965）的研究，对男性特质与女性特质的总结及评价（+代表正向；-代表负向；○代表中性）。

表 8-1　与男性特质相关的形容词及其评价

性格特质	评价	性格特质	评价	性格特质	评价
有雄心的/野心勃勃	+	有事业心的	+	富于冒险性	+

续表

性格特质	评价	性格特质	评价	性格特质	评价
具有攻击性	○	爱支配别人	○	勇敢	+
务实的	+	独立的			注重逻辑	+
有主见的	○	吵闹/招摇的	−	严厉	○
有信心的	+	英俊的	○	稳定的	+
爱吹牛的	−	杂乱无章	−	强悍的	○

表 8-2 与女性特质相关的形容词及其评价

性格特质	评价	性格特质	评价	性格特质	评价
深情的/慈爱的	+	健谈的/喋喋不休的	○	肤浅琐碎的	−
易感激的	+	爱抱怨的	−	头脑空虚	−
爱调情的	○	多愁善感	○	爱发牢骚的	−
迷人的	+	心肠软	○	温顺随和	○
顺从的	○	温柔	+	挑剔的	−
依赖的	○	情绪化的	○	善变的	−

（二）能动性与共生性

美国心理学家戴维·巴肯（David Bakan）在《人类生存的二重性：论心理学与宗教》一书中，首次引入能动性（Agency）与共生性（Communion）两个术语。巴肯认为，能动性与共生性是人类特性的两极。能动性是有机体作为独立个体存在的一种生存模式，这种属性通过持有权力、控制等方式表现出来。而共生性则是个体融入更为庞大的有机体，并使自身作为其部分存在的另一种生存模式，这种属性通过与他人的联合、交流、合作表现出来。

巴肯以此来解释两性的差异，认为女性注重关系和亲密感；而男性则专注于实效与成就。因此，能动性带有男性化的色彩，它促成个性和控制，使个体显现出自我表达、自我保护、自我肯定、自我膨胀等特征，表现为分离、孤立、疏远和对孤独的舒适感。而共生性则带有女性化色彩，激发关心和爱的能力；包含着开放、交流、接触与合作，从其本质上来说，是要克服分离，建立联系，与他人在一起，参与他人的事情。而巴肯的研究也为后续性别角色的测量奠定了理论基础。

（三）顺性人格与兼性人格

传统的性别角色模式认为，当个性特质与性别相同，即男性拥有男性特质、女性拥有女性特质，则个体的心理健康状态与社会适应性都是最好的。由此，两性的服装，基于这种角色模式，也成为性别角色显著差异化的重要手段。符合男性特质的男装与贴合女性特质的女装占据了主流。如，裤子是传统意义上的男性服装，而女性则穿着裙装。

不过，随着社会的发展，新的性别角色模式认为，兼具两种性别特质的个体，表现出更好的灵活性与适应能力，可以平衡好能动性（Agency）与合群性（Communion）。社会生活、家庭结构和思想观念的变化，也在一定程度上助推了这种"男性女性化"与"女性男性化"的现象。事实上，男性特质与女性特质，本身并不是完全对立、互不相容的，有些民族有体现"兼性观"的习俗，瑞士著名心理学家荣格也曾提出，每个人都具有双性特征。而这方面最具代表性的研究，是美国心理学家桑德拉·贝姆（Sandra Bem）在 1973 年创制了著名的性别角色自测量表 BSRI（Bem's Sex-Role Inventory）。

具体说来，该量表采用 20 个与男性特质相关的词汇、20 个与女性特质相关的词汇以及 20 个中性的填充词汇，由此形成 60 组七级评价的量表，通过测试者自评，来鉴别其性别角色的类型：男性角色、女性角色、双性化、性别未分化。这其中，在与自身性别相一致的量表上得分高于中位数、并在与自身性别不一致的量表上得分低于中位数的人，即典型的男性与女性，被定义为性别角色刻板。而与此情况相反的人，则被定义为性别角色倒错。至于在两类量表上得分均高于中位数的人，则被定义为兼性人格（Androgyny），即兼具男性特质与女性特质；反之，在两个量表上得分都低于中位数的人，被定义为性别角色未分化。

贝姆的量表为兼性人格的研究提供了测量与建模的基础。事实上，Androgyny 一词最早由美国女权运动先驱，社会学家艾莉丝·罗西（Alice S. Rossi）引入学术界，其词根，正是希腊语的 Andro（男）和 Gyny（女）的结合。不过，它不是生理上的双性人，主要是一个心理的概念，指同时具有男性气质和女性气质的心理特征，是两性特质的混合与平衡，代表了一种新型的性别角色。

同时，贝姆的研究进一步推翻了男性特质与女性特质的对立性，她提出，两性的特质是相对独立的，而非一体两面，对立互斥的两极。进而，贝姆提出，良好的适应性需要具备一定的可塑性，在有些情境中表现出男性特质，而在另一些情境下表现出女性特质，兼性人格能让一个人更全面，适应性更强。这一点，从成功的女性或男性所表现的心理特征中也得到证实。或许，正如英国女作家弗吉尼亚·伍尔芙的名言："伟大的灵魂都是雌雄同体。"兼性人格从两性特质中吸取优点，后续的研究也表明，兼性人格的个体具有较高的自尊、较少的心理疾病、较好的社会适应能力，能够角色互换，比其他类型的人更受欢迎。

而其他相关研究，如一项针对大学生的调研结果显示，33% 的受访者为双性化类型，而典型男性和典型女性的比例分别为 18.5% 和 18.3%，性别未分化的比例则占到了 30.3%。由此可见，单性化已不再是主流，社会的发展必然导致两性在心理和行为上的互相借鉴学习；尽管由生理差异决定的局限性不可能无限缩小，但性别角色多样化已是大势所趋。

（四）性别特质差异与服装的演变

从历史的角度来看，两性的着装经历了一个从差异较小到差异增大再转向差异模糊的过程。在我国，素以男女有别作为中华民族的传统观念，早在汉代就确立了"男袍女裙"的基本形制。即使在战国时期，虽然有深衣这种男女通用的服装形式，但是在装饰和细节等方面也有所差异。

而西方社会，两性在服装上的显著差异开始于 14 世纪。文艺复兴运动使人们觉醒，开始反抗中世纪的禁锢，回归人性，解放感官。到了 15 世纪，服装极力表现两性特征：男性宽阔的双肩被进一步突出，强劲的腿部与臀部用紧身裤包裹，形成上重下轻的形式，以表现男性的第一特征。而女性服装则用裸颈、裸肩、束腰、突出胸部等手段来表现女性的第二性征。到了 17 世纪，西方宫廷王后的裙裾甚至长达 15.5 米，限制了女性步履，却被认为是女性优雅的表现；而且用铁丝、鲸骨或藤条制成的裙撑，使女装形成了上轻下重的基本形式。

不过，这一阶段，服装不仅是性别特征的表现，更是阶级地位的反映。在王室贵族中，不仅男性大量运用花边、缎带等今天看来是非常女性化的服装元素，甚至男性也会用脂粉、口红、假发来装饰自己。所以，从服饰的奢侈与华丽来看，两性的差异，不及阶级差异那么明显。

直到 18 世纪，法国大革命和英国工业革命，使男装开始了具有历史意义的改革，新的社会价值观和审美标准重新界定了男性角色，男装也从华丽走向朴素。到 19 世纪末，男性服装趋于简单化、标准化、统一化。1880 年，西装（Suit）作为商业精神的象征，被广泛接受，变成男性服装的标配，社会舆论强烈抨击和嘲笑女性化装扮的男性。

历史学家罗伯特（Robert B. Shoemaker）对这种性别分化进行了生动的描述，正如有些人认为"服饰创造男人"，当时男女服饰的差异除了可供辨识这两种性别，更定义了这两种性别所扮演的角色。男人相当严肃（他们穿着深色的服装，而且少有饰物），女人轻松愉快（她们穿得五颜六色，有缎带、花边以及蝴蝶结）；男人活泼好动（他们的穿着适合运动），女人静如处子（她们的穿着限制了活动）；男人雄壮威武（他们的衣着强调宽阔的肩膀和胸膛）；女人温柔婉约（她们的衣着强调纤细的腰身、柔和的肩线和圆润的线条）；男人积极进取（他们的衣着线条分明，锋芒毕露），女人恬静依人（她们的衣着线条柔和，并且很受限制）。

1865 年，史多（Stowe）比较了男女服装，认为男装"对于流行具有某种微弱而不可见的指示功能，而且他们的服装也经常变化：例如袖扣、背心、纽扣、领带、领带扣针、表链等各种小饰物"。这说明，当时的男性仍然注意自己的外观，只是男装已经不像女装那样具有更多的含义。而苏珊·凯瑟则在《服装社会心理学》一书中提出，当女性因社会化历程而视美貌为获取丈夫的利器时，男性正全心投注于获取扩展外在世界的筹码。因此，积极与消极之间的差异变成了重点。

到了 19 世纪，"一战"的爆发导致两性角色的转变，人们逐渐打破之前的规则，传统的着装界限开始变得模糊，男装与女装不再泾渭分明。20 世纪 20 年代，时装大师香奈儿（Coco Chanel）女士将裤装这种原本属于男装的形制引入女装设计；30 年代，传奇影星玛丽琳·黛德丽（Marlene Dietrich）在一次首映式上亮相，成为第一个公开穿着裤装的女演员，由此推动了裤装在女性群体中的推广与普及。

而流行于 20 世纪 20 年代的 Flapper 风格，则成为第一个兼性特征的时装风潮。"一战"过后，人们普遍陷入一种及时行乐的情绪。时髦女性一改往日的优雅端庄，她们剪短了头发，以经典的波波头（Bob Haircut）、钟形帽，搭配低腰宽松的裙子。这种造型在法语中被称为"Garçonne"，意为像男孩一样。事实上，它仍是具有辨识度的女装，因为裙装是传统的女性服装。只是它刻意回避了曲线，长发这类经典的女性元素。而其着装效果，则是在男性化的简洁、直线条之外，增添了一种新的妩媚。而另一个典型的例子是伊夫·圣洛朗的吸烟装（Le Smoking suit，Yves Saint Laurent，1966）。在著名时装摄影师赫尔默特·牛顿（Helmut Newton）的镜头下，吸烟装呈现出一种充满情欲的兼性化特征，令它成为一个时代的经典符号。而在男装的兼性化发展方面，1967年，在美国迪希特博士的倡导下，掀起了一场男装改革运动，这就是所谓的"孔雀革命"。当时，美国杜邦公司大力宣传色彩绚丽的男士衬衫，在广告中提出"孔雀雄性，尚且开屏显美，我辈男士何必恪守昏暗的衣裳"。"孔雀革命"可以说是吸收了女装的色彩之美与装饰性，其宗旨是促进男装的时装化、色彩化、多样化，号召男人的衣着也要体现时代精神（图8-2）。

图8-2　兼性化造型：Flapper风格（左）与吸烟装（右）

三、性别角色发展差异与服装

所谓性别角色的发展，是人们获得被特定文化认可的性别角色的品质与行为特征的过程。美国人类学家玛格丽特·米德（Margaret Mead）透过《三个原始部落的性别与气质》一书，讲述了她在几内亚的田野考察。她发现，三个原始部落中，一个部落不论男女，都具有女性特征，即性格温和、热情，反对侵犯、竞争和占有欲。而临近的另一个部落，男女都很凶暴，富于攻击性。与前两个相反，第三个部落，女人专横，不戴饰物，精力充沛，是家庭的主要劳动力；而男人则喜欢艺术，感情丰富，照看孩子。米德由此认为，男女的性格特征与生理没有必然联系，即个性特质不是天生的，而是通过社会生活中对性别行为的学习、模仿而形成的。

为此，抛开先天的生理决定论，在个性特质之外，有必要进一步探讨性别角色的发展差异。这方面，人类学家大多用功能主义的观点来解释，认为性别角色的分化迫使男孩子培养出男性化的个性特质，鼓励女孩子培养出女性化的个性特质，以此来保持某种特定的生活方式。而行为主义则强调后天的社会性建构，即性别角色的社会化（Gender Socialization）。按照社会角色的行为模式，这会涉及性别角色的学习、性别角色期待和性别角色扮演。

（一）性别角色学习

性别角色学习是个体学习为自己所属文化所规定和认可的性别角色的过程。社会学习理论的代表人物阿尔伯特·班杜拉（Albert Bandura）通过一系列实验发表了《通过模仿的社会学习》一书。他认为，直接强化、模仿和观察是儿童性别角色获得的基础。父母按照自己的性别角色规则，对儿童施以直接或间接的影响，使他们因受到赞许、奖励把符合规则的性别角色行为保留下来；而那些受到阻挠和惩罚的行为则相应的会减少或消失。例如，女孩因文静、柔弱、爱美而受人喜爱；男孩因勇敢、好胜而受到表扬。在这种直接强化的过程中，逐渐形成了不同的性别角色。并且，通过对社会认可的着装行为的主动模仿以及观察性学习，进一步塑造了不同性别的着装行为。

（二）性别角色期待

美国心理学家曾经做过这样一个实验，在一家商店内，由两名女性向前来购物的顾客寻求帮助。其中一位女性穿着牛仔服，网球鞋，留着短发，酷似男孩的打扮；另一位女性穿着有褶裥和花边的衬衣，高跟鞋，留披肩发，是典型的女性形象。她们分别向 160 名顾客求助，其中一个请求是帮忙修理手推车，这是比较女性化的请求；另一个是兑换零钱，这被视为中性化的请求。其结果，是典型女性形象的女子，比酷似男性装扮的女子，得到了更多的帮助；并且，男性顾客对修理手推车这样的女性化请求，给予了更多的帮助；而对兑换零钱这种中性化的请求，两者所得到帮助，没有显著差异。由此可见，社会对不同性别有不同的期待，这种期待不仅表现在着装上，也包含了态度和行为。

具体来看，自孩提时代，社会对男孩和女孩就有不同的期望和不同的待遇，以衣着、玩具来区分男女的角色，要求女孩文静、学做针线，包容男孩的顽皮、使他们拥有较大的独立性。一项瑞典科学家的研究发现，男婴的感情更丰富，比女婴的情绪反应更强烈。但是，"男儿有泪不轻弹"，男孩自小被教育，要学会压抑、克制、隐藏自己的情感，以满足社会期待。

而成年后，大众媒体则成为性别角色社会化的隐性推手，潜移默化的影响着社会的性别角色期待。有学者发现，在广告中，男性多以权威或专家身份出现，而女性多以使用者的身份出现。在影视作品中，男性常以领导者或救人解围的英雄形象出现，而女性多扮演被救护、被帮助的角色。

从服装的角度来看，性别角色的社会化是一个持续终生的过程。通过不同的着装来区分性别，已深深扎根在社会文化和生活习俗之中。而社会文化也在建构着人们的性别角色期待，作为人类文化模式的一种表现，服装以习俗或规范的形式，强化着两性的角色。特别是在古代，关于两性的着装规范，是非常严格的；穿着异性服装不仅触犯禁忌，在有些社会文化环境下，甚至有可能招致杀身之祸。

而随着时代的发展，现代社会不仅打破了过去的阶级、阶层界限，而且放松了性别角色的规制。开明社会的一大特征，便是尊重个人的自主选择，而现代教育也注重两性的均衡发展，统一的校服不仅弱化了家庭背景的差异，也弱化了性别角色。如同儿时课桌上那道"三八线"，在日渐宽容的社会氛围中，性别角色的期待发生了变化，人们在服装方面的禁忌也相应减少，男装女装的界限逐渐模糊，由此开启服装的多元化。

（三）　性别角色扮演

个体在角色学习的基础上，按照社会对性别角色的期待，表现其性别角色的实践行为即为性别角色扮演。过去，男女性别着装上的差异强化了两性在生理和心理方面的差异。西蒙·波伏娃认为，人类用服装作为性别符号，正是反映了人类心灵世界中两性需要互补的天性，是两性之间寻找相互性的一种文化形式。

而随着时代的发展，现代社会中服装的性别界限以及禁忌正在减少，男装女装也打破人为设置的条条框框，进一步融合发展，开创了一个宽广无界的时尚新空间。与此相对应，个体在性别角色的扮演过程中，有了更多的自主选择。

具体来看，性别角色扮演与个体的性别意识密切相关。从成长的过程来看，女孩在母亲的爱抚中培养性别意识；她不必将自我与母亲分开，没有分离的体验，使其产生了一定的依赖性；同时，在意识中融入了母性的潜能，喜欢抱布娃娃，在过家家的游戏中扮演母亲的角色，穿鲜艳的花衣服，注意生活中较为实际的方面。而男孩在性别意识的培养过程中，必须先将自我与母亲分开，从父亲那里获得性别认同，这种心理的分离过程孕育了自主意识；同时，男孩从小被灌输了社会性的观念，因此在角色扮演过程中，有更多的责任担当。

成年之后，个体的性别意识决定了性别角色扮演及其服装选择。一般来说，顺性人格会选择与个体生理性别一致，且性别特征明显的服装。而生理性别与个体性别意识相反的性倒错者，则会出现异装现象（Cross-Dress）。而有些性倒错者，借助变性手术，使生理与心理达成一致，进而按顺性人格的方式来着装。至于兼性人格，在着装方面，以个体的生理性别为基础，选择符合生理性别，但是添加了异性元素的服装；或者与性别未分化者一样，选择比较中性化的服装。

四、性别角色认知差异与服装

说到性别意识，其实它也可以从认知论的角度来理解。性别角色的认知论强调个体的自我归类，其基本假设是尽管外部世界是复杂的，但人们在头脑中总是力图简化对它的理解，以便赋予各种意义。这其中，性别就是一种简单的归类，当符号与特定文化下的性别角色讯息相符时，人们会自动地做出反应。为此，认知论一方面将注意力集中在外观知觉，尤其是人们对彼此、对自己的性别认同与印象形成。另一方面，它关注儿童的性别角色发展，在性别角色分化的原因和性别角色获得的次序方面表现出与其他理论的不同。

按照美国儿童发展心理学家科尔伯格（Lawrence Kohlberg）的理论，性别角色的获得不是消极地接受一套性别行为模式，而是一种内部的认知，是自我推动的主动过程。尽管绝大多数儿童从一出生就确定了生理性别，父母及社会也用诸如姓名、服饰、玩具，乃至行为要求、道德准则等来帮助他们建立性别意识，但儿童的认知水平是影响他们性别认同的基础。对性别角色发展起决定性作用的，不是社会或他人的强化，而是儿童把自己看成是一个"男孩"或"女孩"的自我分类。

通常，学龄前儿童把发型、服饰等作为区分性别的主要依据，当发型、服饰改变之后，他们认为性别也随之改变。这种关于性别认知的不守恒，如同长度、体积、重量的守恒一样，需要一个发育过程。科尔伯格把儿童性别守恒的发展划分为三个阶段：

第一阶段：性别标志阶段。这一阶段的儿童能正确认识自己以及他人的性别，但这种对性别的认识是根据外部的、表面的特征，如头发长度、服饰等。

第二阶段：性别固定阶段。这一阶段的儿童对性别的"守恒性"有了一定的理解，如知道男孩将来要长成男人，女孩将来会长成女人，但他们对性别的概念仍然停留在外观上。汤普森（Thompson）、苏珊·凯瑟、本特勒（Bentler）对 4~6 岁的儿童和一组成人进行了对比实验。被试首先接到一个性别特征不规则的裸体玩具娃娃，它有女性的体型、女性的发型和男性的生殖器。主试给被试两堆衣服，一堆是女装，另一堆是男装，让被试挑选合适的衣服给玩具娃娃穿上，以便"去参加晚会"或者"去海滨"。此外，被试还要求给玩具娃娃起名字，并说明为什么这样起名。研究发现，儿童利用玩具娃娃的头发长度作为判断性别的标准，不太注意生物性征。在 144 名儿童中，只有 14 人提及玩具娃娃上身的性别特征，仅有 24 人提及生殖器，而成人则利用性征和第二性征作为判断玩具娃娃性别的依据。

第三阶段：性别一致性阶段。随着儿童理解能力的增强，在 7 岁左右，性别守恒随着其他认知守恒的发育逐渐形成。幼儿园大班和小学低年级儿童开始建立性别的一致性，他们知道即使一个人"穿错了衣服"，也不会改变他的性别。除了认知水平的发育，一项针对 3~5 岁儿童的研究发现，是否具有性方面的知识对于儿童区分性别具有显著作用。此外，还有观点认为，性别认同是在生物学基础上，通过儿童与成人的相互作用形成。儿童的性别认同，离不开成人（尤其是父母）的教育方式和教育态度；反过来，儿童的性别认同也影响着父母自身的社会化发展。

关于认知论，除了科尔伯格，贝姆也曾提出过一个性别图式理论（Gender Schema Theory），以此解释儿童的性别角色认知和社会性别角色形成。贝姆认为，在生活中，个体采用性别作为一种组织方式。在一定的社会文化环境下，与性别相关的信息，比其他信息更容易被传递；借助图式或者说信息的网络，性别特质被社会优先转化。儿童则根据性别模式，学会评估自己能否胜任，匹配他们的偏好、态度、行为和个人特质，确定或对抗原有的生物性别类型。贝姆提出，每个人保持性别图式的程度不同，这与个体的性别分类相关。

总体来看，从认知论的角度来看待服装与性别角色，作为外观知觉的重要组成部分，服装既是儿童发展性别意识的重要参考，也是人们建立性别认同的重要手段。

五、影响性别角色与服装的其他因素

除了两性的特征差异、性别特质差异、性别角色发展差异和性别角色认知差异，还有一些影响性别角色与服装的其他因素，归纳起来，主要有：

（一）两性的社会地位与服装

从世界服装的演变过程中可以看到，两性服装的变化，一方面是性别特质差异的反映，另一方面，也是男女分工不同和两性社会地位变化的反映，是特定时代的产物。

在原始部落中，尽管生产力低下，但是男女都注重美化自身，其手段是比较相似的，在着装方面尚未形成显著的地位差异。其中，男性出于生物遗传因素，甚至更喜欢装饰自己，如把毛皮披在身上，炫耀自己在狩猎中的勇敢。这一点，与动物界的情况相似，都是性选择的进化策略。而随着社会的进化，男性逐渐掌握了社会资源和地位，于是利用服装去实行社会控制。一方面，从冷兵器到热兵器，从权谋到财富，依靠个人武力制胜的模式逐步消解。男性的外观，从象征生物遗传优势的武力，转向更为复杂的权力与经济实力。另一方面，女性的服装，在相当长时间内，停留在对自己性别身份的表现上，只是随着时代的发展，不同年代，表现的部位和重点，形式和手段有所变化而已。

可以说，在男尊女卑的语境下，女性的纤丽妖媚，既带有女性特质的色彩，也是一种社会控制的反映。正如女权运动者所说："女人的服装是如此生动地反映了她的处境，紧收的腰和长长的裙剥夺了她呼吸和行动的一切自由，她每转一下身子也得要人帮助……"不论是中国历史上的缠足，还是西方历史上的束胸，都是对女性身体的摧残，表现了其依附男性的社会地位。

所以，女权运动兴起之后，首当其冲，就是在服装方面开始变革。早期女权主义（19世纪下半叶至20世纪初）主要是反对男女服饰的分化现象，不满意女性所扮演的从属角色，倡导女性解放身体，抛弃紧身胸衣，积极参加体育活动。而现代女权主义（20世纪初至60、70年代）的主要诉求是消除男女同工不同酬的现象，为女性争取工作机会与经济独立。这一阶段，很多女性因为战争穿着男性化的制服。特别是战后，尽管经济复苏时期，迪奥（Dior）充满女性气质的新风貌（New Look）受到追捧，但是女装的日趋简化，已是一股不可逆的潮流。

越来越多的女性走入社会，开始像男人一样承担工作，主张自己的平等权利。她们在公开场合穿着裤装或是其他吸收男装元素的新式女装，既是表达平权的诉求，也是因为利落的男性化服装的确便于女性开展社会工作，从事体育活动。像是在革命后的苏联和我国的建国初期，由于男女取得同等的社会地位，为消除性别差异，采取了基本相同的制服形式；而女性也摒弃了装饰和点缀，压抑了自己的性别特色。

后现代女权主义（20世纪60年代至今），女性放弃了过去那种男性化的极端追求。她们不再掩饰自己的女性特质。这一阶段，伴随着民权运动的推进，女性与其他受压迫的群体一道，积极开展平权运动。她们更加独立、自信，对服装有了更多的选择自由，追求舒适、个性、甚至是张扬的性感。另外，越来越多的女性开始走上重要的工作岗位，如担任政府要员，出任公司高层管理职位。她们需要借助服装来塑造权威、专业的形象。

综合来看，现代女装的进化史可以看作是一部女权主义的发展史，服装成为女性表达诉求，获取权利的重要手段，它也深刻地反映出两性地位的变化。女权说到底，并不是对权力的追逐，而是对平等的诉求。它不是要女人像男人一样，而是承认男女有别，并追求男女平等。

（二）情境的观点

关于性别角色，情境也是一个影响因素。美国服装社会心理学家苏珊·凯瑟（Susan. B. Kaiser）曾经对7~13岁的女孩进行研究，要求被试从四套服装中挑选出她们认为最为霸道（Bossy）的款式，这其中既包含中性化的牛仔装和T恤衫，女性化的带褶边装饰的裙子，也有略带女性气质的裤装和朴素的套装。结果51%的女孩选择了褶边裙子，20%选择牛仔装。她们分别对霸道的含义做出解释，而这些解释因人而异，往往与个人的家庭、成长经历相关，是非常情境化的。

因此，性别角色作为一种社会结构，它与服装的关系，也可以运用文化与符号的研究视角，放到情境中去考察。这其中，文化的观点主要源于符号学、社会研究和女性研究，是从意识形态来理解性别角色的社会化历程，有助于对女性化或男性化形象的探讨。正如两性的外观一样，性别角色的概念也总是在变化。因此，要随着社会的发展，不断地思考服装历史上，标志着性别差异的材料质地、色彩和造型的持续变化。

而从符号互动论的角度来研究性别角色，有利于在各种情境中探讨性别角色的动态层面。当性别符号发生变化，无法确切地归入某一类别时，个体会更加缜密地将情境中的变项或各种可能性，以及社会互动中产生的额外信息一起考虑，重新进行知觉整合，对日常生活中的性别角色符号做出新的解释。

综合来看，不论哪种观点和视角，服装作为一种外显的、易于辨认和理解的符号，在性别角色的认知、发展和解释过程中都发挥了重要的作用。而不论时代如何发展，性别角色原有的界限逐渐模糊或是标准发生变化，角色关系始终存在，而服装仍然是建立性别认同，乃至实现性别吸引的重要手段。

第五节　职业角色和服装

职业角色是指由于职业的不同而产生的符合社会期待的品质特征和行为规范。它反映在服装上，通常有两层含义：一层是与团体或组织有关的功能，即通过服装的款式、色彩、徽章等标志团体或组织规范的一致性，如制服、校服等。而另一层含义是建立在个人特性基础上的职业身份，即个体通过合适的服装达到的社会预期的职业形象。J. 莫洛伊（Molly）曾经发表文章，谈及着装标志事业成功，指出职业妇女之所以喜欢穿着保守的、上等的服装就是要表现权威性，塑造女强人的外观。具体来看职业角色与服装，主要围绕下面几个话题展开讨论。

一、职业服装与社会阶层

一般认为，服装是在人类发展到一定阶段才出现的，它是人类文明进步的标志。反过来，文明的进步又影响了服装，使它脱离了原有的物质属性，具有了象征意义。其中最明显的就是服装可以作为阶级、地位、权力的象征。

在西方，工业文明带来机器大生产，而社会分工逐渐形成以"蓝领"（Blue-collar Worker）和"白领"（White-collar Worker）来区分体力劳动者和脑力劳动者。今天，在这个基础上，又衍生出粉领（指娱乐、销售等服务性行业的从业者）、"金领"（高级白领，公司高层或高级技术人员）、"绿领"（从事环保或再生能源等绿色产业人员）等各种称谓。事实上，单纯依靠领子并不能清晰地划分行业和职业，但是它作为一种象征被沿袭下来，表现出服装对职业角色的塑造功能。而这背后，往往将职业与人们的阶级、社会地位相关联。

关于服装与阶级，比较有代表性的研究，是美国社会学家韦伯伦（T. B. Veblen，1857~1929）在 1899 年出版的《有闲阶级论》。在这部著作中，他通过对美国上层社会的观察，提出"富有"的人，以服装作为"显示经济地位的手段"。他们一掷千金，希望通过服装赢得尊敬。对他们来说，价格低廉的服装意味着价值低下，只有卑贱之人才会穿着。

所以，韦伯伦据此提出："衣服是金钱、成功的确切证据，是社会价值的显在指示。"

除了显示浪费，韦伯伦认为，社会上层属于有闲阶级（即拥有资产和闲暇的阶级），有闲阶级的服装还要显示出闲暇和最新的流行。优雅的服装不仅价格昂贵，而且能显示自己脱离生产劳动，不必为生活操劳。特别是妇女的装束，更是对闲暇和不必操劳的夸示，高跟鞋、紧身长裙等女性特有的服装和过长而非必要的头发等，都是无须劳动的标志。而由于流行具有短暂性，它在金钱主导的社会中是最显著的，也是最富于变化的。在不断更新换代的流行中，始终保持新样式，也是有闲阶级显示消费（浪费）的证明。

事实上，按照象征理论的说法，服装作为阶级、地位、权力等的象征，有着悠久的历史。原始人最初用血污、伤痕和战利品来象征自己的英武，但是这些会随时间而消失。后来，他们用动物毛皮、羽毛作头饰，佩带野兽的牙齿、骨骼，刺彩纹、刀痕在皮肤上，以此外观装饰手段来象征自己的身份、地位和权威。到了阶级社会，服装更是等级差异的重要标志。而今天，虽然等级的壁垒被打破，但是，只要社会存在分层，人们就会重视自身的社会形象，对与地位、身份相关联的一切表现出敏感，甚至产生"身份的焦虑"。例如，在职场，穿什么衣服，背什么包，有可能只是受到攀比之风的影响，但很多时候没那么简单，它还涉及服饰与个人身份、职位、收入的对应关系。从某种程度上来说，这也是不可越级的。而对于缺乏身份认同与自信心的人来说，模仿他人是最容易缩短差距的一种手段。而当他们建立足够的身份自信以后，才会开始加入更多的个人风格。

为此，有人总结出服装用于彰显社会身份的手段，主要有以下几种：①穿的衣服比其他人更多；②拥有不同的服装，能不断变化；③频繁更换服装；④总是穿着领先于潮流的服装；⑤穿着不便于行动的服装；⑥使用大量的布料；⑦使用昂贵的材料（特别是丝绸、皮革、毛皮等）；⑧佩戴金、银、宝石等首饰；⑨穿着做工精细的高价名牌服装；⑩穿着贵族运动（如赛马、高尔夫、快艇等）项目的服装；⑪穿着某种社会身份专属的、带特别纹样的服装。

综合来看，随着时代的发展，等级差异虽然不像过去那样明显，但是社会分层始终存在。按照美国社会学家的分析，美国有七大社会阶层：上上层（不到1%）——达官显贵、上下层（2%）——高层管理者/暴发户、中上层（12%）——中层管理者、中间层（32%）——白领和技术工人、劳动阶层（38%）——蓝领工人、下上层（9%）——打零工和下下层（7%）——失业、无家可归者。不同阶层在职业身份、生活方式、住宅、教育及日常消费等方面存在明显差异。

而保罗·福塞尔（Paul Fussell）在他的著作《格调》一书中，对美国不同社会阶层的生活方式进行了幽默的分析。他认为一个人从容貌、表情、身高、体重到衣着服饰，无不传递着社会等级的信息。每一个社会阶层都有其特定的着装风格。他用"易读性"解释不同阶层在衣着服饰上的差异。"当贫民阶层欢聚一堂共度闲暇时，绝大多数人会身穿印有各种文字的服装亮相。随着社会等级的升高，低调原则随即开始奏效，文字逐渐消失。中产阶级和中上阶级的服装上，文字被商标或徽记取代，例如一条鳄鱼。循序渐上，当你发现形形色色的标记全部消失了，你就可以得出结论：你已置身于上等阶层的领地。"

此外，他还用"精英外貌"来说明美国社会对女性和男性标准外观的看法："它要求女人要瘦，发型是十八或二十年前的式样（最有格调的妇女终生梳着她们读大学时喜爱的发式），穿极合体的服装，用价格昂贵但很低调的鞋和提包，极少的珠宝饰物。她们佩戴丝巾——这立即表明等级身份，因为丝巾除了显示等级之外别无他用。男人应该消瘦，完全不佩戴珠宝，无香烟盒，头发长度适中，不染发；染发是中产阶层或上层贫民的标志……对时下的、惹眼的和多余之物的拒绝过程，成就了男人和女人的精英外貌。"

由此可见，服装是社会阶层的一种表现形式。按照保罗·福赛尔的说法，服装从穿着层数、款式到颜色、质地等，都是社会等级的视觉符号。

二、职业服装与职业形象

服装常用来标识穿着者的职业，某些职业，如医护人员、警察和消防队员等，本身就有十分明确的职业服装规范，甚至在世界范围内有近乎标准化的统一标识。当然，不同的国家和地区会有微细的区别，并随着时代发展，在款式和色彩方面增加一些时尚的变化成分。但是，就整体而言，不会有大的变动。比如护士服，可能帽子或衣服的样式稍有不同，但是颜色大多为白色。而警察和军人的制服，一方面要对敌人或坏人产生慑服作用，另一方面，还要普通老百姓产生一定的亲和感。

除了这些角色感和规定性比较强的职业，现代公司注重企业形象，一些大企业，特别是服务性行业，如航空公司、银行等，也会通过统一的制服来规范员工的穿着。一方面，这样的着装便于公众识别企业，在潜移默化中，传播企业的管理理念和独特的企业文化，很好的塑造了企业形象。另一方面，这样的着装也有助于培养员工的归属感和敬业精神，帮助穿着者更好地进行职业角色的扮演，有效监督和激励他们完成岗位职责，树立良好的职业形象。

除了企业形象，关于职业着装，第六章群体行为和服装中，关于制服的讨论，也可以帮助我们进一步理解职业服装与职业形象的关系。

三、职业服装的休闲化趋势

美国人穿着随意，钟爱休闲服，甚至在一些工作场合，也能看到T恤、牛仔裤的身影。对于这个问题，美国学者迪尔德丽·克莱门特（Deirdre Clemente）进行了深入细致的研究。她提出，现代美国的休闲风格，来源于大学校园。正是大学生群体把牛仔裤、滑板鞋、卡其裤搭配Polo衫这样的休闲服装变得很酷。而二十世纪早期，年轻人的社会文化影响力不断提升，他们的品位也由此改变了主流的时尚。克莱门特进一步回顾了这股休闲服装潮流在职场的进化历史，她发现或许是受到早期清教徒移民的影响，美国人的穿衣风格本身就比较低调。但是二十世纪之初，男士依然带着圆顶高礼帽，而女士们则穿着带裙撑的巴斯尔裙。那时候，最接近当代休闲服的是运动装，如针织高尔夫裙、粗花呢运动夹克、牛津鞋。

除了运动，当时的人们通常穿正装。不仅工作时穿，去餐馆吃饭、去旅行、看电影都要穿正装。不过，随着后面这些场合日益休闲化，到了20世纪50年代，作为对比，只有办公室和教堂还保留了正装的规则。而到了20世纪70年代，公司的员工手册虽然会列出办公室的着装规则，但是这一切都取决于经理们的需要或要求。于是，一些打破规则的着装开始出现，如，当天气条件允许，不穿长筒袜光着腿；没有客户会议的日子，穿着花呢夹克；以乐福鞋替代正装皮鞋。

　　到了 20 世纪 80 年代，硅谷的崛起，将男装的实用主义精神发挥至极。卡其裤、领尖有扣的衬衫，舒适合脚的鞋成了办公室的标配。而此时，东海岸的雇员们还在穿着有厚垫肩的权力套装。对大多数人来说，那些与外界频繁打交道的人，有一套着装标准；而在幕后工作的人，则有另一套标准。因此，银行和律师的变化自然慢一些，而那些需要在电脑前长时间工作，不以穿着是否正式作为衡量公司形象的行业在接纳商务休闲服装方面的进展更快。此后，一场"星期五便装"运动让商务休闲之风最终渗透到东海岸，到 1996 年，接近 75% 的美国公司允许有一天便装，而四年前，这个比例还仅仅是 37%。

　　然而此时的硅谷，一些更随意的服装，像 T 恤，圆领长袖运动衫，牛仔裤已经陆续进入办公室。两位代表性的人物，史蒂夫·乔布斯和扎克伯格都有他们标志性的装束：前者是一件黑色高领毛衣，后者则是灰色的 T 恤和帽衫。事实上，加州已发展出新的办公室风格，那里强调效率和扁平化的管理，而且几乎都是男性主导的公司。在每周工作 80 个小时的极客世界，"乱蓬蓬的灯芯绒夹克""单调的全棉衬衫""平价品牌的运动鞋"似乎是最实用的装扮。

　　而今，随着时代的发展，"商务休闲"这个概念几乎也要过时了，人们可能在家穿着宽松的瑜伽裤，换上一件干净的 T 恤，开一场视频会议，而不一定要去办公室。研究表明，新千禧一代的劳动者，更倾向于在宽松弹性的公司工作；而美国的公司也越来越注重结果导向而不是过程导向。可以说，进一步休闲化的趋势代表着更为广泛的文化与商业上的转变。

　　正如克莱门特所说，"休闲"的反面不是"正式"，而是"束缚"。从有领的、紧身的服装，转向舒适的休闲服，克莱门特认为，这是人类在着装标准方面最激进的一次历史性转折。对于美国人来说，休闲服装不仅舒服、实用，而且代表着自由——选择如何呈现自己的自由；模糊了性别、年龄和贫富差异的自由。

思考题

1. 举例说明服装与社会角色的关系？
2. 试分析银发经济潮的动因与前景。
3. 从不同角度谈谈男性与女性着装的区别与变化？

第九章　文化和服装

本章提要

　　本章主要介绍文化和服装的关系、文化和次文化的概念、多种因素影响下的服装社会规范以及服装的价值等。第一节首先介绍了文化的概念与特征，文化在物质、社会和精神层面的不同表现，次文化的概念，文化变迁对服装的影响；第二节基于服装的社会性需要，分别从风俗习惯、道德禁忌、法律三个维度阐述社会规范和服装行为之间的关系；第三节提出了 8 种服装价值观的类型及形成、表现方式。

>>> 开篇案例

　　马家口一座灰砖大房子门前，人聚得赛蚂蚁打架。虽说瞧热闹来的人不少，更多还是天足缠足两派的信徒。要看自己首领与人家首领，谁强谁弱谁胜谁败谁更能耐谁废物。信徒碰上信徒，必定豁命。世上的事就这样，认真起来，拿死当玩；两边头儿没来，人群中难免互相摩擦斗嘴做怪脸说脏话撕撕打打扔瓜皮梨核柿子土片小石子，还把脚亮出来气对方。小脚女子以为小脚美，亮出来就惹得天足女子一阵哄笑，天足女子以为天足美，大脚一扬更惹得小脚女子捂眼捂鼻子捂脸。各拿自己尺子量人家，就乱了套。相互揪住衣襟袖口脖领腰带，有几个扯一起，劲一大，打台阶呼噜噜轱辘下来。首领还没干，底下人先干起来，下边比上边闹得热闹，这也是常事。

　　一阵开道锣响，真叫人以为回到大清时候，府县大人来了那样。打远处当真过来一队轿子，后边跟随一大群男男女女，女的一码小脚，男的一码辫子。当下大街上，剪辫子、留辫子、光头、平头、中分头、缠脚、"缠足放"、复缠脚、天足、假天足、假小脚、半缠半放脚，全杂在一起，要嘛样有嘛样，可是单把留辫子男人和小脚女人聚在一堆儿，也不易。这些人都是保莲女士的铁杆门徒，不少女子复缠得了戈香莲的恩泽。今儿见她出战天足会，沿途站立拈香等候，轿子一来就随在后边给首领壮威，一路上加入的人越来越多，香烟滚滚黄土腾腾到达马家口，竟足有二三百人。立时使大讲堂门前天足派的人显得势单力薄。可人少劲不小，有人喊一嗓子："棺材瓤子都出来啦！"天足派齐声哈哈笑。

　　不等缠足派报复，一排轿子全停住，轿帘一撩，戈香莲先走出来，许多人还是头次见到这声名显赫的人物。她脸好冷好淡好静好美，一下竟把这千百人大场面压得死静死静。跟手下轿子的是白金宝、董秋蓉、月兰、月桂、美子、桃儿、珠儿、草儿，还有约来的津门缠足一边顶梁人物严美荔、刘小小、何飞燕、孔慕雅、孙姣凤、丁翠姑和汪老奶奶。四周一些缠足迷和莲癖，能够指着人道出姓名来。听人们一说，这派将帅大都出齐，尤其汪老奶奶与佟忍安同辈，算是先辈，轻易不上街，天天却在《白话报》上狠骂天足"不算脚"，只露其名不现其身，今儿居然挂着拐杖到来。眼睛虚乎面皮晃白，在大太阳地一站好赛一条灰影。这表明今儿事情非同小可。比拼死还高一层，叫决死。

众人再看这一行人打扮，大眼瞪小眼，更是连惊叹声也发不出。多年不见的前清装束全搬出来。老东西那份讲究，今人绝做不到。单是脑袋上各式发髻，都叫在场的小闺女看傻了。比方堕马髻、双盘髻、一字髻、元宝髻、盘辫髻、香瓜髻、蝙蝠髻、云头髻、佛手髻、鱼头髻、笔架髻、双鱼髻、双鹊髻、双凤髻、双龙髻、四龙髻、八龙髻、百龙髻、百鸟髻、百鸟朝凤髻、百凤朝阳髻、一日当空髻。汪老太太梳的苏州髽子也是嘉道年间的旧式，后脑勺一缕不用线扎单靠挽法就赛喜鹊尾巴硬挺挺撅起来。一些老婆婆，看到这先朝旧景，勾起心思，噼哩啪啦掉下泪来。

佟家脚，天下绝。过去只听说，今儿才眼见。都说看景不如听景，可这见到的比听到的绝得何止百倍。这些五光十色小脚在裙子下边哧哧溜溜忽出忽进忽藏忽露忽有忽无，看得眼珠子发花，再想稳住劲瞧，小脚全没了。原来，一行人已经进了大讲堂。众人好赛梦醒，急匆匆跟进去。马上把讲堂里边涌个水满罐。

香莲进来上下左右一瞧，这是个大筒房，倒赛哪家货栈的库房，到顶足有五丈高，高处一横排玻璃天窗，耷拉一根根挺长的拉窗户用的麻绳子。迎面一座木头搭的高台，有桌有椅，墙壁挂着两面交叉的五色旗，上悬一幅标语："要做文明人，先立文明脚。"四边墙上贴满天足会的口号，字儿写得倒不错，天足会里真有能人。

（节选自：冯骥才．三寸金莲［M］．天津：百花文艺出版社，2016：243-247，略有改动）

上文小说中的"三寸金莲"是在中国存在千年之久的女性缠足之俗，表面上我们看到的脚的缠缠放放与鞋的变大变小，实际上体现的是新旧社会规范之间的较量。每个人都是一个独立的个体，同时每个人又都是社会的一员，一个人的思想、观念、行为等都会受到他所处的社会环境和文化的影响。

服装是时代的一面镜子，反映了社会文化的发展水平，并且随着文化的创造、发展、变迁而变化。社会中的风俗规范、道德禁忌、法律规范都会影响到一个人或某个群体的穿着方式和穿着行为，从而形成某种固定的文化或亚文化。

第一节　文化和次文化

一、文化和服装

（一）什么是文化（Culture）

如果有人问：人和动物的区别是什么？你可能会立刻想到人穿着衣服，吃熟食，住在房子里，用文字和语言表达思想和感情。还可以举出不计其数的人所特有的习性和行为方式，来说明人和动物之间的区别。实际上，我们可以用一句话来说明人和动物之间的区别，即动物的行为基本上来自本能，而人的行为主要是由文化决定的。那么什么是文化呢？它包括哪些内容呢？

说到文化，我们首先想到的是那些高雅的活动，像音乐、小说、绘画等，但社会学和文化人类学对文化的理解要广义得多。文化是社会学和文化人类学中的基本概念，也是一个比较复杂的概念。文化人类学家拉尔夫·林顿（Ralph Linton，1893-1953）指出："文化是社会的全部生活方式"，"一种文化是习得的行为和各种行为结果的综合体，构成文化的各种要素是为一定的社会成员所共有的。"

从文化的定义可以看出，文化的内容是极为丰富的。一般认为，文化的构成分为三个方面，即物质文化、社会文化和精神文化。

物质文化（Material Culture）是指人类为满足物质需要而创造的文化，它包括人类创造的各种有形的物质实体，如建筑物、交通工具、通信工具、服饰品、各种日用品等。物质文化中融合着人们制作实物的方式以及制作过程中的空间意识和审美意识。

社会文化（Society Culture）也称为行为文化，是社会成员共同遵守的社会规范和行为准则中表现表现出来的文化。社会规范包括风俗习惯、道德禁忌、宗教、法律等内容，对社会成员的日常行为起约束作用，协调人际关系及维护社会的正常秩序。

精神文化（Spiritual Culture）是指通过精神活动和精神产品表现出来的文化。文学、艺术、科学、哲学等都是人类的精神产品，其中为人们共有的比较稳定的思考方式代表文化。

构成文化的各个部分是相互联系的，物质文化是基础。"它在人们生活中留下的文化痕迹，有声有色，有形有状，深刻地影响着人们的美感和性格"。物质文化也可以说是社会文化和精神文化的物化表现。社会文化是人们在物质生产活动和生活活动中所结成的各种社会关系中起作用的文化。精神文化体现了一个民族的素质和文明程度，是最高层次的文化。下面还将从物质文化、社会文化和精神文化的不同侧面分析文化和服装的关系。

（二）文化的特征

文化有三个特征。首先，文化是共同享有的。单个人的行为，如一个人喜欢穿红颜色的衣服，代表的是个人的爱好或习惯，而不是一种文化模式。也就是说，一种被看作是文化的思想和行为必须是一个民族或一群人共同享有的，或者是某一社会的大多数人认为合理的并予以接受的思想或行为，也可以看作是文化的一部分。例如，在我们的社会里，妇女穿裙子，留长发，女孩扎蝴蝶结都被认为是正常的行为，是我们社会中的文化观念。又如，在中国古代，龙袍是不能为人们广泛共享的，但它却具有文化的属性。这是因为，大多数中国人赞成皇帝这个角色的存在，并希望穿着者表现出一定的行为。

其次，文化是后天习得的。一个民族或一群人普遍享有的事物并不都属于文化这一范畴。如一个民族的肤色就不是文化，吃也不属于文化。前者由遗传决定，后者由生存的本能需要驱使。但通过化妆改变肤色，通过烹饪变生食为各种熟食都是后天习得的行为，就可以称之为造型文化和饮食文化。不同的文化中有不同的表现，一个社会或民族的道德观念、风俗习惯、基本生活技能都是在社会化过程中习得的。通过文化的习得，而使其不断积累和继承。如清代满族人的缺襟长袍，就是为了适应中国东北部地区寒冷的气候以及满足人们骑射的习惯而产生的一种特殊服饰形制。

最后，文化是建立在象征符号之上的。文化的存在依赖于人们创造和运用符号的能力。通过符号，人们就可以象征性地传递和接收信息，从而继承人类丰富多彩、形形色色的文化。语言、文字以及人类创造的各种物质形态都可称为象征符号，代表着一定的意义。例如，生活在我国云贵高原的苗族并没有本民族的文字，但是他们却通过在衣裙上刺绣纹样的方式，记录祖先迁徙途中经过的河流、山川和曾经拥有过的城池（图9-1）。

图9-1　苗族绣片

（三）服装的文化表现

　　服装是一种文化的表现。服装文化是人与自然环境、社会环境相互作用中发生、发展变化的。在长期的社会实践中，人类不仅发展丰富了服装材料和服装的加工制作技术，使得服装的实用功能日趋完善，而且还形成了一整套关于穿着方式和穿着行为的社会规范（包括服饰习俗、习惯、法律、禁忌等），虽然不同时代、不同民族关于服装的社会规范各有不同，但都对生活于该文化背景下的人有一定的约束作用，同时服装服饰也是人们装饰审美意识的反应，是人们表达思想、感情的方式。

1. 作为物质文化的服装

　　服装是由形态、色彩和材料通过设计加工制成的物质实体，当然可看作是人类物质文化的组成部分。人类穿着服装已有悠久的历史。可以设想，早期人类将自然界中比较易于获得的诸如树叶、草或者动物的毛皮等披裹在身上，而产生了人类最早的服装。在以后的漫长岁月中，人类服装材料主要来自于自然界的动植物，特别是棉、麻、丝、毛等成为制作服装的主要原料。随着科技的进步，化学纤维应运而生，并在近几十年获得了飞速的发展，对人类的穿着方式产生了深刻的影响。

　　另外，服装的加工缝制技术的发展也改变着人类的穿着方式。据考古资料证明，在距今2.7万年前的北京周口店山顶洞人时期，人类就学会使用骨针对兽皮进行简单的缝制了，以后又发明了纺轮、纺车及相应的纺纱织布技术。但在很长的历史时期，纺纱织布和衣服的缝制都是靠手工完成的。工业革命首先始于纺织业，纺纱机、织布机的发明，使纱线和布的生产实现了机械化，之后人们又发明了缝纫机，代替了人的手工劳动，服装的加工制作效率大大提高。同时服装材料的染色、整理等加工技术也迅速发展，使服装面料的色泽、外观、质感等发生了很大的变化。化学纤维的出现和纺织缝纫技术的发展，奠定了服装大规模成衣生产的基础。过去，服装常被看作个人或家庭财产的一部分，而近几十年随着成衣化的大规模生产，服装已不再是"生活必需的财产"，而成为人们自我表现和闲暇生活的消费品，由此，大众化的服装开始脱离了其物的实体性，而成为社会文化和精神文化的象征（图 9-2）。

图 9-2　将"家产"戴在头上的藏族姑娘

2. 作为社会文化的服装

穿着服装既是一种个人行为，也是一种社会行为。从某种意义上说，服装是对人的行为的一种限制。人们穿着服装扮演各自的角色，在群体中生活、工作，在与他人交往中对礼节、礼仪的重视程度，都受到他所在社会的规范和行为准则的制约。人们的穿着方式不是任意的，不是可以完全自由选择的，除了受到风土气候、经济发展水平的影响外，还受到风俗习惯、道德、禁忌、法律等社会规范的约束。下一节将分析各种社会规范和服装行为的关系，这里介绍一下个人着装的自由感和服装规范的关系。

个人究竟能在多大程度上自由地选择自己的穿着呢？有人把它称为"着装的自由感"。着装的自由感包括三个部分，即：①个体具有自由选择，穿着适合于自己的服装的"着装能力感"；②个体的穿着打扮不受周围环境约束的"社会非约束感"；③选择服装不受金钱不足等条件制约的"经济的非约束感"。着装能力感，社会的、经济的非约束感越高，着装的自由感就越强；反之着装行为将受到较强的制约。着装的自由感和对服装规范的遵从行为构成了着装行为的两个维度，如图 9-3 所示。

高度统一的着装绝对限制个人的自由选择。在组织严密的社会集团中，常常明文规定其成员在从事集团活动时的穿着方式。追随性的着装，尽管没有强制性，但常形成一种社会压力，影响个人的自由选择。"文革"期间，人们整齐划一的着装就属于一种"集体无意识"，形形色色的人们通过穿着这种顺乎潮流的服饰，将自己的个性淹没在服装中。

而只有能充分表现个性的着装，人们才有可能感受到自由选择的愉悦。个性化的着装，既不是对已有服装规范的盲从，也不是有意识的背离，而是一种相对独立于传统服装规范的穿着方式。当然完全自由的着装是不存在的，实际上我们只能在社会许可的范围内，相对自由地选择自己的着装方式。穿着方式的一个极端情况便是背离服装规范的着装行为，

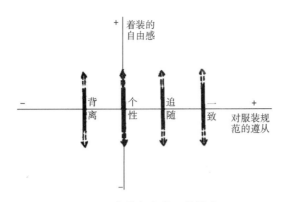

图 9-3 着装行为的两维模式

如"朋克""光头一族"等风格的装扮，被认为是对已有规范的一种反抗。背离服装规范的着装行为主要发生在一些青少年当中，原因可能有以下几点：①心理和身体的不成熟；②特定欲求和愿望的反映；③个人主义价值观的表现；④两个以上角色的冲突；⑤对群体或社会的敌对心理的表现。对背离社会规范的着装行为的标定，与社会规范的宽容度有关，也与特定的时间、场合和正在进行的活动等有关。在有些社会认为正常的穿着方式，在另一些社会可能是不正常的。比如生活在云南的独龙族女子在成年时有文面的习俗，看起来很残酷，好好的一张脸，被刺上各种图案，大多数人都觉得匪夷所思。其实，文面不过是独龙族的标志，并且与他们崇拜的"万物有灵"观念密切相连。

3. 作为精神文化的服装

人的着装一方面受到社会规范的制约，另一方面也是人自身存在价值的反映。人们通过服装的创造、变革，表现个性的解放和自由的愿望，表现对美的追求。服装也同其他艺术形式一样是表现美的手段。所以有人把服装称为"活动的雕塑"。特别是近代的艺术思潮，如新古典主义、浪漫主义、机能主义、后现代主义等，都对服装美的表现形式产生了深刻的影响。

现代社会尊重个人生存权利和存在价值的思潮，对人们的穿着行为也产生了一定的影响。人们从传统思想的束缚中解放了出来，思考方式和行为方式都发生了深刻变化，服装也成了自由地表现个性的手段，成为满足自我表现欲求和偏好的对象，成为使生活愉悦和更加美好的象征，反季节穿衣、内衣外穿、不对称着装……多样化的服装、个性化的趋向，无不反映了人们对时代精神的不断追求。

二、次文化（Subculture）和服装

任何文化都包含一些具有特定认同感和价值取向的次文化群体，同一次文化群体的成员具有较为相近的生活习惯、行为方式和某些共同的特征。次文化是一个相对的概念，它的区分可以是一个国家、一个民族、一个地理区域，也可以是具有共同宗教信仰的群体，或者是由相同年龄或相同职业的人组成。因此，次文化可以分为种族次文化、民族次文化、地理次文化、宗教次文化，也可以分为都市文化和农村文化、东方文化和西方文化、老年文化和青年文化等。如果是以东方文化为背景，则中国文化、日本文化、朝鲜文化等就都

是次文化；如果是以中华民族文化为背景，则我国 56 个民族的文化就是次文化。

次文化对个体具有更大的影响力。生活于城市的人，受城市文化的熏陶和影响，其行为便带上了城市的特点。我们与陌生人交往，听其音，观其行，便可大致推断出他是来自城市还是农村，这是由于一个人从小生活的文化环境已经在他的心理上、行为上和身体上都留下了深深的烙印。

一个社会的主流文化和次文化是相互影响、互相关联的。主流文化的价值观具有稳定难以变化的特点，它是一个文化体系中的核心部分。次文化价值观则是不稳定和易于变化的，经常表现在日常生活的行为方式上。所谓"洋装虽然穿在身，我心依然是中国心"，可以说形象地说明了核心文化价值观的稳定性。一般来说，一个人只属于某一特定的主流文化，但可以同时属于若干个次文化群体。

次文化价值观对人们的穿着方式有更为直接的影响力。服装有所谓"都市风格"和"乡村风格"，实际上可以说是都市文化和乡村文化在服装上的反映。我国有 56 个民族，每一个民族都有特定的穿着方式和通过服装所表现出的行为准则及审美意识，许多少数民族在其社会生活中，形成了自己独特的服饰纹样和风俗习惯。我国从南到北，从东到西地域宽广，不同的地理区域，特定的风土气候形成了不同的生活习惯和穿着方式。这些都为我们研究文化和服装的关系提供了有利条件。

20 世纪 60 年代以来，美国及其他一些国家，年轻人的穿着方式不断发生着变化。动荡的 60 年代造就了这一时期特殊的着装方式，披头士、超短裙、摇滚乐……年轻人打破了传统规范的金科玉律，不再受单一的时装店或设计师所左右。而 20 世纪 70 年代以来受经济危机的影响，无性别化的服装成为流行的主调，在西方下层的年轻人中，还出现了反传统的衣着怪诞的"朋克"。而到了 20 世纪的 80、90 年代，年轻人的着装出现了多元化的趋向，一方面，人们不断追求着现代化、机械化所带来的新奇事物；另一方面，开始缅怀历史和外来艺术，复古、环保、高科技等元素同时出现在服装流行当中。

在分析角色和服装的关系时，有人曾对年龄角色和穿着行为的关系进行了分析。不同年龄的人由于生理、心理及社会期待等的不同，在服装的选择与穿着方面有一定的区别。日本学者神山进从次文化的角度对不同年龄层的人，在着装行为方面的特征作了归纳整理。

首先，青年次文化的着装特征表现在如下几个方面：①追求与传统文化对抗的、新的服装文化。如 20 世纪 70 年代初，在成年人追求服装的高级化时期，青年人中则流行穿着如牛仔服、T 恤衫、不戴胸罩等简便化的服装。②对已有的服装规范背离，通过服装简便化等自由的自我表现可以说是青年一代的主要服装价值取向。③年轻人的着装常是追随"伙伴集团"的手段，和伙伴保持一致是他们的另一重要的价值取向。④青年人对服装有着强烈的关心倾向，并因此对服装的不满足度也较高。⑤青年一代的服装文化，特别是从 20世纪 60 年代开始，对整个服装文化产生着持续的显著的影响——从特迪小子着装、超短裙、无性别的服装样式，到牛仔服、T 恤衫、运动服（图 9-4）。⑥现代青年一代生理和社会的成熟提前，而心理的断乳变迟，在服装方面，尚缺乏真正自律的自我表现能力。

其次，成年人次文化层穿着方式的特征如下：①成年人的生活方式差异较大，总的穿着特征是以适应已有的社会规范为主，并因其所处的家庭生命周期的阶段不同而异。②成年前期和青年后期在着装上有类似的特征，随着独身男女建立家庭，生育子女，自由的

图 9-4　特迪小子及其家庭成员

（常常是享乐主义的）穿着方式在某种程度上受到了限制。这一阶段的娱乐以家庭为中心，社会活动和交往减少，服装选择上更加重视从众和实用性，而自我显示的欲望常常移植到孩子的穿着上。③随子女长大成人独立生活，他们在已有的服装规范大致许可的范围内，通过服装进行自我表现的愿望再一次变强，由于女性工作机会的增加，这种倾向变得更为显著。④传统型家庭模式的变化及成年人生活方式的多样化，使成年人的服装行为不再是一种简单地划分，而相应地变得复杂起来。

　　最后，老年人次文化层穿着方式的特征如下：①随着"老龄化社会"的来临，老年人的日常行为越来越引起社会的注意。老年人对服装的关心不像青年或成年人那样强烈，对服装的满足度较高。②老年人重视服装实用、安全、清洁等价值。老年人由于年龄关系，一方面不服老，另一方面又感到力不从心。有些老年人通过衣着打扮来消除这种心理上的不平衡。③老龄社会的发展和自我实现价值观的渗透，加上服装企业的推动，老年人的穿着将会出现新的趋向。

三、文化变迁和服装

　　文化不是静止的，固定不变的。由于不同文化的互相接触，异文化的进入，文化或缓慢地或急剧地发生着变化。变迁的既可以是次文化，也可以是主流文化。例如"成年人文化的年轻化"是次文化的变迁，"日本文化的西方化"则是主流文化的变迁。20 世纪 80 年代，我国的改革开放，不仅带来了经济上的繁荣发展，而且也深刻影响了文化价值观的变化，特别是对青年一代的行为方式所产生的影响是巨大的。

　　所谓文化变迁是指由于两种性质不同的文化相互接触，引起其中之一发生变化或一种文化被另一种文化所吸收，进而引起两种文化变化的现象。伴随文化的变迁，在适应新的文化过程中，人们的行为方式也发生着变化。例如，日本在明治维新以后，由于西方文化的引入，本土服装从和服向西服变化。而我国在经历了辛亥革命以后，形成了西服与长袍、马褂、旗袍并行的"中西合璧"着装现象，都是文化变迁的一种象征。当今世界，交通、通信设施极为发达，世界上任何一个社会都不可避免地受到其他文化的影响，已经或正在经历着文化变迁的冲击。文化变迁一方面引起人们外在行为的变化，另一方面，急剧的变化引起人们心理的抵抗。例如，民国初期的"剪辫子"运动，曾给具有传统守旧的遗老们带来强烈的心理冲击；而在我国改革开放之初，一些年轻人的"奇装异服"，也曾引起一些人的心理不安。

文化变迁有一些显著的特征。首先，文化变迁是能够清楚地观察到的，特别是在文化变迁的初期，可观察性是其重要的特征。服装和外观变化的外显性常常成为文化变迁的标志。当人们身着西服、牛仔服、超短裙时，表明已在某种程度上开始接受外来文化了。其次，当外来文化具有相对的优点时，易于发生文化变迁。由于西式服装简洁、便利、实用等特点，更能适应现代人的工作、生活环境和节奏，因此，许多传统社会正在全部或部分地放弃民族传统服饰而转向采用西式服装。这里比起民族服饰代表的"传统"来，人们更重视西式服装所象征的"进步"和"自由"。再次，传统文化的宽容度是文化变迁的必要条件之一。一般而言，人们喜欢用某种习惯的方式来对待事物，即使是自己不熟悉的东西也是如此，所以人们对自己文化中的东西认为是合理的，而外来的东西有时是显得不合理的。也就是说，文化本身具有排他的性质，由于各种文化的历史传统，封闭性的不同，对外来文化的宽容和接受程度也不同。通常文化对那些非本质的、对核心文化价值观构不成威胁的东西易于吸收，而排斥那些可能威胁到整个社会结构的外来文化因素。最后，外来文化的复杂性也是影响文化变迁的因素之一。外来文化越复杂，则越难于被吸引，传统文化也就越是难于变化。在我国封建时期最为鼎盛的唐代，许多异质文化纷至沓来，胡服、胡舞、胡妆盛行一时，但最终都被根基深厚的大唐文化所吸纳，成为大唐文化的一部分。第五，外来文化的推动力的影响。外来文化的积极推动和传播也是文化变迁不可缺少的条件。开放的或先进社会的文化会积极地通过各种途径向外传播，促使封闭文化的变革。

如上所述，文化变迁一开始就影响着人们穿着方式的变化，穿着方式的变化也必然会带来服装价值观的变化。服装的文化变迁开始时对外来的服装样式和穿着方式只是简单模仿，以后逐渐深入吸收其背后所包含的社会文化和精神文化的象征性意义。表9-1所示为在文化变迁的影响下，穿着方式变化时，服装价值取向也会变化。表中○到◎的变化是在西方文化影响下，已经（如日本）或正在（如我国）经历着文化变迁的社会人们价值观的变化。在从传统服饰向西式服装的变化过程中，支撑传统文化的价值体系，开始逐渐向西方文化的价值体系变化。

表9-1　文化变迁过程中服装价值的变化

◎个体↔○群体	服装的选择是重视个人的自我表现，还是重视和群体的一致性
◎能力↔○地位	服装是作为个人能力的象征，还是作为家族和地位的象征
○传统↔◎变化	维护服装的社会规范，还是试图改变之
◎竞争↔○合作	重视和他人服装的差别化，还是保持他人穿着的相似性
◎年轻↔○年老	给年轻人的服装以高的价值，还是保持年老者着装的威信
◎能动↔○接受	服装是积极地表现，还是消极地接受
○物质↔◎精神	服装是单纯的物质实体，还是精神的象征

续表

○勤勉↔◎闲暇	服装是生活的必需品，还是生活快乐的手段
◎冒险↔○安全	追求服装的身体装饰，还是避免太多的装饰
◎问题解决↔○宿命论	相信人的外表可以改变，还是认定不会变化
◎快乐↔○禁欲	通过服装满足感官快乐的程度
◎空想↔○现实	服装能够表现"梦想"的程度
◎清洁↔○不洁	强调服装清洁的程度，是维持健康的最低水平，还是追求更清洁的生活

第二节　服装的社会规范

作为生命有机体的个人，其行为的产生，一方面来自生理的需要，即对饮食、呼吸、体温维持等的需要，另一方面来自社会性需要，如对名誉、地位、他人承认等的需要。但正如上节所述，无论在什么社会，这些需要的实现都会受到各种限制，也就是说个体的行为并不是任意的，而是受到他所处的社会文化（即各种社会规范）的制约。我们从小通过父母和学校以及其他社会机构学会了一整套判断是非、善恶、正常与反常行为的"标准"，当一个人的行为符合这一"标准"时，我们则视为正常，否则为不正常。对于个体的所谓"反常"行为，社会通常都会给予某种程度的"制裁"。这些对个人行为起约束作用的，同一社会的人们在生活中建立的共同"标准"有不同的类型，如风俗习惯、惯例、道德、禁忌、时尚、法律等，统称为社会规范。它们的主要区别在于社会的约束力强弱程度和"制裁"的方式不同，例如，不随风就俗或赶时尚，可能让人"瞧不起"，未按"惯例"行事，可能带来的是人们的"嘲笑"，违反道德、禁忌而招致批评、斥责，甚至惩罚；而触犯法律受到的制裁最为严厉。上一节已经指出，社会规范对人们的穿着方式也起着约束作用。下面就各种社会规范和服装行为的关系做简要分析。

一、风俗习惯和服装

风俗习惯是人们在长期的共同生活中自发形成的行为模式，主要有衣食住行的物品种类、式样和使用方式以及婚丧嫁娶、节日盛典、人情往来的礼仪等。风俗习惯是人们物质生活条件的反映。一般来说，风俗习惯对人的制约力较弱。例如，我国传统上在农历正月初一穿新衣、吃饺子，就是一种风俗，但即使不遵从这种风俗，通常也不会受到众人的"谴责"。

风俗习惯在我们的服饰生活中有许多表现。最典型的如在大多数社会里，男性穿裤子，而女性穿裙子。有意思的事，现代社会，妇女地位的提高，出现了女装男性化的倾向，并基本受到了人们的宽容和认可；而男子虽然留长发或佩戴某些饰物也不再受人指责，但如果完全女性化着装，仍会受到人们的嘲笑或被视为"不正常"。男女服装在形式上的不同还表现在纽扣和扣眼的位置不同，男衬衫、西服等上衣的扣子是钉在右衣片，扣眼在左衣片；而女上装的扣子、扣眼的位置与男上装正好相反。据说这种习惯的形成主要是由于在古代男子通常是右手使用工具工作或握剑格斗，左手易于空闲出来系纽扣；而妇女通常是用左手抱孩子，用右手解系纽扣，因而扣子钉在左衣片比较方便。也有人认为，纽扣在古代是贵重品，是地位的象征，只有社会地位高的人，衣服上才钉有纽扣，而上流社会的贵妇人通常是由仆人给穿衣服的，由于多数人是右手利，仆人自然也不例外，所以面对主人用右手从右向左系扣子要容易些，而男人一般都是自己穿衣服，右手利便于从左向右系扣子。尽管这些说法都没有确切的证据，但这种习惯一直延续至今却是事实。当然对这样的穿着习惯很少会有人去特别注意。

　　服饰的风俗习惯是世世代代传承下来的、人们共同的穿着方式。服饰习俗的形成和人类居住的自然环境，特别是和气候条件有密不可分的关系。从世界各地，各民族所使用的各类不同的服饰中，我们可以看到自然环境和气候条件对服装样式及其实用价值，起着举足轻重的作用。生活在寒带和温带的居民，由于气候寒冷，四季服装不仅样式变化繁多，而且用料、缝制工艺都十分讲究，如生活在我国东北地区的鄂伦春人就是使用狍子皮制作长袍御寒取暖的（图9-5）；而生活在热带和亚热带地区的居民，则由于气候温，服装样式就比较简单，缝制工艺也不复杂，图中这位非洲妇女就是用一块布料直接在身体上进行简单的披挂（图9-6）。表9-2所示为气候对穿着方式的影响。此外，工作环境和生活方式的不同，对人们的穿着习惯也有一定影响。在城市，人们的活动空间主要在室内，特别是在发达国家，人造物理空间的增加，冬季的暖空调和夏季的冷气，使得人们活动的主要空间的"气候"没有了明显的季节差异，结果冬夏季的着装差异越来越小。

图9-5　身穿狍皮长袍的鄂伦春人

图9-6　非洲妇女服饰

　　服饰习俗有着十分广泛的内容。正如前面所讲到的，服饰的构成是实用性和装饰性的统一。不同的服饰款式，在不同的地区、民族和个人身上，都体现出不同的含义，从而形成了不同的类型和品目。我国有 50 多个少数民族，服饰各异。从服饰上我们就可以判断其属于哪个民族。除日常穿着外，服饰习俗还常常体现在人生礼仪、社交礼仪和节日庆典等活动中。

表 9-2 气候和服装的习惯及类型

着装类型	气候类型	着装的主要目的	服装举例	地域
1. 最少着装类型	高温多湿的热带，丛林型	防止太阳对皮肤和眼的伤害，防止病原菌、植物、害虫对身体的伤害习惯和流行	吸收性材料制成的宽松而轻便的衣服 良好防晒效果的帽子等 凉鞋等	东南亚赤道附近的雨林地带，亚马孙河流域，中非等
2. 高温干燥着装类型	沙漠型	防止昼夜温差和热辐射对人体的伤害 防止干燥热风的伤害，汗的蒸发，通气	棉或毛制成的长的宽松式外衣，包住手脚的厚毛料的长袍或马海呢长袍等	北非和南非的沙漠地带等
3. 单层着装类型	亚热带型—温带型	流行	流行的各种服装、轻便的夏装、半袖开衫、袜子、长裤等	印度北部，加拿大的夏天，美国大部分的春季和秋季，中国南部，日本西部的夏天和秋天
4. 二层着装类型	温带寒冷型	流行 身体保护（防雨、防止体热散失等）	衬衫，里外配套的西服，帽子、雨衣等	欧洲，中国中部，美国西北沿岸和东部，澳大利亚东部，日本北部等
5. 三至四层着装类型	寒带型—亚极地型	御寒，防止雨雪，衣服内水蒸气的排出 习惯和流行	轻便宽松的衣服多层穿着，毛皮外套，滑雪服、手套等	北欧，俄罗斯，加拿大，中国北部等
6. 限制活动着装类型	极地型	极寒状况下生存	带加热装置的服装，具有特殊防护作用的服装	南极考察基地等

人的一生要经历若干个不同的年龄阶段，在各个年龄阶段，服饰习俗也不相同。幼儿期穿开裆裤，是普遍的风俗，而且男女孩子的服装差异不大，甚至可以混穿。稍大一点女孩子开始留长发，服饰样式和色彩出现较多的变化。到了成年，有的民族或地区要举行一定的仪式，服饰上相应地加以标志，表示可参加男女之间的社交活动。如我国古代有冠、笄之礼，男子 20 岁行加冠之礼，表示从此已经成人，家庭以及社会都将按成人来要求他。在有些民族中，人到成年要举行穿裤子、换裙子的仪式，如我国云南摩梭人的少男、少女进入成年时，就要举行这样的仪式（图 9-7）。他们在少年时期，无论男女，所穿衣服都一样，即穿一件麻长衫，不穿裤子。当他们进入成年时，少男要穿裤子，少女要换裙子，以作为成年的标志。在有些民族中还将文身、染齿作为成年的标志，如傣族男子十二岁开始要施文身术，女子从十四五岁开始染齿（图 9-8）。

图 9-7 摩梭女孩在 14 岁的"穿裙子"成人仪式

图 9-8 染齿的花腰傣女子

　　人的一生中最重要的庆典之一可以说是结婚仪式。不同民族，新郎、新娘在结婚仪式上的服饰习俗都不相同。如我国汉族在结婚时崇尚披红挂绿，以示喜庆，而回族则用他们最崇尚的黑白两色装扮新娘（图 9-9）。在欧洲，据说结婚头纱起源于公元前 1000 年左右的美索不达米亚地区。在古希腊，新娘要戴梳子形头饰，上面覆盖着羊毛或亚麻织成的薄薄的头纱，那时的头纱还较短，举行婚礼仪式时，男女双方都要戴花冠。到了罗马时代，信仰宗教的新娘多用红色和紫色头纱，异教徒用黄色和番红色头纱。到了中世纪之后，这种风俗被法国路易七世的妻子安妮所改变，在为她所举行的结婚典礼仪式上，她穿了一件白色缎子礼服，戴一顶用珍珠装饰的白色花冠。后来安妮的结婚服饰被人们所仿效，白色礼服成了姑娘们最喜欢的结婚礼服。白色头纱也开始出现在结婚典礼上，长度也越来越长。18 世纪以后，这种结婚服饰逐渐传播到世界各地。结婚的头纱、礼服都有其象征意义。头纱的作用最早是新娘进入结婚典礼大厅时用来遮盖面孔，为新娘驱除晦气，祝愿婚后幸福的。后来又对头纱赋予了新的含义，用来表示新娘对其他一切摒绝，只保持着对自己丈夫的魅力，而白色则用来表示真挚、纯洁的爱情。日本可以说是非常西化的国家，但婚礼习俗依然根深蒂固，有些平时穿"嬉皮士"服装的女性，在举行婚礼时仍要去租衣店租借传统的和服式婚礼服。

在社会交往场合，服饰习俗是调节人与人关系，使之和谐融洽的方式或手段。无论是外出访友，还是居家迎客，服饰的整洁、大方都有重要的礼仪作用。服饰习俗还表现在各民族的节日庆典中。我国的各民族中，不同的季节有不同的节日。每逢佳节来临，男女老幼都要穿上节日的盛装，参加庆祝活动或走亲访友。节日服饰和平常的穿着不同，近似于礼服。许多民族的人民都备有节日服饰，供节日那天穿戴。我国贵州施洞地区的苗家女子在节日的时候，就会穿上刺绣精细的盛装，戴上银花簪和银角，并佩戴银项圈、银项链、银压领、银耳柱和各式银镯若干对，全身上下的银饰近 10 千克，堪称银衣盛饰（图 9-10）。

图 9-9　身着民族服饰的回族新娘、新郎　　　图 9-10　银衣盛饰的苗族女子

一般而言，服饰习俗反映了一个社会或民族的服饰文化传统，是服装变迁过程中一种维持稳定的力量。在这一点上，服饰习俗与流行正好相反。习俗是由过去传承下来的，较为固定的行为模式，而流行则是一时的，易变化的社会现象，但流行和习俗一样，对人的行为有一种约束作用，所以也是一种社会规范。

与风俗习惯意义相近的概念是惯例。惯例也是人们在长期生活中形成的共同的行为模式，但它比风俗习惯的约束力要强。不遵从惯例，常常被视为"不正常"，而受到社会或群体的嘲笑、拒绝、排斥等。惯例不仅是传统的，也具有道德评价的意义。惯例在一些正式的或社交性的场合表现较多，例如世界各国的领导人在正式会晤的场合，着装的惯例是深色的西服和领带，据说美国总统肯尼迪在白宫会见外国使节的招待会上，没按惯例穿燕尾服和系白色领带，而引起舆论界的各种评说。参加葬礼或婚礼的穿着通常也属于惯例。

二、道德、禁忌和服装

道德和禁忌是几乎所有社会都存在的社会规范，比起风俗习惯来，它们具有明显的价值判断和公众性质，对个人行为的约束也更强。道德规范所认可或禁止的行为通常都与社会风气或他人的利益有直接关系。例如，在公共场合随地吐痰、敞胸露怀等行为，都是不道德的和受到禁止的。在道德与禁忌的社会规范中，特别是关于性的行为，在几乎所有的社会中都受到了不同程度的限制，这种限制起着维护社会秩序的作用。从这一意义上说，服装对人体的掩饰本身就反映了社会的道德标准。身体的裸露或掩饰程度，或对身体特定部位的强调，反映了道德规范的宽容度。

身体裸露和掩饰通常与人的所谓"体面"或"羞耻心"有关。但在不同的时代和不同社会文化背景下，对身体裸露或掩饰所强调的重点、部位以及允许暴露的程度都有很大不同。在我们生活的地球上，既有完全裸体、不穿任何衣服的民族，也有用衣服把身体包裹得严严实实的民族。有人对非洲的一些原始部落进行长期观察，将其穿着方式与阿曼地区女子服饰进行了比对研究。结果得出了这样的结论，即对总是处于裸态的未开化人来说，并不会特别注意人的身体，他们并不感到裸态是猥亵的，而是一种极为自然的状态。相反，在文明相对发达的阿曼地区，女性身体全部用衣服包裹着，脸部除眼睛外也都要用面纱遮盖着。年轻的女性如果不小心将面纱脱落下来，便会惊慌失措，认为很不体面。这里的问题是，面纱不慎滑落的阿曼女性和只戴着一串珠子的非洲原始部落的女性，到底谁具有更强的裸态感和羞耻心呢？（图 9-11、图 9-12）

图 9-11　用头纱包裹面部的阿曼女子　　　　图 9-12　非洲原始部落女子

实际上，正如前面所分析的那样，人并不是因为羞耻才着装。当着装成为人的一种习惯而突然脱掉的时候，人才会感到不自在和羞耻。据说在南美亚马孙河流域至今仍处于裸态生活的原始部落的人们，第一次看到外来的穿着服装的人们时，感到很奇怪，并且劝说那些穿衣服的人把衣服脱去，像他们那样裸体生活。就是说，总是处于裸态下生活的人，人体是一种自然状态，而没有性诱惑的意义。因此着装成了一种稳固的社会习惯。

从服装发展的历史看，在不同的历史时期，几乎身体的所有部位都曾做过禁止裸露的对象。一旦露出，便被认为是不体面和不道德的。即使像与性毫无关系的一些部位（胳膊、耳朵、脚、脖颈等），长时间地被遮盖，如果裸露便是不道德的。中世纪的欧洲在教会的统治下，几乎看不到领口开得很低的女装，但到 16 世纪末，女装的领口变低，并裁剪成了四方形。女性将胸的上部露出被认为是处女的美德。不过同时，女性露出胳膊和脚，却被看作是不体面的。胳膊从肩膀到手腕都包裹着，且轮廓不清，袖子像裙子一样宽松。

裸露或掩饰的道德规范和禁忌，随时代变化而变化。特别是 21 世纪以来，妇女地位的提高，社会道德观念的急剧变化，对女性着装自由的限制越来越弱。1915 年，女性在公共场所露出大腿而成为轰动一时的新闻，到了 1921 年露出膝盖的样式逐渐开始出现。因此，美国许多州用法律对裙子的长度作了规定。在以后的数年中，女装样式出现了令人吃惊的变化，特别是比基尼泳装和超短裙的出现，对女性着装规范给予了深刻影响。如图 9-13 所示为妇女泳装遮盖面积的变化。随着时代的变迁，泳装的身体遮盖面积逐渐减少。而如今，年轻女性盛夏穿着的服装相当于 20 世纪 20 年代泳装对人体的掩饰。

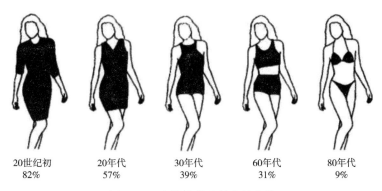

| 20世纪初 | 20年代 | 30年代 | 60年代 | 80年代 |
| 82% | 57% | 39% | 31% | 9% |

图 9-13 女性泳装遮盖率的变化

服装对人体的掩饰造成人体的某种"神秘感"，人们出于好奇心而对被遮盖的部分产生着兴趣。因此有人把人体遮盖的部分叫作"性魅力的中心"。历史上在西方社会，女性的乳房、脚、手指等都曾是性魅力的对象。而如今女性着装的自由化和性道德观念的变化，传统上由于长期掩饰而成为性魅力对象的东西，已发生了很大的变化。

如上所述，当某种样式的服装被人们所接受，成为一种习惯的穿着方式时，便意味着它是符合道德的、体面的；相反，某种样式如果没有成为一种社会的穿着习惯，便会受到不道德的谴责。因此，由服装所表现的"体面"和羞耻心并不是人类所有社会的共有的现象，而是由特定文化所决定的，通过个人的学习获得的，它不是人与生俱来的东西。

三、法律和服装

法律是明文规定的，具有强制执行的性质。历史上许多国家和地区都曾制定过一些有关服饰的法律、禁令或条例。这些法律、禁令或条例，或者是为了维护社会风气，或者是为了维护阶级等级差异，或者是为了解决复杂组织的矛盾。如在清代，满族人刚入关之时，便颁布了"十从十不从"，强制向汉族人推行满人的着装方式。随着现代社会人们对健康生活的强烈要求，许多国家还制定了衣料制品整理加工的卫生条例或标准，用以维护消费者的利益。

穿着服装是普遍的社会行为。健康和能引起美感的服装和穿着方式，对维护良好的社会风气，提高人们的道德情操有积极的作用。反之则会对社会风尚产生消极的影响。出于对道德规范的强化，许多国家从古至今在对公众场合赤身裸体都要施以刑事处罚。在西方一些国家，随着社会的发展，身体裸露的法律趋于缓和，但在一些非洲国家，不久前制定的法律禁止女性在公开场合穿着超短裙、短裙、前面 V 型开衩的长裙等。着装限制的法律中有一些是对裙子长度的规定。据赫洛克所著的《服装心理学》，21 世纪初美国港口城市布法罗的一篇文章报道了两个少女上街过马路时，由于马路中间有水，怕把裙子弄湿而提了起来，因为提得太高，执勤警察认为她们的动作有损于女性的体面，因此将她们逮捕入狱。对越来越短的裙子曾引起制定法律的人的不安。雅典曾经通过法律，规定裙子离地面不超过 35 厘米，美国弗吉尼亚州也通过了一条法律，禁止穿高于膝盖 10 厘米的裙子。不过这些法律都未起过太大作用。

服饰的法律另一个重要方面就是划分阶级等级的法律。用服装作为区分地位的一种标志，早在原始社会就已出现。随着社会的发展，进入阶级社会后，服装就经常性地被用作阶级地位的象征。在古希腊和罗马都有禁止奢侈的法令。例如，根据梭伦的法令，希腊妇女一次只能穿三件衣服。在罗马，不同社会阶层穿着不同颜色和质地的布料。农民只许穿一种颜色，官员两种颜色，司令官三种颜色，王室成员七种颜色。17 世纪有些欧洲国家以拖裙的长短表示穿着者的等级，皇后的裙长 15.5 米，公主的裙长 9.1 米，其他王妃为 6.4 米，公爵夫人为 3.6 米。我国早在夏商西周就已形成冠服制度，对不同身份等级的服饰有所规定，以后各朝各代都对衣冠服饰的等级差异做了明确规定，如明清时期采用补子来代表官员的文武、品级。

现代社会的一些复杂的组织机构和大的企业集团，都制定有服装穿着的条例和规章。军队、警察的着装必须符合其组织的规定，并禁止其他人员冒用军服或警服。在这一点上，法律具有更强的约束力。

第三节　服装的价值

文化是人们生活方式的反映。在特定文化背景下，人们对生活的追求和理想，集中表现在文化价值体系中。社会或文化价值反映了人生的理想或生活的意义。它指引人的日常行动趋向特定的目标。社会的风俗习惯、道德、法律等外在的影响力，通过个体的社会化过程而习得和内化，形成个体的价值观念、生活态度和行为方式。第五章中曾指出，服装是价值的符号，它影响着人们所选择的穿着方式。有人根据 E. 施普兰格尔区分的 6 种理想价值观的类型，通过研究提出了八种服装价值观的类型：①经济的服装价值。指与服装有关的金钱、精力、时间的节约，重视服装的"节约、简朴、实用、耐久"等。②感觉的服装价值。指追求与服装有关的生理的、触觉的、运动的各种机能，重视"安全、保护、清洁、穿着舒适性"等。③理论的服装价值。指追求与服装有关的知识获得和体系化，重视"法则、原理"等。④审美的服装价值。指与服装有关的、美的愿望和追求，重视"美、魅力、愉悦、快乐"等。⑤探索服装的价值。指追求与服装有关的新奇装束和外观，重视"变化、冒险、自由"等。⑥宗教的服装价值。指强调与服装有关的道德表现，重视"谨慎、献身"等。⑦权力的服装价值。指利用服装向他人行使影响力，重视"权力、地位、名誉"等。⑧社会的服装价值。指关心和追随他人的穿着方式，重视"协调、规范、传统、习俗"等。

　　在上述的服装价值中，个人对每一种价值的重视程度，即服装价值观因人而异。例如，经济的服装价值观占优势的人追求服装的节约、实用性、简朴等，而审美价值观占优势的人重视服装的美、魅力、快乐等。对大多数人来说，服装的价值观不是单一的，而是几种价值观的复合。图9-14、图9-15所示，分别表示自我显示型的服装价值观和对人协调型的服装价值观的结构。图中主要的价值观是指在各种服装价值中个体最为重视的价值领域。"对抗的价值观"是指和主要的价值观对抗而形成的价值领域。"次级价值观"是重视程度稍低的价值领域。图9-14表示，喜欢自我表现的人主要的服装价值观是审美的，与其对抗的价值观是社会的。图9-15表示，重视对人协调的人主要的服装价值观是社会的。服装价值观在社会文化的影响下形成，并通过个体所选择的穿着方式表现出来。随着社会的经济、文化的发展，服装的价值体系也发生着变化。

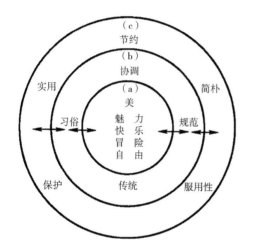

图9-14　自我显示型的服装价值观

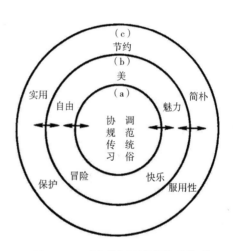

图9-15　对人协调型的服装价值观

思考题

1. 什么是文化？举例说明为什么服装是一种文化现象？
2. 什么是次文化？服装文化和次文化的关系是什么？
3. 文化变迁对人的穿着方式有何影响？
4. 服装的社会规范有哪些类型？
5. 尝试比对两个同一年代但不同地区的风俗习惯所带来的着装差异。
6. 服装的价值有哪些类型？
7. 对身边的家人与朋友进行访谈，调研其对服装价值的认知。

参考文献

［1］神山進．衣服と装身の心理学［M］．大阪：衣生活研究会，1990.

［2］藤原康晴，等．被服心理学［M］．东京：日本繊維機械学会，1990.

［3］神山進．被服心理学［M］．东京：光生館，1987.

［4］神山進．被服行動の社会心理学［M］．东京：北大路書房，1999.

［5］田中道一．被服心理学の抬頭［J］．衣生活，1979，29（1）.

［6］神山進．被服の社会科学研究［J］．繊維製品消費科学，1984，25（1）.

［7］藤原康晴．被服の社会心理学［J］．衣生活研究，1978，9（10）.

［8］E. 赫洛克．服装心理学［M］．吕逸华，译．北京：中国纺织出版社，1986.

［9］玛里琳·霍恩著．服饰：人的第二皮肤［M］．乐竟泓，等译．上海：上海人民出版社，1991.

［10］时蓉华．社会心理学［M］．北京：人民出版社，1987.

［11］彭聃龄．普通心理学［M］．北京：北京师范大学出版社，1989.

［12］沙莲香．社会心理学［M］．北京：中国人民大学出版社，1987.

［13］克特·W. 巴克．社会心理学［M］．南开大学社会学系，译．天津：南开大学出版社，1986.

［14］戴维·波普诺．社会学［M］．刘云德，等译．沈阳：辽宁人民出版社，1987.

［15］陶立璠．民俗学概论［M］．北京：中央民族学院出版社，1987.

［16］车文博．心理咨询百科全书［M］．长春：吉林人民出版社，1991.

［17］Ted Polhemus. Street Style—from Sidewalk to Catwalk［M］. London：Thames and Hudson，1994.

［18］科恩．自我论［M］．佟景韩，等译．北京：生活·读书·新知三联书店，1986.

［19］埃略特·阿伦森，等．社会心理学［M］．侯玉波，朱颖，等译．8 版．北京：机械工业出版社，2014.

［20］赵必华．量表编制与测量等价性检验——基于中学生自我概念量表［M］．芜湖：安徽师范大学出版社，2013.

［21］藤原康晴．女子大生の被服の関心度と自尊感情との関係［J］．家政学雑誌，1982，33（10）.

［22］神山進，ほか．自己と被服との関係（第一報）［J］．繊維製品消費科学，1987，28（1）.

［23］神山進，ほか．自己と被服との関係（第二報）［J］．繊維製品消費科学，1987，28（2）.

［24］让·鲍德里亚．消费社会［M］．刘成富，全志钢，译．南京：南京大学出版社，2008.

[25] 孟鸣岐. 大众文化与自我认同 [M]. 南昌：江西教育出版社，2005.

[26] 乔治·维加莱洛. 人体美丽史 [M]. 关虹，译. 长沙：湖南文艺出版社，2007.

[27] 儒蒙塞，哈考特. 外貌心理学 [M]. 陈红，等译. 重庆：重庆出版社，2008.

[28] 琳达·格兰特. 穿出来的思想家 [M]. 张虹，译. 重庆：重庆大学出版社，2014.

[29] 郑全全. 社会认知心理学 [M]. 杭州：浙江教育出版社，2008.

[30] 黛布拉·L. 吉姆林. 身体的塑造——美国文化中的美丽和自我想象 [M]. 黄华，李平，译. 桂林：广西师范大学出版社，2010.

[31] 尹小玲. 消费时代女性身体形象的构建 [M]. 哈尔滨：黑龙江人民出版社，2010.

[32] 马塞尔·达内西. 酷：青春期的符号和意义 [M]. 孟登迎，王行坤，译. 成都：四川教育出版社，2011.

[33] 李叔君. 身体、符号权力与秩序——对女性身体实践的研究与解读 [M]. 成都：四川大学出版社，2012.

[34] 姚建平. 消费认同 [M]. 北京：社会科学文献出版社，2006.

[35] 黄华. 美丽与女性身体——评《身体的塑造——美国文化中的美丽和自我想象》[J]. 妇女研究论丛，2005（6）：75-77.

[36] 大矢愛美，中川早苗. 女子学生の身体に対する意識と着装行動との関連について [J]. 繊維製品消費科学，1989，30（12）.

[37] 小林茂雄. 被服のイメージとに関する一考察 [J]. 共立女子大学家政学部纪要，1988（34）.

[38] 長田美穂，ほか. 服装の好感度に対する単純接触の効果 [J]. 繊維機械学会誌，1992，45（11）.

[39] 藤原康晴. 性格から想定された服装および服装から想定された性格 [J]. 繊維工学，1987，40（7）.

[40] 神山進，ほか. 服装に関する暗默裡のパーソナリティ理論（第1報）[J]. 繊維製品消費科学，1987，28（8）.

[41] 神山進，ほか. 容姿に関する暗默裡のパーソナリティ理論 [J]. 繊維製品消費科学，1989，30（9）.

[42] 中島義明. 神山進. まとう—被服行動の心理学 [M]. 朝倉書店，1996.

[43] 邓如冰. "衣冠不整"和"严装正服"：服饰、身体与女性类型——从《红玫瑰与白玫瑰》的服饰描写看张爱玲笔下的女性形象 [J]. 中国文学研究，2008（2）：78-81，103.

[44] 保罗·福塞尔. 格调 [M]. 梁丽真，等译. 北京：中国社会科学出版社，1998.

［45］戴维·迈尔斯. 社会心理学［M］. 侯玉波，乐国安，张智勇，等译. 北京：人民邮电出版社，2006.

［46］迈克尔·R. 所罗门，卢泰宏，杨晓燕. 消费者行为学［M］. 北京：中国人民大学出版社，2009.

［47］罗兰·巴特. 流行体系：符号学与服饰符码［M］. 敖军，译. 上海：上海人民出版社，2000.

［48］赵毅衡. 符号学原理与推演［M］. 南京：南京大学出版社，2011.

［49］罗杰 R. 霍克. 改变心理学的 40 项研究［M］. 白学军，等译. 北京：中国轻工业出版社，2004.

［50］齐奥尔格·西美尔. 时尚的哲学［M］. 费勇，译. 北京：文化艺术出版社，2001.

［51］卢里著. 解读服装［M］. 李长青，译. 北京：中国纺织出版社，2000.

［52］威廉·索尔比. 风度何来［M］. 王学东，译. 北京：中国发展出版社，2002.

［53］安妮·霍兰德. 性别与服饰：现代服饰的演变［M］. 魏如明，等译. 北京：东方出版社，2000.

［54］高秀明. 欧美服饰文化性别角色期待研究［M］. 南京：东南大学出版社，2017.

［55］陈东升，吴坚. 新编服装心理学［M］. 北京：中国轻工业出版社，2005.

［56］刘国联. 服装心理学［M］. 上海：东华大学出版社，2007.

［57］郭丰秋，冯泽民. 服装心理学［M］. 重庆：西南师范大学出版社，2015.

［58］BLUMER H. Fashion：From Class Differentiation to Collective Selection［J］. The Sociological Quarterly，1969，10（3）：275-291.

［59］CLEMENTE D. Dress Casual：How College Students Redefined American Style［M］. Chapel Hill：The University of North Carolina Press，2014.

［60］DEIRDRE C. Why American Workers Now Dress So Casually［N］. The Atlantic. 2017-5-8.

［61］竹内克已，等. 成熟社会の流行現象［M］. 東京：電通，1984.

［62］杨源. 中国民族服饰文化图典［M］. 北京：大众文艺出版社，1999.

［63］西川正之. 制服についての社会心理学的な考察［J］. 繊維製品消費科学，1999，40（7）.

［64］内山生，ほか. 衣服の流行曲線の調査と考察［J］. 繊維機械学会誌，1982，35（5）.

［65］高宣扬. 流行文化社会学［M］. 北京：中国人民大学出版社，2006.